Cisco Software Define Access

Enabling Intent-Based Campus Networking

思科软件定义访问

实现基于业务意图的园区网络

谢　清◎编著

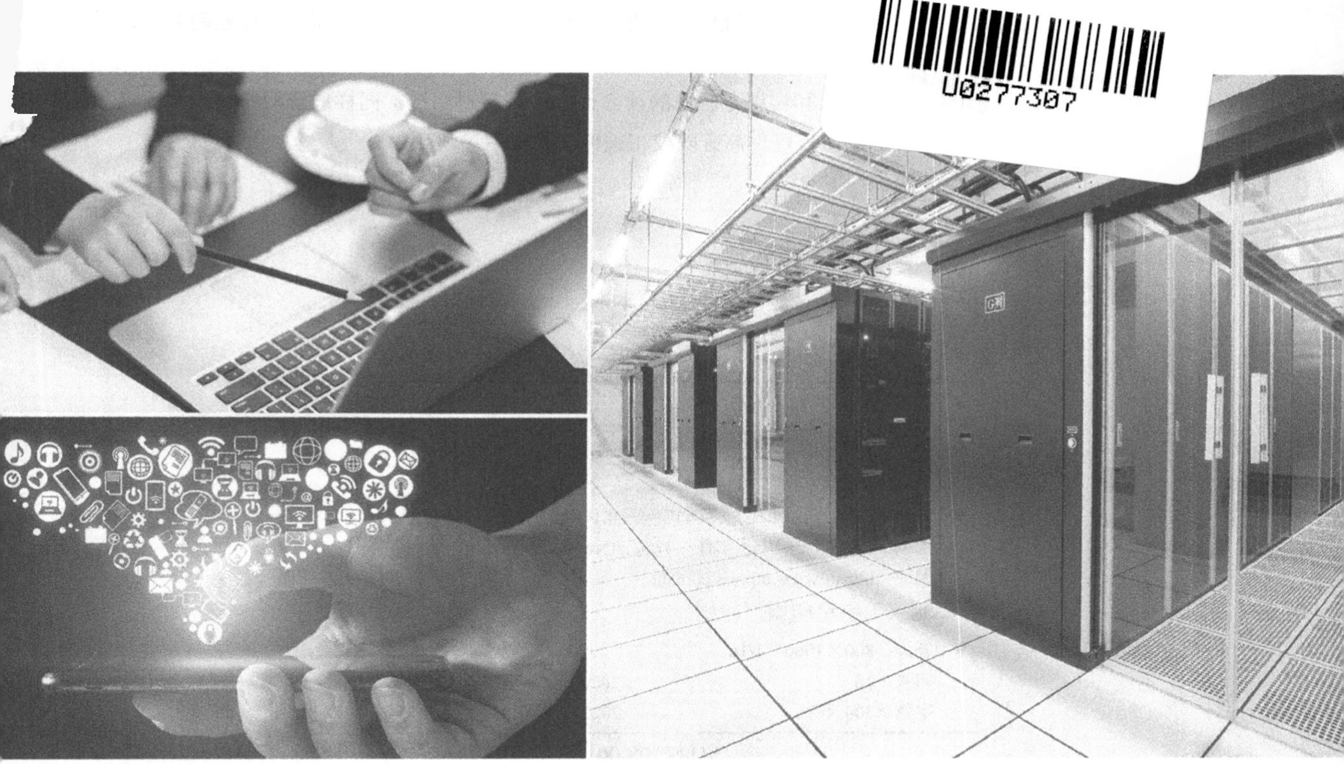

人 民 邮 电 出 版 社

北　京

图书在版编目（CIP）数据

思科软件定义访问 ：实现基于业务意图的园区网络 / 谢清编著. -- 北京 ：人民邮电出版社，2020.6（2022.8重印）
ISBN 978-7-115-53526-9

Ⅰ. ①思… Ⅱ. ①谢… Ⅲ. ①计算机网络－研究 Ⅳ. ①TP393

中国版本图书馆CIP数据核字(2020)第037900号

内容提要

本书介绍了目前业界炙手可热的意图网络和思科在企业网络解决方案中实现意图网络所采用的全数字化网络架构。本书以图文并茂的方式，力图通过简单易懂的语言展示思科意图网络的理念和在园区网中的具体的实现方法，希望读者可以通过本书系统地了解思科软件定义访问的全貌，进而把握行业趋势，拓展知识面。

本书适合希望了解意图网络概念和实现方法论的读者作为入门材料阅读，同样适合网络建设、运维和管理人员借鉴并帮助他们开阔思路，还可供高等院校相关专业的师生参考。

◆ 编　　著　谢　清
　责任编辑　李　强
　责任印制　彭志环

◆ 人民邮电出版社出版发行　　北京市丰台区成寿寺路 11 号
　邮编　100164　　电子邮件　315@ptpress.com.cn
　网址　https://www.ptpress.com.cn
　北京天宇星印刷厂印刷

◆ 开本：800×1000　1/16
　印张：18　　　　　　　2020 年 6 月第 1 版
　字数：304 千字　　　　2022 年 8 月北京第 5 次印刷

定价：98.00 元

读者服务热线：(010)81055493　印装质量热线：(010)81055316
反盗版热线：(010)81055315
广告经营许可证：京东市监广登字 20170147 号

致 谢

在此我要特别感谢我的家人，尤其是妻子和孩子对我的支持和付出。我在繁忙的工作之余还要抽出时间编写本书，牺牲了太多陪伴他们的时间。也正是因为他们的支持，才让我坚持下来，将自己的想法付诸实践。

谨以此书献给我深爱的家人和敬爱的同事、朋友以及诸多希望把握现在的转型机会而掌控未来的网络工程师们。

风物长宜放眼量！让我们一起热烈拥抱网络新时代的到来，把握现在，创造未来！

序言

大道至简，知行合一

最有价值的道理往往源于最朴素的认知，认知比较容易，将认知付诸实践则面临挑战。对事物的认知和实践密不可分，如果可以实现二者统一，就可以成就一番功业。化繁为简，长期坚持，自然就可以功到渠成。中国古人的智慧与哲理，反映在现代企业和高科技技术的发展上，依然具有深刻的启示作用与借鉴意义。

我们处在一个软件定义的年代，思科公司利用强大的研发能力实现巨人转身，以客户数字化转型为中心交出了一份完美的答卷，这就是意图网络（IBN，Intent-Based Networking）。本书所重点介绍的软件定义访问（SDA，Software Define Access）技术也是思科在园区网络中对大道至简这一哲理的完美实践。软件定义访问技术是思科意图网络的重要组成部分，浓缩了思科三十多年互联网基础架构技术的精华，将思科网络解决方案和技术在硬件领先性、大规模网络部署的扩展性、行业客户最佳实践和海量经验积累、软件智能化可操作性运维及API接口灵活性等方面体现得淋漓尽致。可以说，软件定义访问是思科近年来在园区网络领域最重要的革新之一，也是思科对软件定义一切（Software Defined Everything）的响亮回答与呼应。极简往往完美，但是简单往往不意味着“简单”，这背后蕴含了思科在意图网络方面的厚积薄发。

1984年成立的思科公司，在1986年为美国犹他州立大学提交了世界上第一台路由器产品——AGS，掀起了互联网发展的浪潮，浓墨重彩地为全球互联网和企业IT发展书写了重要篇章。近十年是互联网和云计算飞速发展的年代，软件编程接口（API）成为新的会话语言，API接口可以对话软件、对话应用，甚至对话和指挥基础硬件。不得不说，传统网络技术在诞生之后的很长时间没有革命性突破，网络沦为了业务管道，不受业务甚至IT技术人员重视。而早期很多网络人员甚至以复杂性为荣，以此为高水平的象征，这显然违背了大道至简的哲理，不具备互联网时代特征的业务规范化和可抽象操作性，经验无法推广和复制。

云为先（Cloud First）是40%的企业转型的驱动力。为了对应Cloud First，IT基础架构也必须跟上。Gartner曾经预测，仅2020年这1年，接入到网络的在线设备将增加6300万台。这些海量新增的网络终端接入云计算会带来巨大的基础网络压力和复杂性。近年来软件定义存储、软件定义数据中心、软件定义网络、软件定义安全等也层出不穷，让人们看到了IT技术发展的希望。坦白地说，网络技术发展在过去滞后于云计算和移动互联网等新兴技术，这已是不争的事实。SDN很长时间也没有找到正确的方向，科研人员长期处于各种困境与纠结中。网络滞后的直接后果就是，直到今天，很多大型的行业网络依然依赖于手工配置，而网络人员技术水平和人员配备也达不到要求。手工误操作故障成为造成企业业务中断的最主要原因。大量的IT基础设施在利用手工操作和手工运维，这严重拖延了企业的业务发展和数字化转型的脚步。

倍感欣慰的是，在软件定义网络经历了早期以OpenFlow为代表的技术发展困境后，思科经过不懈地努力与创新，意图网络（IBN）异军突起，再一次掀起了网络革新的浪潮，为互联网下一个十年的发展奠定了坚实基础。

如果你是一位传统的、经验丰富的网络工程师，如思科认证工程师（CCIE），相信你可以从本书中找到共鸣，并欣喜地看到曾经的网络经验已经被转换成可复用的知识库与最佳实践。过去复杂、费事、费力、易出错的操作，如VLAN划分、路由配置、网络安全策略、网络扩容等，都变成了图形界面的仪表盘，魔术般幻化为鼠标的简单操控。如果你是一位软件工程师，你也可以在本书中找到共同语言：API、中间件、定制化业务与开放、自动化，甚至人工智能等。大道至简，一部SDA，可以集成思科逾30年的网络经验，结合互联网软件和人工智能领域的创新，引领未来十年网络技术发展。

我们迎来了更加激动人心的数字化转型时代，软件定义已经超越了IT的范畴，进入了万物互联新历程。以特斯拉为代表的软件定义汽车，将传统汽车制造与互联网技术完美融合，展示和预测了未来数字化转型的真谛。IDC预测，2年内，数字化完备（Digital Ready）的企业数量将增加3倍。而Garter也预测，数字化业务需要更快地让业务提速，速度的关键则是企业网络运维和工具的改变。正所谓“工欲善其事，必先利其器”。基于意图的网络，是数字化业务转型的基石与重器。网络与业务将通过思科意图网络进行对话，网络可以了解业务情境和预测业务增长，业务可以掌握和预测网络健康状况，知行合一在这里演化成了“业络归根”。

最后谈一下 5G。5G 是振奋人心的技术，影响面早已超越了移动通信的范畴。未来国民经济助推，企业数字化转型，都离不开 5G 的建设与发展。5G 有几个关键技术，其中网络功能虚拟化（NFV）、软件定义网络（SDN）、网络切片等都与网络技术软件化密不可分。意图网络涉及的软硬件解构、DNA 中心控制器、API 扩展等，在 5G 建设中均可以大显身手。此外，企业 IT 人员在拥抱 5G 的同时，如何将 5G 网络与企业自身 IT 网络融合打通，实现统一运维与管理，也是业界所关注的，IBN 和 SDA 技术将在其中发挥重要的作用。

本书的作者谢清是我多年的同事和朋友。他领导和参与了众多 IBN/SDA 的实际场景设计及整体架构的部署和测试，并积极推动思科研发部门对于 IBN/SDA 的进一步改进与提高，我非常期待这本数字化网络最佳实践著作的问世。

曹图强

思科全球副总裁，大中华区首席技术官

2020 年 3 月 20 日，农历春分

前言

2016年是网络变革大潮涌动的一年，在把握无线网络新技术的同时，我发现业界也在酝酿着一场巨大变革。业界对基于SDN的白盒解决方案极其推崇，众多厂商打着软件定义的大旗“攻城略地”。思科（Cisco）在数据中心领域试水的ACI（Application Centric Infrastructure）架构日渐成熟，越来越多的客户选择ACI架构来构建他们的数据中心网络。而彼时的思科刚刚在企业网络中推出全数字化网络架构，甚至连企业网络软件定义控制器（APIC-EM）的名字都是从思科数据中心软件定义控制器（APIC）的名字演化而来。思科希望借助自己在数据中心网络领域的成功，以自动化和可编程来推动企业网络转型。然而，尚处于数字化转型初期的用户、合作伙伴，甚至是思科员工都缺乏相关的方法和手段来了解如何构建软件定义的企业网络。

我觉察到这将是一个划时代的伟大变革，会从根本上改变传统的、几十年不变的园区网的规划、设计、部署实施和维护的方式。对于技术的渴求激发了我的好奇心，无奈的是当时并没有多少系统性的资料供自己学习，因此，我只能从思科数据中心技术、架构和演变入手，希望可以触类旁通地了解如何在企业园区中实现和应用软件定义网络。

经过一年多的准备，我通过了思科数据中心CCIE认证。与此同时，思科全数字化网络架构不断发展演进，基于软件定义的园区网和广域网技术日趋完善，园区网络的软件定义控制器也从APIC-EM演进到如今的DNA中心。通过不断的学习和实践，我进一步了解和掌握了软件定义在企业网络尤其是园区网络中的应用和最佳实践，我也为众多用户搭建了基于软件定义访问的大型园区网络。

在这一学习和实践的过程中，我研究了大量相关的前沿资料并积累了相关知识。现在，我对入门时无法系统地学习新技术和新知识的痛苦感触颇深。因此，我想把积累的学习和实践经验分享给更多希望应对转型挑战的网络从业人员，这也是我编写本书最初的目的。

对于网络从业人员而言，未来的IT部门将会更多地参与到业务和IT创新中。可以预见，数字化转型对于 CTO、CIO 以及网络工程师而言必将是一个长期而艰辛的过程，也将是你在颠覆中创造奇迹的过程。端到端的架构设计、自动网络分析和优化、软件定义和网络策略管理、主动响应配置、部署、管理任务等不再遥不可及，软件定义网络、应用编程接口将成为人们面临的新挑战。

尽管在本书的写作过程中我大量采用了第一手素材，但是技术发展日新月异，可以预期，在本书出版之时，思科 DNA 中心控制器和软件定义访问将会有更新的软件版本并引入更多的新特性。经过谨慎地选择和斟酌，我认为思科软件定义访问的基本概念和原理是不变的，因此，本书大部分内容按照思科 DNA 中心 1.2 版本来撰写，同时介绍了一些后续版本中的重要特性，例如，基于人工智能和机器学习的智能运维网络保障。

由于笔者水平有限，书中难免会出现一些描述不准确的地方，在此恳请各位读者批评指正，欢迎读者发送邮件到 passcciew@sina.com 与我联系，我衷心地希望得到您提出的宝贵意见和建议。

目录

第1章

思科全数字化网络架构和软件定义访问简介

1.1 数字化网络转型大势所趋

数字化转型正在为每个行业创造新的机会。在医疗行业，医生现在能够远程监测病人的病情并利用医学分析来预测健康问题；在教育行业，技术正在使全面联网的校园更加个性化，任何人都可以平等地获得学习资源；在零售行业，商店可以结合位置、场景通过线下和线上提供全渠道体验。在当今世界，数字化转型是企业保持业务相关性的必要前提！

万物互联的网络是实现数字化的基石，是实现生产力和协作的途径，是改进最终用户体验的推动者，也是保护企业资产和知识产权的第一道防线。对网络的投资是使任何企业成功地向数字化过渡的关键。

与几年前相比，移动客户端的使用量显著增加，基于云的应用程序得到了更多的应用，物联网（IoT）的引入，使现在的网络需要支持与以往非常不同的 IT 环境。

企业的数字化，网络的规模和网络需求持续增长，但是 IT 资源没有相应增加。与此同时，最终用户对于联网的期望值也在上升，企业业务也期待网络能够跟上不断发展的技术和增长需求。

当前，在客户端、终端设备和应用程序之间提供互联的基础网络技术仍然一成不变。虽然如今的 IT 团队有许多技术选择来设计规划和部署运营他们的网络，但是始终没有一个全面的、交钥匙的解决方案来满足他们在移动性、物联网、云计算和安全方面不断变化的企业需求。

思科软件定义访问是业界针对企业市场的首个基于意图的网络解决方案。基于意图的网络将网络视为一个单一的系统，它描述并验证业务意图（或目标），并返回可具操作意义的洞察力。基于数字化业务意图的网络如图 1-1 所示。

面向意图的网络架构

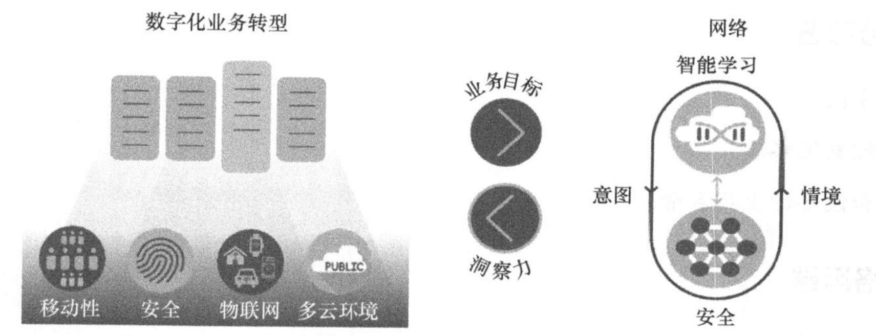

图 1-1　基于数字化业务意图的网络

软件定义访问为用户、设备和应用程序通信提供了自动化的端到端服务（如网络分段、服务质量、分析保障等）。软件定义访问自动化了用户策略，因此，可以确保任何用户或设备在通过网络访问任何应用程序时都具备适当的访问控制和应用程序体验。通过涵盖有线和无线局域网的单一网络交换矩阵，软件定义访问在任何地方都能创建一致的用户体验而不会危及网络的安全性。

软件定义访问具有以下优势：

（1）自动化：有线和无线网络资源调配和策略的一致性管理；

（2）策略：自动网络分段和基于组的策略；

（3）保证：针对快速问题解决和容量规划的情境洞察力；

（4）集成：开放和可编程接口，用于与第三方解决方案进行集成。

1.2　传统网络面临的挑战

在本节中，我们将在许多常见用例的背景下探讨现代网络所面临的挑战，具体如下。

1. 网络设计部署

- 实现的复杂性。

- 无线网络的注意事项。

2. 服务部署

- 网络分段。
- 访问控制策略。
- 用户和设备的上线和管理。

3. 网络运维

- 解决问题缓慢。

1.2.1 网络设计部署面临的挑战

1. 设计实施的复杂性

随着时间的推移，网络运营者必须通过采用新的功能和设计方法来适应新的网络服务，但都要基于传统网络的基础结构。此外，必须不断优化网络以获得高可用性，支持新的应用，从而产生网络“雪花”效应——世界上没有完全相同的两片雪花。尽管这可能满足网络功能的目标，但也使网络变得复杂而难以理解，须进行故障排除、预测和升级。

一个部署缓慢的网络将大大阻碍企业快速创新的能力和采用诸如视频、协作和连接工作场所等新技术的进程。如果网络的变化和适应速度很慢，采用上述任何一种创新能力都会受到阻碍。事实证明，IT 很难对“雪花”网络设计及其潜在变体进行自动化，这限制了在当今网络中为了提高企业的运营效率而采用自动化的能力。太多的网络变体和组合使得采用新的功能和服务具有挑战性。

2. 集成无线网络服务

目前部署无线网络的主要挑战之一是不容易实现网络分段。虽然无线局域网可以利用多个 SSID 来进行无线空中接口的流量分离，但是受限于可以部署的数量，并且 SSID 最终会在无线控制器上映射回 VLAN。无线控制器本身没有 VRF 或者三层网络分段的概念，所以部署真正的融合有线和无线网络的虚拟化解决方案非常具有挑战性。因此，传统的无线网络需要单独管理，难以进行网络分段。

1.2.2　提供网络服务面临的挑战

1. 网络分段

让我们来看看目前可用的一些选项及其创建网络分段时面临的挑战。

（1）虚拟局域网。

最简单的网络分段形式是基于 VLAN。你可能还不习惯将其视为网络分段技术，但这就是 VLAN 的用途之一：将网络在二层域分段。通过将用户和设备放置在不同的 VLAN 中，我们可以在三层网络边界上对它们之间的通信强制执行控制。对于无线网络，不同的 SSID 可能用于分离空中接口的流量，但随后这些流量被映射到有线侧的 VLAN。

使用 VLAN 作为网络分段方法的挑战来自于两个方面：它们的跨度以及随之而来的拓扑相关性问题。就跨度而言，大多数企业选择将单个 VLAN 限制在相对较小的区域（例如限于一个配线间）。因此，许多企业最终在典型的网络部署中需要管理成百上千个 VLAN，从而使 IP 地址规划变得无比复杂，以至于极其难以部署和管理。

使用 VLAN 进行网络分段的主要挑战：

① 在冗余网络设计中，跨越范围广泛的VLAN容易受到二层环路的影响；

② 大型二层网络的设计非常低效（通常有50%的端口处于阻塞状态）；

③ 不受控制的二层环路可能随时产生，大型二层网络设计面临极大的崩溃风险；

④ 对VLAN内部通信流量进行过滤的机制通常比在三层网络边界上可用的机制要有限得多。

VLAN 确实是很简单的网络分段方法，但在现有网络的情况下，简单也许不是最好的解决方案——一个扁平的二层网络设计将企业暴露在可能会造成网络中断的许多潜在事件中，此外，管理数以百计的 VLAN 对于大多数企业来说也是一项令人生畏的任务。

（2）VRF-Lite 与 VRF。

网络分段的另一种方法是利用三层技术，通过使用虚拟路由转发（VRF）来分段网络。这有利于在不需要构建大型复杂的访问控制列表来控制通信流的情况下提供网络分段，因为不同 VRF

之间的通信只能在网络管理者规定的网络拓扑上流动（通常是通过路由泄露或通过防火墙）。

通过 VRF 方法进行网络分段面临的挑战：

① VRF在设备之间使用802.1q中继，这在有限的几个设备上实现时相对简单，但在需要更大的实施范围时就会变得非常烦琐；

② 需要为每个VRF提供单独的路由协议进程，从而增加了CPU负载和复杂性；

③ 典型的经验法则是VRF部署不应超过10个VRF，否则它将变得极其不灵活，无法在更大范围的企业中实现端到端部署。

（3）VRF 结合使用 MPLS VPN。

MPLS VPN 具有陡峭的学习曲线和相对较高的学习成本，因为它们要求网络管理者熟悉许多新的 MPLS 特定功能，包括用于标签分发的 LDP，以及多协议 BGP 作为控制平面。此外，当出现问题时，网络管理者需要了解如何调试启用了 MPLS 的网络。

使用 MPLS VPN 进行网络分段的挑战：

① MPLS VPN的扩展性要比VRF好得多，但对于许多网络管理人员来说，MPLS往往过于复杂，尤其是在端到端的网络部署中；

② 并不是所有的网络平台都支持MPLS VPN。

尽管网络具备 VRF 的能力已经超过 10 年，但是只有很小比例的企业部署了以 VRF 实现的任何形式的网络分段。这是为什么呢？一言以蔽之，它过于复杂了。

2. 访问控制策略

策略是一个抽象的词汇，对不同的人意味着不同的含义。但是，在网络环境下，每个企业都有其实施的多个策略。在交换机上使用访问控制列表（ACL）或防火墙上的安全规则集是安全策略；使用 QoS 将流量分类到不同的类别中并使用队列为应用程序区分优先级是服务质量策略；根据用户角色将终端设备放置到单独的 VLAN 中是设备级访问控制策略。

今天的网络管理者通常使用几组常用的策略工具：VLAN、子网和访问控制列表。

（1）是否向网络中添加语音应用？这意味着要创建一组新的语音 VLAN 和相关的子网。

（2）是否添加物联网设备——例如，门锁、身份标识阅读器之类的设备？使用更多的 VLAN 和子网。

（3）添加 IP 摄像机和流式视频终端，还是需要更多的 VLAN 和子网。

这就是如今的企业网络中存在数以百计甚至上千的 VLAN 和子网的原因。设计和维护的复杂程度显而易见，因为这些 VLAN 的存在，你还需要进一步维护众多的 DHCP 作用域，甚至需要额外使用 IP 地址管理工具来完成随之而来对跨越所有 VLAN 和相关功能的大型 IP 地址空间的管理维护工作。

如今，面对众多的内部和外部威胁，网络的安全性十分重要。这使我们有必要在网络设备（包括交换机、路由器和防火墙）上配置和持续维护大规模的访问控制列表，网络三层边界是其最常见的部署位置。目前用于策略管理的传统方法（在设备和防火墙上大规模配置复杂的 ACL）很难实现和维护。

3. 用户和客户端设备上线和管理

无论选择哪种解决方案，是基于二层还是三层进行网络设计，是否采用网络分段方法，用户和设备接入网络总是存在这样或那样的问题。

即使采用将 VLAN 或子网静态对应到有线端口或无线 SSID 这样简单的方法，也存在如下一些常见的难题。

（1）这种方法本身并不提供真正的安全性，因为任何连接到该端口或 SSID 的用户都与其在网络中的“角色”相关联。

（2）无论是在第一跳的交换机，还是在 10 跳以外的防火墙，该用户的 IP 地址都将被检查并强制执行相应的安全策略。本质上，IP 地址最终被用作用户身份的代理。然而，这一方法很难扩展和管理。

使用 802.1x 或其他身份验证方法动态分配 VLAN/ 子网，也存在一些常见的难题。

（1）虽然使用 802.1x 在无线网络部署中很常见，但在有线网络中并不常见。

（2）许多问题阻碍了部署 802.1x 解决方案，例如，终端设备对 802.1x 的支持程度、终端设备上的 802.1x 配置设置、在设备上基于角色动态切换 VLAN/ 子网、网络设备对于 802.1x 的支持程度和网络设备上的相关功能特性差异等。

一旦确认了用户 / 设备的身份，它如何能在网络中进行端到端的承载和处理？IP 数据报头中没有用于对此用户 / 设备进行映射的位置，因此，只能使用 IP 地址作为身份代理。但是，

这会导致用户 / 设备子网的激增，以及复杂性的问题。大多数企业都希望建立用户 / 设备标识并将其用于端到端的策略。然而，许多 IT 人员最终不得不承认，这是一项极其艰巨的任务。

1.2.3 网络运维面临的挑战

如今，许多网络在网络操作和运维方面提供了非常有限的可见性。各种可用的网络监视方法（SNMP、NetFlow 和类似方法）以及相关的工具在不同的网络平台上具有不同的可用性，这使得在当前网络部署中提供全面持续的监视、端到端的洞察力变得非常困难。

如果不深入了解网络的运行状态，企业通常会发现自己对于网络问题是被动反应，而不是主动地解决这些问题，无论这些问题是普通的故障还是严重的停机故障，或是由用户增长和应用程序使用模式的变化引起的体验的变化。

如果能够更加了解网络的使用情况以及在网络可见性和监视方面更加积极主动，对于许多企业来讲将具有重大价值。这也就需要一种更全面的、端到端的方法，它允许从底层网络的基础网络交换矩阵实时报告的大量数据中提炼出网络洞察力。

大多数企业缺乏对网络操作和使用的全面可见性，这一点限制了它们主动响应网络变更的能力并使用户故障的解决很缓慢。

1.2.4 当所有问题混合在一起，你该怎么办

如图 1-2 所示，典型的传统服务部署步骤如下。

（1）将用户映射到微软活动目录（或用于用户身份验证的类似数据库）中的用户组。

（2）如果使用动态身份验证，将这些用户标识链接到 AAA 服务器［如思科身份服务引擎（ISE）］。这为每个标识提供了对应的 VLAN/ 子网。

（3）为要提供的新服务定义和配置新的 VLAN 和相关子网。然后，在所有必要的设备（交换机、路由器和无线控制器）上实现这些 VLAN 和子网。

（4）使用适当的设备或防火墙 ACL 或网络分段来保护这些子网。如果使用网络虚拟化分段方法，请使用 VRF-Lite 或 MPLS VPN 将 VRF 进行端到端扩展。

（5）要做到这一切，有必要跨多个用户界面工作——活动目录的图形化配置界面、AAA 服务器的图形化配置界面、用于无线网络的无线控制器的图形化配置界面、用于有线交换机或

路由器的命令行界面（CLI），你需要手动地将所有必要的元素结合在一起来完成所有的工作。

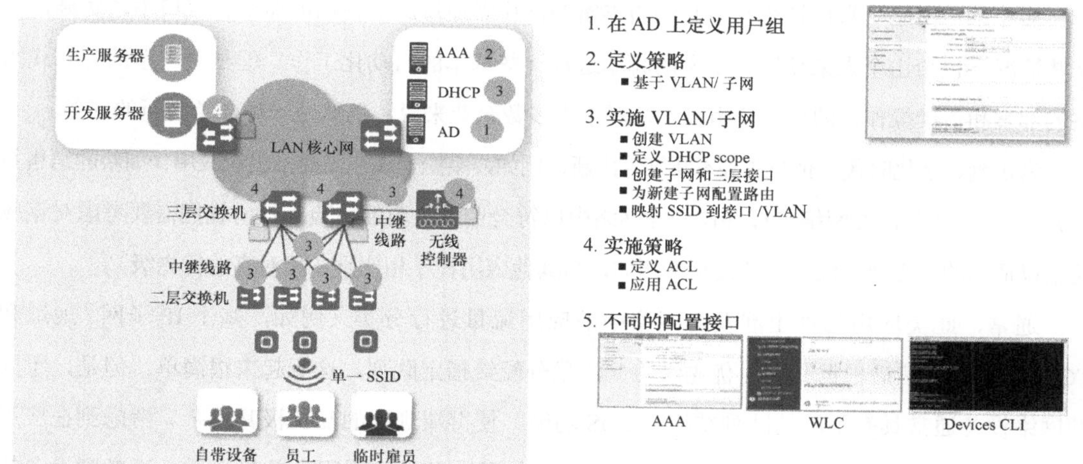

图 1-2　传统的服务部署

当需要添加另一组用户或终端设备或修改与之相关的策略时，必须重复所有这些步骤。如果需要不断添加 / 修改用户组和安全策略，此时的工作量将无法想象！所以推出新的网络服务常常需要几天甚至几周的时间！

1.3　意图网络和思科全数字化网络架构

1.3.1　基于意图的网络

思科开创了一种新的网络部署和运营方法——基于意图的网络（简称意图网络）。意图网络是一种全新的方法，通过该方法，企业可以实施、运营维护和扩展其网络。意图网络专注于实现当下和未来对企业至关重要的业务成果，其中包括为复杂的网络功能和容量规划提供自动化、标准化和简化的设计和部署选项，并允许网络性能不断被优化以适应运营企业业务的应用程序不断变化的需求。

要真正了解意图网络的价值以及理解为什么意图网络是在网络设计、运营和扩展方面的创新和革命，最重要的是要回顾和理解传统企业网络的实施方式。

1. 传统网络的部署和挑战

多年来，网络一直由训练有素且经验丰富的操作者通过广泛使用的命令行接口手动实施，在某些情况下也会由个人来使用自定义的脚本进行一些基本的自动化工作。但是对大型的分布式网络的部署和后续操作，即使是使用脚本，对于大多数企业来说，仍然是一项异常艰巨的任务。

考虑到数字化时代，企业业务不断推陈出新，例如，某企业现在需要推出新应用（如新的销售系统），这一新业务需要网络支撑并在企业网络中以符合业务需要的体验运行，我们需要考虑对该应用给以适当的、必要的优先服务级别（例如，与其他应用程序相比具备相对高的优先级）。

通常，此类应用的推出涉及对网络中的应用流量进行分类（例如，基于 IP 子网 / 地址和 TCP 端口号），然后根据其相对优先级将此流量分配给指定队列。这听起来很简单，但是，不同的网络设备通常具有不同的队列结构和 QoS 功能，使得端到端的配置极其复杂。考虑到在应用流量途经的路径中众多设备的这种复杂性，将其与所涉及的应用程序数量相乘，再考虑设备的各种软件版本，所面临的问题的严重程度就可想而知。当需要重复地为多个应用程序来配置服务质量保证时，整个过程将是异常耗时和耗费人力的，并且非常容易出现人为的错误。

一旦出现流量通过网络被错误分类的问题，其结果将是，用户经历糟糕的应用体验和缓慢的数据访问，这对最终用户来说非常明显，会严重影响他们的效率。与此同时，找到网络中对流量错误分类或标记不当的问题的位置也将是非常困难和耗时的。

当前，网络架构师、网络管理员和网络操作人员的日常工作基本上被类似的问题所困扰，要解决这类问题就必须依靠新的方法和工具，这也是思科创建意图网络的目的所在。当然，上述例子只是意图网络可以帮助解决的众多挑战之一，在后面的章节中，我们将看到意图网络在解决这些挑战中所体现出来的强大威力。但是请记住，意图网络为网络自动化和网络保障带来的广泛功能远远超出了这个单一的例子。事实上，意图网络不仅提供了一组崭新的功能，还能够以创新且简化的方式实现这些功能，它实际上改变了我们设计、部署和使用网络的方式。让我们一起来探索意图网络是如何实现这一切的吧！

2. 基于意图的网络

如果有这样一个网络管理工具，可以输入哪些应用程序相对于其他应用程序具有更高的优先级，然后按下一个按钮就能实现你的“意图”，你会如何反应？

如果同样的工具能理解所涉及的网络拓扑结构，并且能够将网络管理者的“意图”（例如，“当网络带宽受到限制时，我希望将重要的业务应用程序与其他应用程序的优先级区分开来”）呈现到所有相关网络设备的所有配置中，你觉得如何？

还是这个工具，如果可以将机器生成的配置自动分发到网络设备而不会产生人为错误、拼写错误或脚本编写错误，你觉得如何？如果业务意图也可以通过使用外部应用程序的 API 进行触发，你又觉得如何？

最后，如果使用相同的工具可以分析生成网络部署的结果，并在应用程序性能和网络质量出现问题时自动发现，你觉得如何？如果该工具不仅可以向网络管理员发出问题提醒，还可以实际引导他们找到根本原因并提出适当的解决方案，你觉得如何？

换句话说，如果网络管理员可以快速自动地将业务意图转化为行动，并确保网络能够按需运行，你觉得如何？这实际上就是思科意图网络的本质。

思科针对上述 QoS 示例的解决方案是思科 DNA 中心的应用策略工具与网络保障工具相结合的例子，也是思科意图网络愿景的一个典型示例。使用思科 DNA 中心应用程序策略工具，网络管理员只需几次单击即可在整个网络端到端的基础架构中推出全网的 QoS 部署。使用作为思科企业网络控制器平台的思科 DNA 中心的自动化功能将网络管理员的意图转化为实际行动，并且他们不需要关注单个平台的实现细节。

一旦网络服务质量策略配置推送到全网设备，工作于同一平台上的思科 DNA 中心还可以提供网络保障能力，持续测量网络基础设施是否实现了管理者的意图，如果出现偏差，可以及时提供问题识别和补救措施。

意图网络同样适用于网络自动化和网络保障。基于意图的网络是网络设计、运营和持续使用的基础。 网络不再是推出新应用程序和服务的瓶颈。借助意图网络，你可以以高度自动化、可预测和非常简化的方式设计、部署、管理和更新新的应用、新的网络部署模型（例如，软件定义访问和软件定义广域网）以及新的网络设备和服务。

本质上，意图网络允许网络架构师定义他们的“意图”，然后将其呈现为适当的“动作”集合，以简化和标准化的方式在底层网络基础设施中实现该意图。这不仅包括与自动化功能相关的动作，还包括随后的持续监控网络部署、识别和响应异常行为，并不断优化网络以提升企业的关键应用程序性能和用户体验。

思科全数字化网络架构是意图网络在企业网络部署的蓝图，它为包括交换机、路由器、无线控制器、无线接入点等在内的思科产品提供服务，定义了这些产品及其支持的解决方案所必须提供的关键属性和功能。

实现意图园区网络愿景的关键是思科全数字化网络架构和思科用于企业网络的控制器——思科 DNA 中心，我们现在来探讨一下。

1.3.2 思科全数字化网络架构（DNA）

思科全数字化网络架构包含思科对于企业网络设计、部署和运营的整体战略。它由以下几个主要部分构成（如图 1-3 所示）。

图 1-3 思科全数字化网络架构

1. 策略

思科 DNA 提供了一个健壮的网络环境，网络架构师和管理人员可以在其中定义和部署端到端的策略，包括用于提供应用程序优先级的 QoS 策略、控制用户和服务访问的安全策略，或用于收集网络数据以进行容量规划和问题识别 / 修复的策略。思科 DNA 中的策略通常以意图的形式来呈现，然后通过思科 DNA 中心等工具转换为适当的设备级配置。

2. 自动化

自动化功能使思科 DNA 能够全面了解网络、设备集合、设备角色和拓扑。自动化用于实现用户希望表达的部署意图，并将其转换为推送到网络设备的标准化和自动化配置。思科

DNA 中心为企业网络实现了简易但功能强大的自动化功能。

3. 分析和网络保障

通过大数据分析，思科 DNA 可以从网络中收集相关实时数据，将其存储在高效的数据库中，并采用智能算法来关联这些数据，并由此得出结论、确定问题并采取补救措施，以确保最终用户的意图在实际环节中实现。思科 DNA 网络保障允许网络管理员轻松地整合和使用企业网络生成的大量数据，这些数据以易于理解的形式呈现，以便确定问题和定位问题产生的根本原因，并在解决问题时提供指导性的补救措施建议。

4. 虚拟化

虚拟化允许网络管理员指定网络服务以物理（设备和装置）形式或虚拟（软件）形式为基础进行部署。利用虚拟化，在基于思科 DNA 的网络系统中的不同位置可以实现更快捷的设计、部署和管理等关键功能。虚拟化可实现的高度灵活性在提高部署速度的同时，还能使网络部署和业务变更更加灵活。

5. 可编程网络基础架构

可编程网络基础架构包含两个方面。首先，网络元素可以包含灵活的硬件组件。Catalyst 9000 交换机就是一个例子，它利用 UADP（统一接入数据平面）ASIC 芯片（基本上是交换机平台的“核心”）来实现。UADP 非常灵活，可以通过简单的软件升级适应新的协议和封装，这使得即使是基于 UADP 的已有设备（如 Catalyst 3850），也可以通过软件升级支持新的、市场领先的解决方案，如软件定义访问，从而允许企业以简化的方式实现新的和更高级的功能。此外，支持思科 DNA 的网络设备还可以利用 API（应用程序编程接口）框架简化设备之间的交互，API 集合包括北向接口和南向接口，且支持自定义用例以及与不同系统的集成。

6. 云集成

云集成允许思科 DNA 功能不仅可以在现场部署实现，还可以与基于云的组件集成。通过云集成和现场部署两种方式，思科 DNA 使企业能够从基于云的服务中获益，包括简化集成、快速部署以及提供贯穿整个企业的一致性的服务。

7. 安全

最后，网络中部署的所有功能必须以安全的方式实现，既适用于设备本身，又适用于其部署和使用方法。在当今的企业网络中，固有安全是企业持续运营的关键，因此，思科 DNA 架构在系统内的每个级别中以及部署的每个设备和解决方案中都内嵌了安全性设计。

1.3.3 基于意图的思科 DNA

如图 1-4 所示，在利用了基于意图网络的思科 DNA 系统中，网络管理员将意图在思科 DNA 中心等工具中表达，然后 DNA 中心将该意图呈现为特定设备的配置，最终将其以适当级别的网络集成安全性推送到涉及的网络设备中。

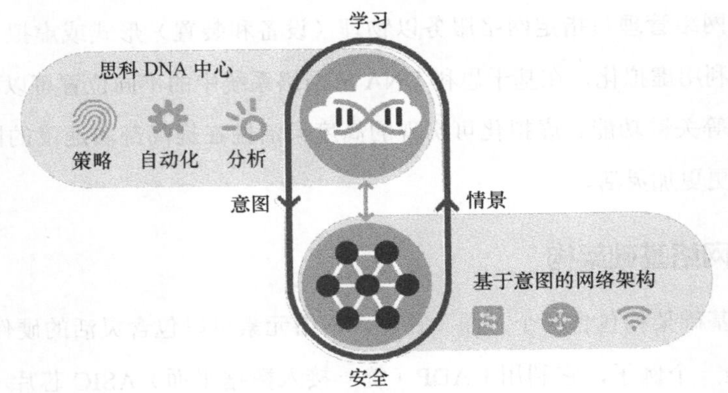

图 1-4 基于意图的网络

DNA 中心可以从这些网络设备中提取数据并进行分析，协助网络管理者创建“闭环”的网络操作系统，系统持续不断地学习底层网络的运作方式。思科 DNA 以强大、简单和可扩展的方式帮助企业为业务增长和变革做好充分准备。

这就是意图网络在企业网络的整体解决方案，即思科全数字化网络架构。总之，思科 DNA 为下一代企业网络的设计、部署和运营提供了框架。

1.3.4 思科 DNA 中心架构

网络正面临着终端、用户、客户端和应用程序规模持续扩大的挑战。随着物联网、虚拟现实和人工智能的广泛部署，当今使用的传统网络系统将面临挑战。网络、用户和应用程序的增长和能力的变化将是动态的。当今的网络设计人员应该寻求一种灵活的系统架构，该架构可以根据需要添加更多的资源来实现扩展。下一代企业架构应确保满足以下目标：

（1）能够通过向现有系统添加其他资源来实现扩展；

（2）无论网络规模如何，都能够立即可视化整个端到端网络；

（3）直观的用户体验（UX）、简化的网络操作；

（4）面向新一代网络、客户端和应用程序的易用性。

思科 DNA 中心提供可扩展的模块化设计，基于最佳的微服务架构，可以横向扩展以满足企业不断增长的需求。思科 DNA 中心由模块化组件组成，可执行特定的任务，主要组成部分包括：

（1）系统；

（2）网络控制器平台；

（3）网络数据平台。

如图 1-5 所示，由网络保障和自动化（包括软件定义访问）组成的思科 DNA 中心应用程序均可利用思科 DNA 中心的可扩展架构。

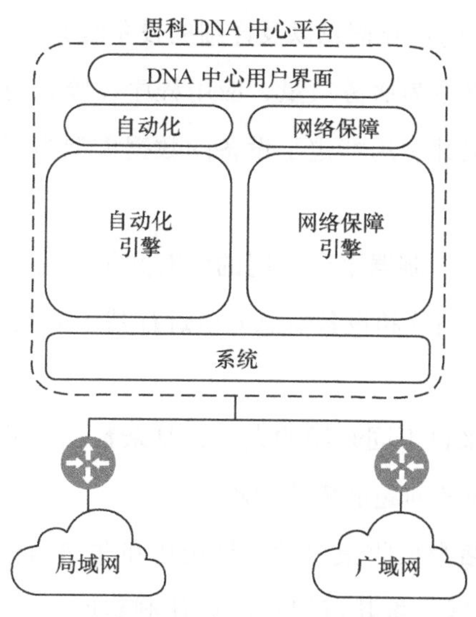

图 1-5　思科 DNA 中心架构概览

1. 模块化组件

（1）系统。

思科 DNA 中心利用基于微服务的架构在容器中托管微服务。在托管微服务方面，思科 DNA 中心的每个物理节点可能不完全相似。通过保持物理节点和服务托管彼此独立，该体系结构允许思科 DNA 中心在物理系统可能出现故障时继续运行。微服务可以在容器中独立运行，可以是 1:1 或 *N*:1。每个容器分配有 CPU 和内存资源。随着越来越多的物理资源（CPU、内存）被添加到逻辑系统的池中，微服务的数量可以实现水平扩展，以便为更多的用户和应用程序提供服务或为规模更大的网络提供服务。

“系统”是指一系列负责管理底层微服务的基础设施包。思科 DNA 中心中的系统组件可以帮助操作员管理系统任务，如升级、备份、还原和监控。

（2）网络控制器平台。

网络控制器平台是思科 DNA 中心的核心软件包之一。它旨在对网络进行全生命周期的管理和监控。网络控制器平台包括网络信息数据库、策略和自动化引擎以及网络编程接口。

自动化引擎能够发现网络基础设施并定期扫描网络以创建单一的事实来源，包括网络设备详细信息、系统上运行的软件映像、网络设置、站点定义和设备到站点的映射信息，还包括将网络设备映射到物理拓扑的拓扑信息以及详细的设备级数据。

策略引擎在整个企业网络中为服务质量、应用程序体验、访问控制和其他策略配置各种策略。它使用服务和策略框架并利用特定于设备的数据模型为整个企业网络提供抽象层级。该模块负责配置网络设备。

网络信息数据库存储网络控制器平台使用的所有数据，可以与网络数据平台交换网络信息数据库的部分信息（如网络拓扑和设备信息）以进行基于情境的分析和关联。

（3）网络数据平台。

大数据是一个用于描述来自不同来源的大量、复杂数据集的术语，这些数据集被分析、解读，用以揭示可用于解决业务问题的模式和趋势。

随着网络设备定期向网络数据收集器发送结构化和非结构化的数据，我们要分析和关联来自不同网络位置的大量数据，将其可视化，这使洞察网络问题变成一项极具挑战性的任务，对于中小规模的网络也是如此。随着设备数量和类型的不断增加，以及使用的应用程序数量的不断增加，旧的网络监控协议（如 SNMP 和 Syslog）已不足以监控网络的运行状况。现在，通过新的 Netconf 流传输协议，我们能够以更快的速率发送大数据流。在收集和导出网络信息时，安全性也是许多网络管理员首要考虑的因素。思科 DNA 中心的网络平台为网络管理员提供了深入洞察其网络状态的有效的手段，并且可以来指导他们做出正确的决策，这一点至关重要。

网络数据平台（如图 1-6 所示）的目标是转换来自不同数据源的大数据，并将这些信息关联起来以生成可操作的业务洞察。网络数据平台基于全面的基于微服务的分析和流处理引擎。该引擎提供分布式、高性能、可扩展的数据收集和聚合框架，以提供近乎实时的网络洞察和主动故障排除。此外，该引擎还支持围绕 IT 运营分析（ITOA）、IT 服务管理（ITSM）和安全性的高级用例。

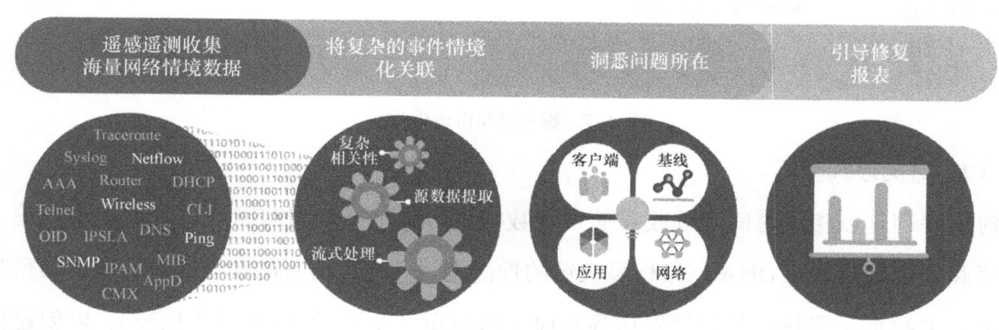

图 1-6　网络数据平台

2. 功能

思科 DNA 中心通过专注于生成相关性的见解来推动创新和简化，超越传统监控工具。思科 DNA 网络保障通过多个数据源为设备、应用程序、用户和终端收集信息，然后应用高级分析算法来发现问题并建议修复选项。思科 DNA 中心使用思科开发的独特的网络图技术，该技术利用数据源的组合来实现基于情境的关联。

（1）情境化关联。

情境化关联有助于捕获网络上实体和参与者之间的交互和关系并建模。思科 DNA 中心的网络数据平台能够以近乎实时的速度持续丰富、聚合、关联和分析网络数据，可以将此视为大数据引擎，将网络状态存储在数据库中，同时在未来的某个时间点通过思科 DNA 网络保障进行审查和分析，如图 1-7 所示。

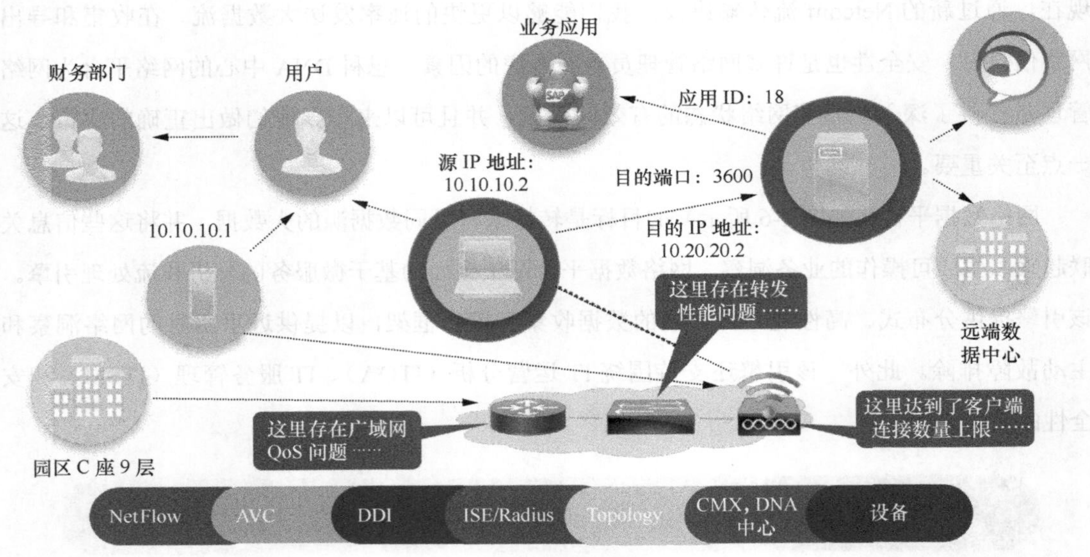

图 1-7　数据图和情境化关联

（2）时间序列分析。

时间序列是以相同时间间隔收集的一组数据点，是用于创建跨网络、设备、客户端、应用程序和安全性的思科 DNA 网络保障关键的性能指标。通过内置的数学函数、统计模型和聚合框架，大数据引擎将这些数据发送到北向接口应用（如思科 DNA 网络保障），以创建独特的见解，如图 1-8 所示。

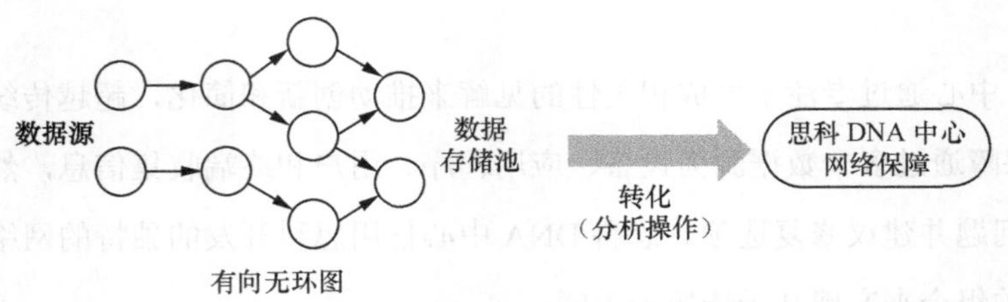

图 1-8　时间序列分析

（3）复杂事件处理。

复杂事件处理多路复用来自各种数据源的数据以推断感兴趣的事件或模式。然后，派生模式会触发检测到的异常通知，或者作为见解在呈现到思科 DNA 网络保障面板之前存储信息以供进一步处理。复杂事件处理的价值是快速识别重要事件并近乎实时地发出告警，如图 1-9 所示。

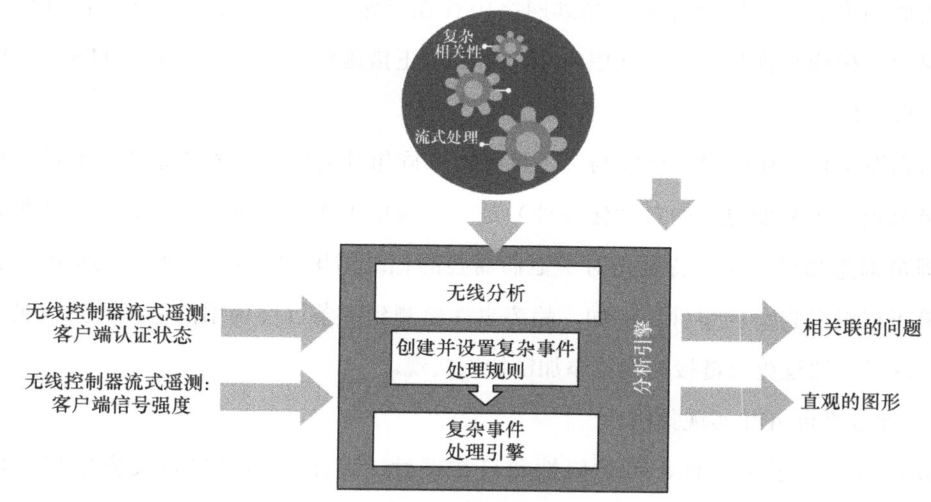

图 1-9　复杂事件处理

（4）闭环修复。

在思科 DNA 中心中，自动化平台的作用是将网络管理员表达的业务意图转换为网络策略和配置，而网络保障的作用是监控网络设备以确保一切按照业务意图运行，如图 1-10 所示，这将创建一个供企业使用的闭环系统。

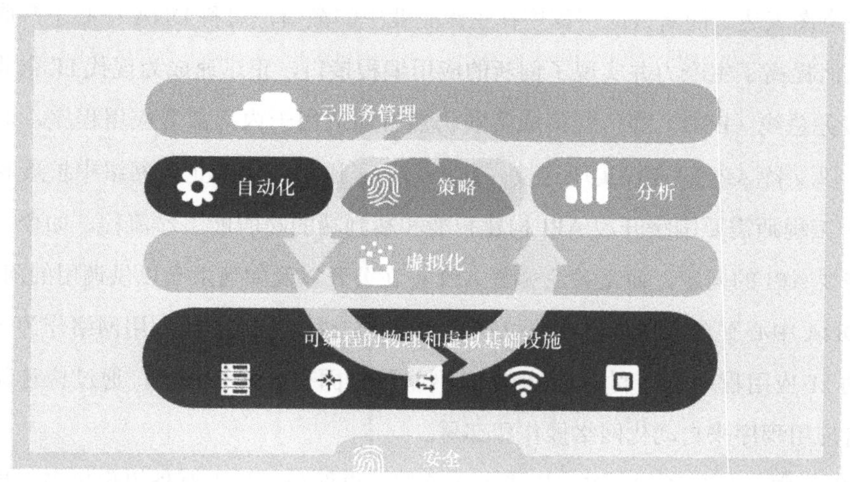

图 1-10　闭环系统

每当网络管理员通过自动化方式实施网络变更时，他们都可以利用 DNA 网络保障来监控变更，以确定对企业的网络运营产生的是正面还是负面影响，以及是否满足业务意图。

以类似的方式，当网络保障检测到网络中存在异常时，网络管理员可以利用自动化方式，采取纠正措施来恢复意图。展望未来，许多纠正措施将通过网络保障和 ITSM 工作流程集成实现自动化。

前面强调了自动化和网络保障与一个系统内不同组件之间的紧密联系的重要性。对于网络管理员来说，了解变更（如自动化事件）是否按预期工作非常重要。无论采用哪种方式，网络管理员都想知道结果，特别是对于他们需要的记录结果和 / 或启动回滚的更改。相反，网络保障可以触发自动化事件。例如，趋势事件检测到一条过度使用的链路，管理员需要做出反应，这可以通过更改链接速度或添加链接来实现。

（5）通过平台 API 实现集成。

开放接口提供了灵活性、可访问性和可扩展性，可用于构建自定义应用程序以及与 ServiceNow、Skype for Business、LiveAction 和 Tableau 等互补的行业标准平台实现集成。我们将在后面的章节详细描述。

1.3.5 思科 DNA 中心平台

思科 DNA 中心平台是思科意图网络的核心，支持企业网络中一系列主动监控和故障排除用例的业务意图表达。随着云应用程序在主流企业中的激增，思科 DNA 中心平台成为最佳解决方案，从而提高了生产力并实现了创新的应用编程接口，正迅速成为现代 IT 企业的标配。虽然企业服务总线（ESB）等传统集成实践仍然普遍适用于内部部署应用程序，但它们很快就被弃用，以支持 API 的方式实现连接。此外，为了满足在现代企业网络中扩展和加速运营的需求，IT 工程师需要围绕开放 API 构建智能和端到端的跨职能工作流程。如今，我们不再关注是否需要 API 的问题，而是关注哪些 API 正在公开以及如何发布以供调用的问题。

思科 DNA 中心平台带来全方位的可扩展性和开放性，允许企业利用网络作为平台，使跨职能领域的 IT 应用程序能够利用思科 DNA 网络保障固有的网络智能，通过构建新应用程序或集成现有应用程序来自动化网络操作和部署。

思科 DNA 中心平台通过 API、集成工作流程、事件和通知来对外提供更多、更深入的意图网络功能。此外，它还可以利用软件开发工具包（SDK）来支持多供应商设备或应用程序。思科 DNA 中心平台的一些关键功能如图 1-11 所示。

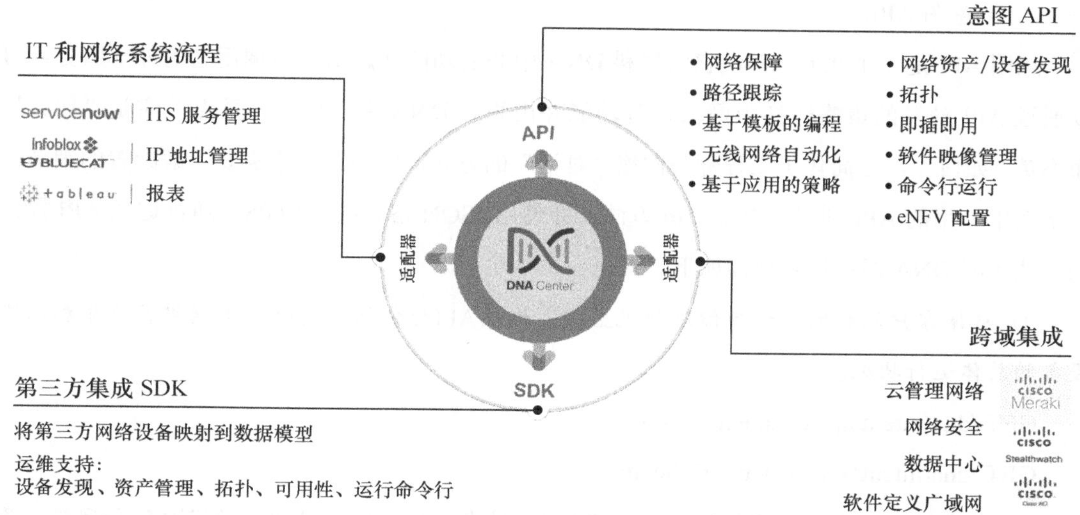

图 1-11　思科 DNA 中心平台功能——应用编程接口、适配器和软件开发工具包

意图 API： 意图 API 是特定功能的北向接口 REST API，提供基于策略的业务意图抽象，重点关注结果，而不是实现该结果的机制。REST API 体系结构通过 HTTPS 进行 GET、POST、PUT 和 DELETE 操作，简单、可扩展、使用安全。

集成工作流程： 集成功能是思科 DNA 中心平台的东 / 西向接口的一部分。思科 DNA 中心平台是一种将思科 DNA 网络保障工作流程和数据、IT/ 网络系统以及跨域集成进行融合的工具。

多供应商支持（第三方集成 SDK）： 思科 DNA 中心平台可以管理第三方网络设备和多供应商应用。SDK 使用专用的设备数据分组与第三方设备进行通信。

事件和通知服务： 思科 DNA 中心的事件可以通过 WebHooks 方式转发到第三方应用程序。可以由网络管理员通过平台用户接口配置事件类型、发布频率、主机和发送事件数据的 URL 路径。

1. 平台功能

应用编程接口是思科 DNA 中心平台提供的关键组件，可实现多供应商设备的管理，并支持丰富的应用和解决方案生态系统。API允许使用标准化的方法将思科DNA中心与外部设备和服务连接起来。思科DNA中心提供强大的API集成、事件通知和报告能力。

（1）意图API。

意图API是一个北向API，它将思科DNA中心的功能暴露给希望调用它的外部服务，可以通过API触发的策略转换为网络设备功能并由思科DNA中心配置。重点关注是“什么”而不是“如何”，这简化了工程师与网络“对话”的方式，因为他们不需要了解配置的细节。在本例中使用的API利用了RESTful方法，并使用JSON格式的HTTPS。通过这些API提供的一些思科DNA网络保障功能如下。

① 总体客户端和网络设备健康状况监视：这些API为任何给定时间点提供客户端和网络设备的总体运行状况。

GET /dna/intent/api/v1/client-health

GET /dna/intent/api/v1/network-health

② 客户端和网络设备详细信息：这些API提供有关任何给定时间点的客户端和网络设备的详细信息。允许外部应用在过去的特定时间点检索客户端和设备详细信息，这对于调试网络和客户端的问题特别有用。

GET /dna/intent/api/v1/client-detail

GET /dna/intent/api/v1/device-detail

③ 全局和站点健康状态：返回所有站点的总体健康信息。

GET /dna/intent/api/v1/site-health

④ 路径跟踪：允许用户分析任意两个网络端点之间的任何应用流的数据路径。

POST /dna/intent/api/v1/flow-analysis

GET /dna/intent/api/v1/flow-analysis/${flowAnalysisId}

网络设备详细信息API的示例及其提供的信息如图1-12所示。外部应用可以使用它来监视连接到企业网络的客户端的运行状况。

所有API都记录在思科DNA中心用户接口中的API目录中，也可以在思科DevNet门户网站上找到。API目录提供与每个API相关的详细信息，包括查询、头参数、响应代码、请求和响应模式，还可以生成示例代码预览和从用户界面中尝试 API 的功能。


```
{

    "response": {
        "managementIpAddr": "x.x.x.x",
        "nwDeviceName": "LA1-9300-ACC-2.corp.local",
        "communicationState": "REACHABLE",
        "platformId": "C9300-24UX",
        "nwDeviceId": "xxxxxxxx-xxxx-xxxx-xxxx-xxxxxxxxxxxx",
        "sysUptime": "24 days, 16:58:47.74",
        "nwDeviceRole": "DISTRIBUTION",
        "nwDeviceFamily": "Switches and Hubs",
        "macAddress": "xx:xx:xx:xx:xx:xx",
        "collectionStatus": "SUCCESS",
        "deviceSeries": "Cisco Catalyst 9300 Series Switches",
        "osType": "IOS-XE",
        "softwareVersion": "16.6.2",
        "nwDeviceType": "Cisco Catalyst 9300 Switch"
    }
}
```


图 1-12　网络设备详细信息 API

（2）IT 服务管理集成。

思科 DNA 中心平台的主要目标之一是简化整个 IT 价值链中的端到端 IT 流程。通过与各种生态系统领域［如 IT 服务管理（ITSM）、IP 地址管理（IPAM）和商业智能（BI）报告］集成来实现这一目标。通过利用基于 REST 的集成适配器 API 可以构建双向接口，以允许在思科 DNA 中心和外部第三方 IT 系统之间交换情境信息。

具体而言，思科 DNA 中心平台提供了与 ITSM 工具集成的功能。这可以最大限度地减少问题的重复和在不同系统界面之间反复切换的需求，并优化流程以获得主动洞察和更快的补救处理。这是通过将思科 DNA 中心与各种 ITSM 工作流程集成来实现的。

① 在思科DNA中心和ITSM工具之间同步CMDB。

② 事件、意外、变更和问题管理工作流程。

③ ITSM批准和预批准。

④ 正式的变更和维护窗口调度过程。

这是思科 DNA 中心和 ITSM 工具之间的双向集成，它提供了向外部系统发布网络数据、事件和通知的功能，同时从连接的 ITSM 系统中获取思科 DNA 中心的信息。ITSM 系统的示例包括 ServiceNow、BMC Remedy、RT 请求跟踪器和其他内部工单系统。

思科 DNA 中心平台通过 WebHooks 方式公开集成 API 和事件，与 ITSM 工具（如 Service Now）集成（如图 1-13 所示）。

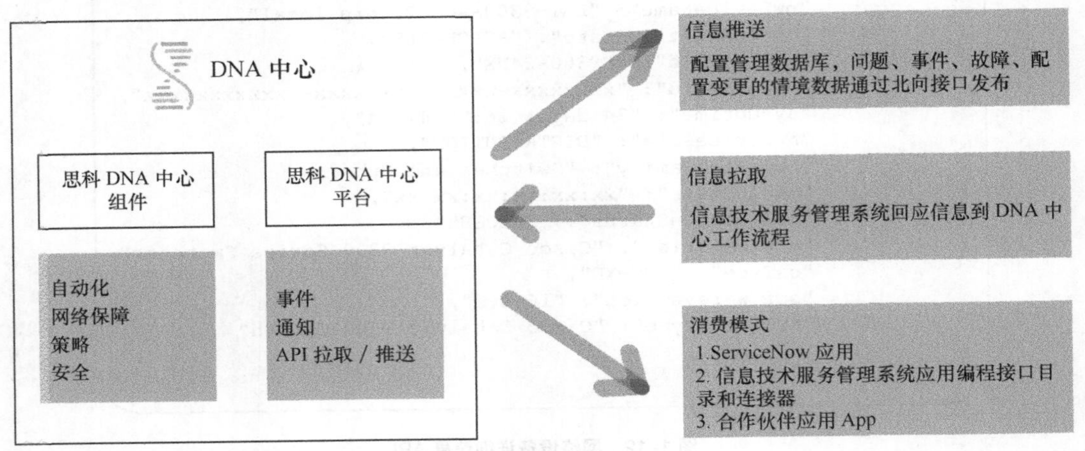

图 1-13 IT 服务管理（ITSM）集成

（3）通过 WebHooks 发送事件通知。

思科 DNA 中心平台提供发布事件通知的功能，使第三方应用程序能够接收思科 DNA 网络保障检测到的任何问题，以及思科 DNA 中心系统级别和基于任务的操作通知，它还提供在触发事件时接收自定义通知的功能。这对于希望根据触发的事件类型采取业务操作的第三方系统非常有用。例如，如果网络中的某个设备不合规，则自定义应用可能希望接收通知并执行软件升级操作。

另外，对于思科 DNA 中心需要在规定时间内完成自动化工作流程的这种情况，如果采用传统的解决方案，需要经常对思科 DNA 中心进行轮询以获取任务的状态更新，而通过订阅任务完成事件和接收通知，可以完全避免轮询，这样可以优化网络和计算带宽以及轮询资源所需的成本。

要接收思科 DNA 中心的事件，用户必须提供接收或“回调” URL。然后，思科 DNA 中心平台可以使用 HTTPS POST 将事件发布到回调 URL，如图 1-14 所示。

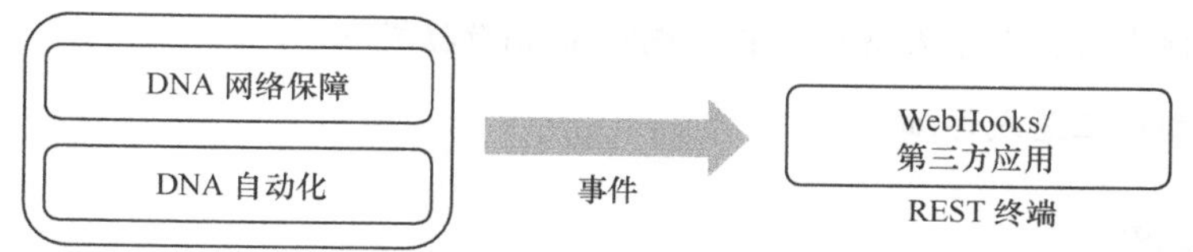

图 1-14　接收思科 DNA 中心事件

思科 DNA 中心平台通知利用 WebHooks 使用标准化 IT4IT 架构向北向接口推送事件消息。这些事件通知提供的信息可用于构建与各种 ITSM 系统的集成。 每个事件的各种属性（类别、严重性、类型或工作流）都是根据行业标准预定义的，用户可以选择根据其企业流程自定义这些属性。事件框架允许用户根据事件类型、站点、域和类别筛选事件通知。

（4）邮件通知。

从思科 DNA 中心平台的角度来看，基于“少即多”模式的有效电子邮件通知可以成为一种强大的互动工具，尤其是因为网络管理者不希望坐在屏幕前等待网络问题的发生。此外，考虑到业务和 IT 运营的全局性质，网络运营者希望在关注的事件可能影响用户体验时得到通知。

思科 DNA 中心的电子邮件通知工作流允许客户配置规则（问题优先级、问题发生、受影响的客户端数量、一天中的时间和电子邮件别名），以指定他们希望接收电子邮件通知的确切条件。如果警报符合条件，则系统会自动生成一封电子邮件，其中包含与问题相关的适当信息量（优先级、严重性、站点、问题描述和可能的补救措施）以确保更轻松地解决问题。为了避免不堪重负，客户还可以定义在思科 DNA 中心发送电子邮件通知之前需要重复相同问题的次数。

（5）报告。

思科 DNA 中心平台支持客户的按需报告和库存信息。高保真度和汇总数据可用于商业智能报告。报告生成可以根据以下配置进行管理。

① 数据过滤器：包括客户端报告的位置、SSID或无线频段。

② 时间表：现在、之后或反复出现。

③ 时间范围：从3小时到过去7天或自定义时间段。

④ 输出文件类型：电子表格csv、PDF或Tableau数据提取。

⑤ 报告类型：汇总或详细。

2. 数据保留

思科 DNA 中心旨在保留数据，同时考虑多种因素，如数据的关键性、发生率、总结或原始数据，具体取决于数据量和应用要求。

高保真数据最多保留 14 天，用于问题复现。网络管理者经常面临无法回到过去并有效地重现短暂的网络问题的挑战。在无线网络或其他高动态环境中尤其如此，在这些环境中，从最终用户的角度来看，很难诊断导致性能急剧下降的持久但瞬态的问题。高保真数据为健康状况和传感器仪表板、360° 视图和问题洞察提供支持。

网络架构师依靠定期趋势分析和报告来满足新的业务需求和优化网络运营。趋势分析通常在几周或几个月内围绕数据进行，以获得洞察。思科 DNA 中心提供开箱即用的报告，可分析 14 天内的数据。超过 14 天，可以将思科 DNA 网络保障数据卸载到 Tableau 等外部源或数据湖进行趋势分析。

思科 DNA 网络保障提供可配置的数据保留和清除设置与计划。在默认情况下，数据存储 14 天并且可以通过网络保障中任何健康状态或全景视图页面中固有的时间旅行功能进行检索。可以在某些无线网络 SSID（如访客 SSID）上配置灵活的清除策略（如图 1-15 所示），以优化系统性能并遵守有关隐私的组织策略。

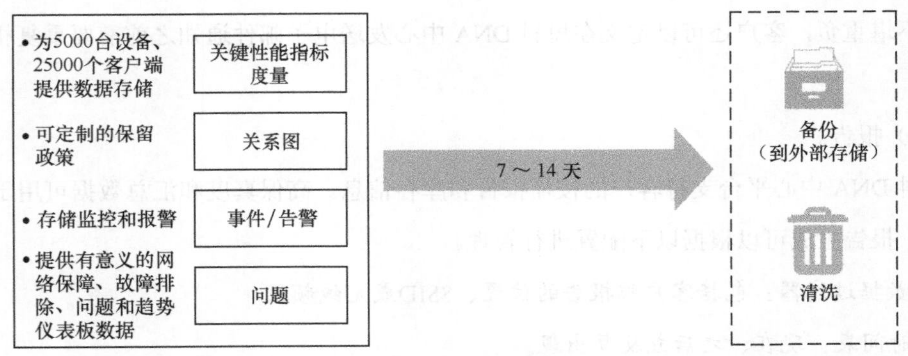

图 1–15　数据保留和导出

1.3.6 思科 DNA 网络基础设施

1. 数字化就绪的网络基础设施

数字化的过程需要将难以计数的未曾连接的端点与不同来源的数据连接起来，这些数据用于动态和分布式的企业业务。在云、移动和社交网络日益普及的形势下，数字化就绪网络基础设施需要具备以下能力：

（1）操作简单；

（2）智能化响应不断变化；

（3）自动化管理规模和复杂性；

（4）内在安全。

思科的数字化就绪型网络基础设施是数字化转型的基础，由强大的物理和虚拟的路由、交换和无线产品组成，这些产品采用软件功能构建，可通过内置的安全功能实现快速的数字化转型。

思科 DNA 架构为开发和交付创新的市场领先解决方案提供了理想的平台。使用思科 DNA 中心，只需单击几下即可在整个网络中创建和应用策略。思科 DNA 网络保障可以大大简化对实时和历史问题的诊断。

思科 DNA 中心旨在提供快速、准确、强大的数据和洞察。思科 DNA 网络保障利用数字化就绪型网络基础设施，通过采用下一代遥测技术、消息格式和协议来增强数据的获取，提供更快速的处理并更快地与不同数据源关联，同时保持与混合部署的向后兼容性。

2. 支持的硬件和软件

从网络基础设施的角度来看，思科全数字化网络架构既支持混合部署，又支持全新部署。现在大多数思科路由器、交换机和无线设备都可以由思科 DNA 中心提供支持，或者最多通过软件更新提供支持。混合部署的支持使思科 DNA 网络保障对希望实现既有投资保护的用户来说极具吸引力，并且在市场上也是独一无二的。

（1）硬件。

为了保护和充分利用既有投资的价值，使其在未来能够获得持续的软件创新，思科建议过渡到思科 DNA 功能增强型产品（如图 1-16 所示），例如，Catalyst 9000 系列交换机和无线控制器、Catalyst 9100 无线接入点以及 1800 S 无线传感器。有关思科 DNA 网络保障支持硬件的完整、详细信息请参阅思科相关网站。

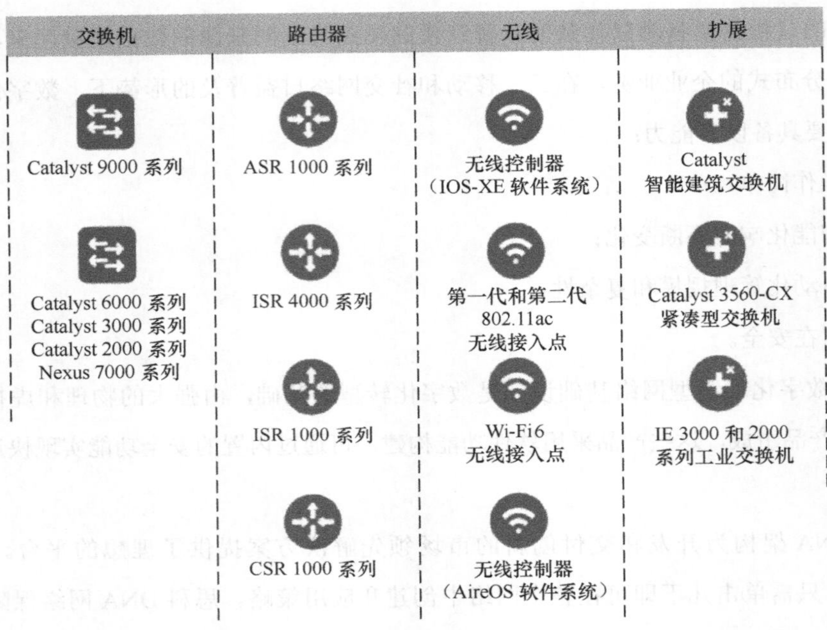

图 1–16　思科 DNA 就绪型网络基础设施组合

（2）软件。

软件的功能在上述数字化就绪硬件上启用。对于混合环境，软件版本更新是必要的。表 1-1 是设备系列的推荐软件版本列表。

表 1-1　设备系列的推荐软件版本

硬件	建议的软件版本
思科 DNA 中心	1.2.5 及以上
Catalyst 9000、Catalyst 3000 系列交换机 ISR 4000 系列路由器 ASR 1000 系列路由器，CSR1000 系列路由器	IOS XE 16.9.2 IOS XE 16.8.1 IOS XE 16.6.4
Catalyst 4000 系列交换机	IOS XE 3.10
Catalyst 6000 系列交换机	IOS 15.5（1）SY1 IOS 15.5（1）SY2

（续表）

硬件	建议的软件版本
WLC 3504、5520、8540、9800 系列无线控制器 802.11ac 和 Wi-Fi 6 无线接入点	IOS XE 16.10.1 AireOS 8.5.135.0（最低版本） AireOS 8.8.100.0（最新版本） Wireless Sensor 1800 S（8.8.258.0）
思科 IE 4000、IE5000 系列工业交换机 思科智能建筑交换机 思科 Catalyst 3560-CX 紧凑型交换机	15.2.6E1

3. 思科 DNA 软件许可和功能矩阵

思科 DNA 软件许可包含两个级别的可用订阅：思科 DNA 基础（Essentials）授权许可和思科 DNA 高级（Advantage）授权许可。订阅期可以是 3 年、5 年或 7 年，并与网络设备相关联。通过这些软件订购服务，客户可以通过基于软件的创新快速利用他们的投资。

基础许可允许客户部署和使用基本的网络保障功能。这包括用于网络、客户端和应用的基本健康状况仪表板。

高级许可可实现思科 DNA 中心的全部功能。此许可级别用于部署和使用完整的思科 DNA 网络保障和分析功能。这包括全局见解和趋势报告，以及网络、客户端、用户和应用程序的全景视图，包括丢包和抖动等性能数据，还包括智能数据分组捕获和对无线传感器的支持。需要注意的是，软件定义访问功能需要高级许可来支持。

思科 DNA 订购许可还可在给定网络设备中启用更多的功能。例如，使用 Catalyst 9000 系列交换机上的思科 DNA 高级授权许可证，可以启用完整灵活的 NetFlow 功能。

思科 DNA 高级授权许可的一个主要优势是始终包括自动化以及网络保障和分析功能。这为开始思科 DNA 之旅的客户提供了很大的灵活性。因为无论是混合部署还是全新部署，实现网络保障是非常简单的起点。如果自动化将是下一个阶段，那么思科 DNA 高级授权许可已经提供了必要的覆盖范围，无须额外购买。

要使用思科 DNA 网络保障和自动化，客户需要获得并使用思科 DNA 中心设备。该设备本身没有特定的软件许可，因为软件许可是基于所部署的交换机、路由器和无线控制器管理的无线接入点设备数量来购买许可。

4. 思科 DNA 网络保障功能矩阵

网络基础设施设备本身和思科 DNA 网络可以提供各种高级保障功能。表 1-2 中的思科 DNA 网络保障功能是由思科 DNA 就绪网络基础设施配合思科 DNA 中心 1.2.5 及以上版本的支持。

表 1-2　思科 DNA 网络保障功能

思科 DNA 网络保障特性	思科 DNA 就绪网络基础设施			
	无线	交换	路由	扩展（IoT）
客户端体验（健康状态、全景视图、时间旅行、问题与趋势、客户端上线、路径跟踪）	支持	支持	支持	支持
网络体验（健康状态、全景视图、时间旅行、问题与趋势、物理拓扑、路径跟踪）	支持	支持	支持	支持
应用体验（健康状态、全景视图、时间旅行、问题与应用度量）	不支持*	不支持*	支持	不支持
问题与引导式修复	支持	支持	支持	支持
1800 S 无线传感器	支持	不支持	不支持	不支持
智能数据报文捕获	支持	不适用	不适用	不支持
软件定义访问（网络交换矩阵）	支持	支持	支持	支持**

注：* NetFlow应用体验受设备支持，但不适用于当前的思科 DNA 网络保障用例；

**作为网络交换矩阵边缘节点的扩展节点参与。

思科数字化就绪网络基础设施的使用可以加速创新，并为行进于意图网络之旅中的客户助力，它也是思科 DNA 网络保障的关键推动因素。无论客户处于数字化转型生命周期的哪个阶段，它都可以提供更高的可见性，并允许主动性故障排除和指导性修复。

第 2 章

软件定义访问体系结构

2.1 概述

在企业网络体系中，网络可能跨越多个物理位置（或站点），如主园区、远程分支等，每个位置都有众多的设备、服务和策略。思科软件定义访问解决方案提供了一个端到端的体系架构，可确保网络跨不同位置（站点）时网络连接、网络分段和网络策略的一致性。

思科的软件定义访问解决方案是一个可编程的网络体系结构，它提供基于软件的策略和从网络边缘到应用程序的网络分段服务。软件定义访问是通过思科 DNA 中心实现的，它提供了涉及网络设置、策略定义和网络元素的自动调配，以及有线和无线网络智能保障和分析等一系列功能。

这些可以描述为两个主要层次，如图 2-1 所示。

（1）园区网络交换矩阵（Fabric）：物理和逻辑网络转发的基础架构。

（2）DNA 中心：自动化、策略、网络保障和第三方集成的基础设施。

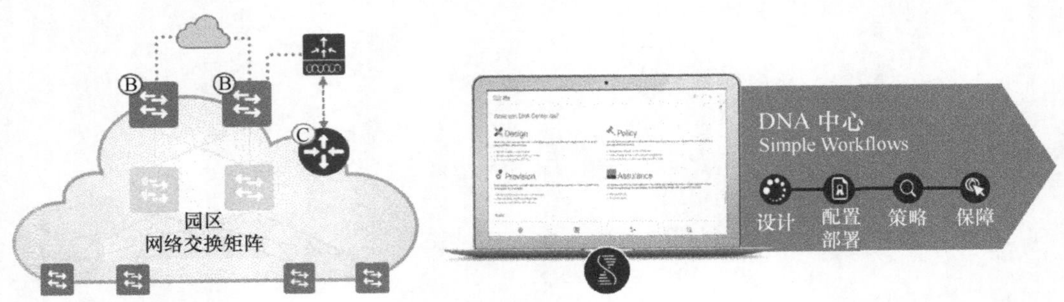

图 2-1 软件定义访问的主要层次

软件定义访问解决方案（如图 2-2 所示）将 DNA 中心控制器、身份服务引擎及有线和无线网络交换矩阵功能完美结合。在软件定义访问解决方案中，网络交换矩阵由控制平面节点、边缘节点、中间节点、扩展节点和边界节点组成。无线网络集成需要交换矩阵模式无线控制器和交换矩阵模式无线接入点两个组件。此部分将介绍每个角色的功能，各角色在物理园区拓扑中的对应角色，以及解决方案管理、无线集成和策略应用所需的组件。

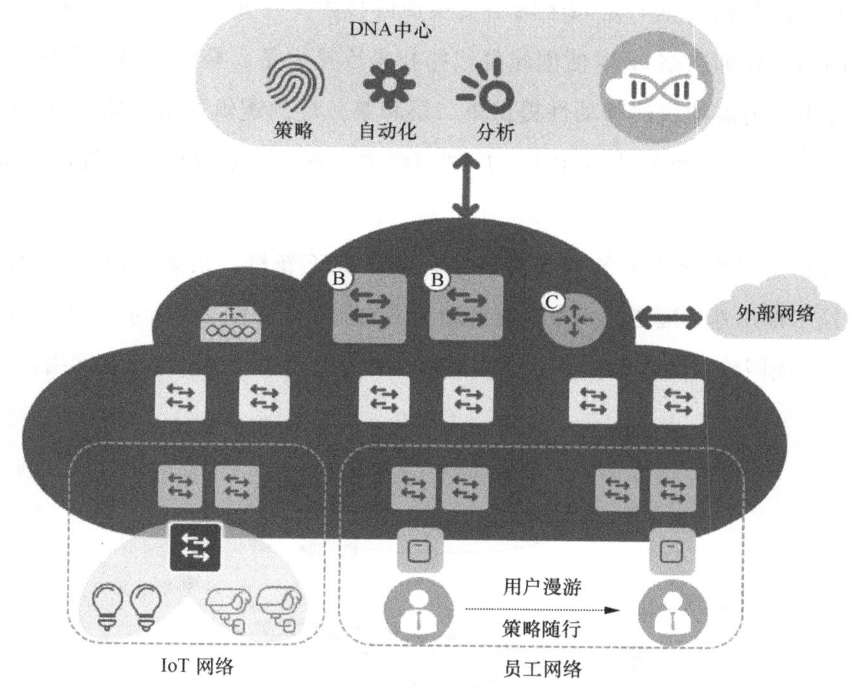

图 2-2 软件定义访问解决方案

本章将概述软件定义访问的各个主要解决方案的组件，并在后面进行详细的说明。

2.2 网络交换矩阵

如前所述，当今网络中的一部分复杂性来自于策略与网络结构（如 IP 地址、VLAN、ACL 等）绑定在一起的事实。

如果企业网络可以根据不同的目标划分为两个不同的层次，一个层次专门用于物理设备和转发流量［（称为底层网络（Underlay）］，另一个层次完全虚拟化［称为叠加网络（Overlay）］，有线和无线用户的终端设备在叠加网络的逻辑层面上连接在一起，并启用相关的服务和策略。这种方法提供了明确的责任分离并最大限度地提高了每个层次的容量，还将大大简化部署和操作，因为对策略的更改只会影响叠加网络，并且不会触及底层网络。底层网络和叠加网络的组合称为“网络交换矩阵”（Network Fabric）。

软件定义访问架构的基石是园区网络交换矩阵技术，它允许在物理网络（底层网络）上运行虚拟网络（叠加网络），以便创建替代拓扑来连接设备。叠加网络通常用于数据中心网络交换矩阵中，为虚拟机的移动性提供第二层和第三层的逻辑网络（如 ACI、VXLAN 和 FabricPath）。此外，叠加网络也可用于在广域网络中为远程站点提供安全隧道（如 MPLS、DMVPN 和 GRE）。

叠加网络和网络交换矩阵的概念在网络行业中并不新鲜。诸如 MPLS、GRE、LISP、OTV 等现有技术都是基于隧道技术来实现叠加网络的例子（如图 2-3 所示）。另一个常见的例子是思科统一无线网络（CUWN），它使用 CAPWAP 为无线客户端创建叠加网络。

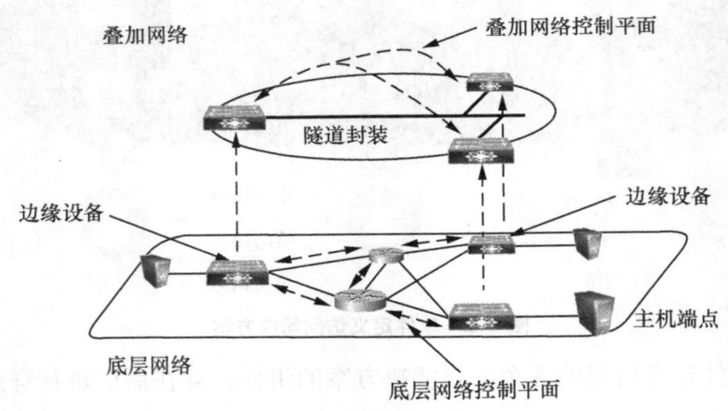

图 2–3　底层网络和叠加网络

那么，软件定义访问网络交换矩阵的独特之处在哪里呢？让我们从软件定义访问的关键组件开始解释。

2.3　网络交换矩阵组件

要了解软件定义访问网络交换矩阵，需要了解组成网络交换矩阵的各种组件及其提供的各项功能，同时了解各个组件之间如何相互作用以提供整体的软件定义访问解决方案。图 2-4

概述了作为软件定义访问网络交换矩阵部署的主要组件，并指出它们在软件定义访问网络交换矩阵系统中的位置。

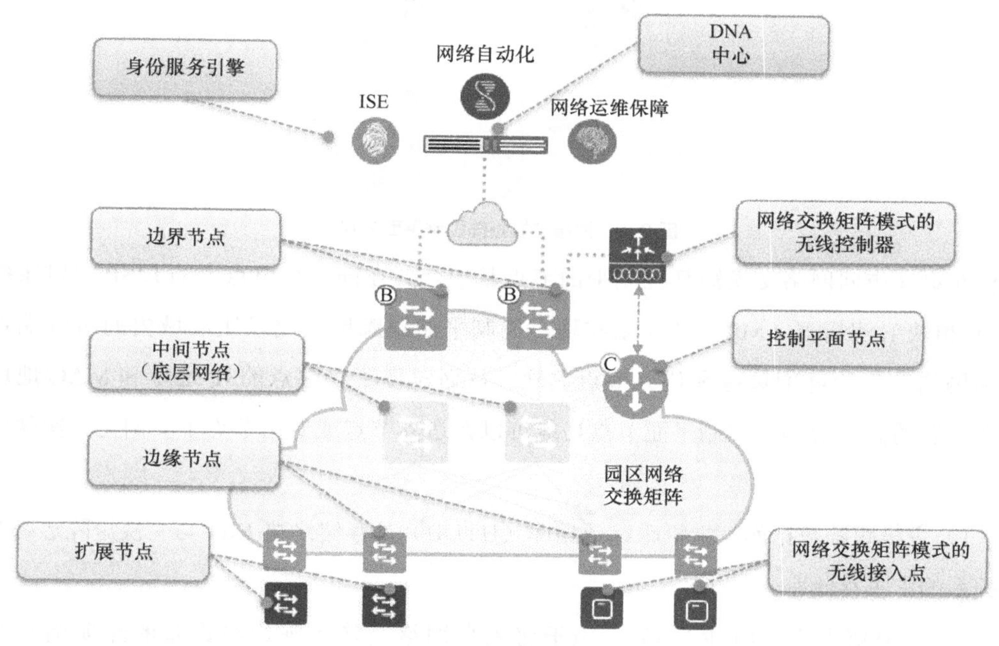

图 2-4　软件定义访问组件

2.3.1　控制平面节点

网络交换矩阵控制平面节点连接到网络交换矩阵中，作为一个中心数据库跟踪所有用户和终端设备，并支持它们自身具备的漫游性。网络交换矩阵控制平面作为“唯一的可信数据源”提供关于连接到网络交换矩阵上的每个终端在任意时间点的位置。网络交换矩阵控制平面允许网络组件（交换机、路由器、无线控制器等）查询此数据库，以确定连接到该网络交换矩阵的任何用户或终端设备的位置，而无须使用泛洪学习机制。除了跟踪特定终端（32 位掩码的 IPv4 地址和 128 位掩码的 IPv6 地址），网络交换矩阵控制平面还可以跟踪更大的汇总路由（IP 地址 / 掩码）。这种灵活性有助于跨网络交换矩阵站点进行总结并提高网络总体的可伸缩性，如图 2-5 所示。

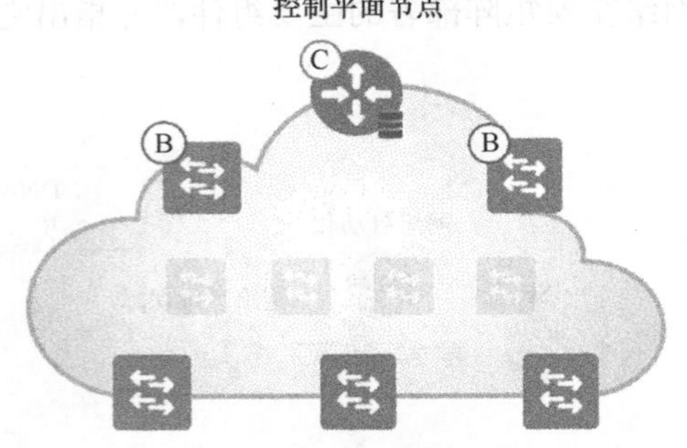

图 2–5 网络交换矩阵控制平面节点

软件定义访问网络交换矩阵控制平面节点基于合并在同一个节点上的 LISP 映射服务器（MS）和映射解析器（MR）功能来实现。控制平面跟踪网络交换矩阵域内的所有端点并将其与网络交换矩阵的边缘和边界节点关联，从而实现了将端点的 IP 地址和 MAC 地址与其所在位置的完全解耦，控制平面节点功能可以在边界节点或专用节点上实例化，实现以下功能。

（1）主机跟踪数据库：主机跟踪数据库（HTDB）是存储终端 EID 与交换矩阵边缘节点绑定关系的中央存储库。

（2）映射服务器（LISP MS）：用于将来自网络交换矩阵边缘设备的注册消息写入 HTDB。

（3）映射解析器（LISP MR）：用于响应来自网络交换矩阵边缘设备对于终端 EID 和所在位置 RLOC 的映射查询。

2.3.2 边缘节点

网络交换矩阵边缘节点（如图 2-6 所示）负责将终端连接到网络交换矩阵，并封装 / 解封装和转发从这些终端到网络交换矩阵的通信。网络交换矩阵边缘节点在网络交换矩阵的外围运行，是用户连接和策略实施的所在地。需要注意的是，终端不必直接连接到网络交换矩阵的边缘节点，也可以连接到扩展节点。

有关网络交换矩阵边缘节点的重要注意事项是它们如何处理用于终端设备的子网。在默认情况下，在软件定义访问网络交换矩阵中承载的所有子网都是在边缘节点上设置的。例如，如果在给定的网络交换矩阵中设置了子网 10.10.10.0/24，则该子网将在该网络交换矩阵中的所有边缘节点上进行定义，而位于该子网中的主机可以放在该网络交换矩阵内的任何边缘节点上。这实质上是在该网络交换矩阵的所有边缘节点之间“拉伸”了这些子网，从而简化了 IP 地址的分配，进而可以部署较少但掩码更大的 IP 子网。

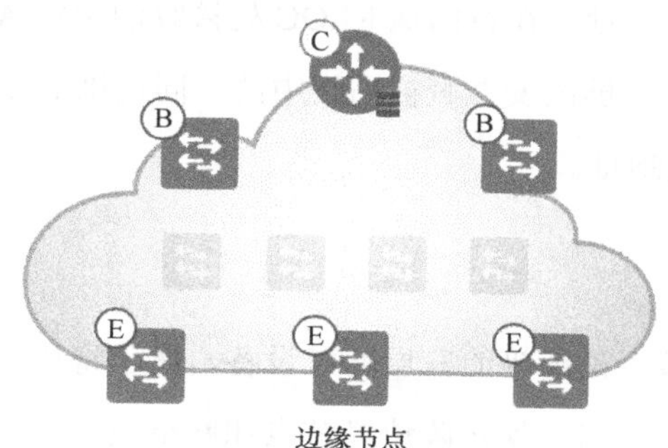

图 2-6 网络交换矩阵边缘节点

软件定义访问网络交换矩阵边缘节点相当于传统的园区网络设计中的接入层交换机。边缘节点在实现三层访问设计的同时增加了以下网络交换矩阵功能。

（1）终端注册。交换矩阵边缘节点检测到用户终端后，会将其添加到本地主机跟踪数据库（称为终端 EID 表）。边缘节点设备还会发出 LISP 映射注册消息，以便将检测到的终端通知控制平面节点并将其填充到中心主机跟踪数据库（HTDB）。

（2）将用户映射到虚拟网络。通过将终端分配到与 LISP 实例关联的 VLAN，可将该终端放入虚拟网络。可以使用静态或动态 802.1x 方式将终端映射到 VLAN 中。同时为其分配 SGT 以实现在交换矩阵边缘节点为终端提供网络分段和策略执行功能。

（3）三层任播网关。在每个边缘节点使用通用网关（具有相同的 IP 和 MAC 地址），使终端共享同一个 EID 子网，实现跨越不同 RLOC 的最佳转发路径和移动性。

（4）LISP 转发。与典型的基于路由的决策不同，网络交换矩阵边缘节点通过查询映射服务器来确定与目标 IP 关联的 RLOC，并使用该信息封装相关流量的 VXLAN 报头。如果无法解析目标 RLOC，流量将被发送到默认的网络交换矩阵边缘节点，并使用边缘节点上的全局路由表来决定如何转发。从映射服务器接收到的响应存储在 LISP 映射缓存中，它被合并到思科快速转发表中并安装在节点交换机硬件中。如果在网络交换矩阵边缘节点接收到未在本地连接的终端的 VXLAN 封装流量，接收边缘节点将通过发送 LISP 征求映射请求到发送该流量的网络交换矩阵边缘节点来触发新的映射请求。这一机制解决了终端可能出现在不同的网络交换矩阵边缘节点交换机上的情况。

（5）VXLAN 封装 / 解封装。网络交换矩阵边缘节点使用与目标 IP 地址关联的 RLOC 为流量封装 VXLAN 报头。类似地，在目的地 RLOC 处接收的 VXLAN 流量被解封装。流量的封装和解封装使端点的位置能够改变并且被网络中的不同边缘节点和 RLOC 封装，而端点本身不必在自身封装内改变其地址。

2.3.3 中间节点

网络交换矩阵的中间节点是纯粹的三层转发设备，属于将边缘节点与边界节点进行互联的三层网络的一部分，连接网络交换矩阵边缘节点和网络交换矩阵边界节点，为转发叠加网络流量提供基于三层的底层网络互联服务。

在使用核心层、分布层和接入层的三层园区设计中，中间节点相当于分布层交换机，但中间节点的数量并不限于单个设备层。中间节点仅在网络交换矩阵内部路由 IP 流量。中间节点无须参与 VXLAN 封装 / 解封装或 LISP 控制平面消息方面相关的操作，网络交换矩阵对于中间节点的要求仅仅是支持转发大尺寸 IP 数据报文，以便能够传输内嵌了 VXLAN 信息的 IP 数据报文。

2.3.4 边界节点

网络交换矩阵边界节点将软件定义访问网络交换矩阵连接到传统的三层网络或不同的网络交换矩阵站点。网络交换矩阵边界节点负责将网络情境（用户 / 设备映射和身份标识）从一个网络交换矩阵站点转换到另一个网络交换矩阵站点或传统网络。当封装在不同的网络交换矩阵站点上进行时，网络情境的转换通常是 1:1 映射的。网络交换矩阵边界节点是不同网络交换矩阵站点的控制平面交换策略信息的设备，也是软件定义访问网络交换矩阵域和外部网络之间的网关。

网络交换矩阵有两种边界节点（如图 2-7 所示），实现不同的功能，一个用于内部网络，一个用于外部网络。网络交换矩阵边界节点一方面可配置为特定网络（如共享服务网络）地址的网关，称为内部边界节点，内部边界节点用于通告已定义的子网集，如一组分支站点或数据中心。

另一方面，它也可配置为用于互联网连接或者网络交换矩阵流量出口的默认边界角色，称为外部边界节点。外部边界节点用于通告未知的目标（通常是互联网），类似于默认路由的功能。在软件定义访问网络交换矩阵中，可以存在任意数量的内部边界节点。每个软件定义访问网络交换矩阵所支持的外部边界节点总数为 2 或 4，具体取决于所选边界节点的类型。

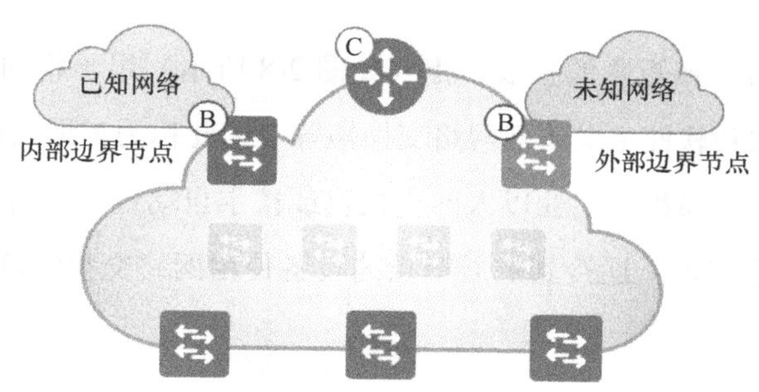

图 2-7 网络交换矩阵边界节点

边界节点还可以结合上述两种角色作为任意边界节点（同时作为内部边界节点和外部边界节点）。当采用中转过渡区域进行控制平面互联时，软件定义访问可以实现具有本地站点服务的更大规模的分布式园区部署。

边界节点实现以下功能。

（1）终端 EID 子网通告。软件定义访问将边界网关协议（BGP）配置为首选的路由协议，用于通告网络交换矩阵外部的终端 EID 前缀并转发从网络交换矩阵外部经边界节点发往内部终端 EID 子网的流量。这些终端 EID 前缀只出现在边界节点的路由表中，而在网络交换矩阵的其他各处，则使用网络交换矩阵控制平面节点来访问终端 EID 信息。

（2）网络交换矩阵流量出口。执行 LISP 代理隧道路由器功能，默认网络交换矩阵边界节点是网络交换矩阵边缘节点的默认网关。此出口也可以是连接到一组已经明确定义了 IP 子网的非默认网络交换矩阵的边界节点，此时需要网络交换矩阵边界节点将这些子网信息通告到网络交换矩阵内部。

（3）LISP 实例到 VRF 的映射。网络交换矩阵边界节点可以使用外部 VRF 实例将网络虚拟化从网络交换矩阵内部扩展到外部。

（4）安全策略映射。网络交换矩阵边界节点还会在流量离开网络交换矩阵时维护可扩展组信息标签。通过使用可扩展组标签交换协议（SXP）将 VXLAN 报头中的可扩展组标签传输到支持思科 TrustSec 的设备，或者使用内联标记将可扩展组标签直接映射到数据分组中的思科元数据（CMD）字段，可扩展组标签信息可以从网络交换矩阵边界节点传播到外部网络，反之亦然，从而实现与思科 TrustSec 解决方案的无缝集成。

2.3.5 扩展节点

软件定义访问网络交换矩阵的扩展节点（如图 2-8 所示）用于将网络下游的非网络交换矩阵二层网络设备附加到软件定义访问网络交换矩阵（因此称为扩展结构）。扩展节点一般是小型交换机（如紧凑型交换机、工业以太网交换机或楼宇自动化交换机），通过二层网络连接到网络交换矩阵的边缘节点。连接到扩展节点的设备使用网络交换矩阵边缘节点与外部子网进行通信。

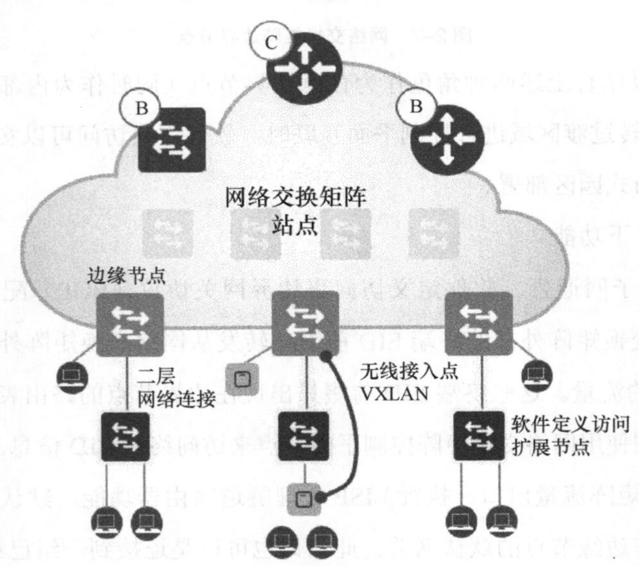

图 2-8 网络交换矩阵扩展节点

扩展节点是在纯二层模式下运行的小型交换机，本身不支持网络交换矩阵。这些二层交换机通过传统的二层方法连接到网络交换矩阵的边缘节点。在扩展节点交换机上配置的 VLAN/IP 子网将获得类似于网络交换矩阵提供的策略分段和自动化的好处。网络交换矩阵使用 802.1q 二层中继链路将子网扩展到软件定义访问扩展节点。这允许扩展节点执行正常的本地转发。当流量离开扩展节点到达其连接的网络交换矩阵边缘节点时，将从网络交换矩阵的集中式策略和可扩展性中受益。

2.3.6　网络交换矩阵模式的无线控制器

网络交换矩阵模式的无线控制器（如图 2-9 所示）将无线局域网的控制平面集成到网络交换矩阵的控制平面中。交换矩阵模式的无线控制器和非交换矩阵模式的无线控制器都可以为无线接入点提供软件映像和配置管理、客户端会话管理以及移动服务。交换矩阵模式的无线控制器还为无线局域网与交换矩阵集成提供其他服务，例如，在无线客户端加入无线网络期间，交换矩阵模式的无线控制器将无线客户端的 MAC 地址注册到主机跟踪数据库，以及在客户端漫游事件期间更新其所在的网络交换矩阵边缘节点的 RLOC 位置信息。

网络交换矩阵模式的无线控制器与非交换矩阵模式的无线控制器行为的主要区别在于，交换矩阵模式的无线控制器对于支持交换矩阵模式的 SSID 不会主动参与数据平面流量的转发，这些 SSID 由交换矩阵模式的无线接入点通过网络交换矩阵为其直接转发流量。

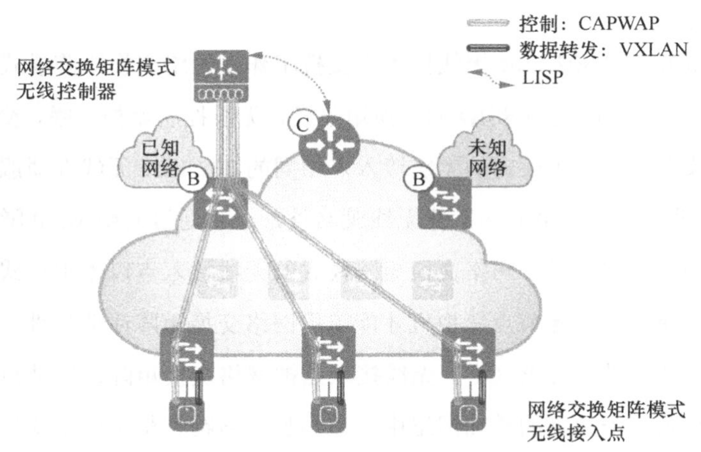

图 2-9　网络交换矩阵模式的无线控制器和无线接入点

通常，交换矩阵模式的无线控制器连接在网络交换矩阵边缘节点之外的共享服务网络中，这意味着它们的管理 IP 地址存在于全局路由表中。为了使无线接入点与无线控制器之间建立 CAPWAP 管理隧道，无线接入点必须位于可以访问外部网络的虚拟网络中。在软件定义访问解决方案中，DNA 中心将无线接入点配置为驻留在名为 INFRA_VRF 的 VRF 中，它被映射到全局路由表，以避免通过路由泄露或融合路由器（支持多 VRF 路由器并有选择地共享路由信息）服务与网络交换矩阵以外的外部网络建立连接。

2.3.7 网络交换矩阵模式的无线接入点

网络交换矩阵模式的无线接入点连接到网络交换矩阵边缘节点，并将无线客户端连接到网络交换矩阵中。交换矩阵模式的无线接入点通过将无线用户通信封装到 VXLAN 叠加网络并在其相邻的网络交换矩阵边缘节点中解封装，应用任何必要的策略，然后重新封装并转发到网络交换矩阵中的最终目的地，在软件定义访问体系中实现分布式转发。

支持连接到该网络交换矩阵的已启用网络交换矩阵模式的无线接入点，不仅处理与无线控制器关联的传统任务，还处理无线客户端与网络交换矩阵的控制平面的交互操作，例如注册和漫游。应该注意的是，启用了网络交换矩阵模式的无线部署将数据平面（VXLAN）从集中位置（与以前的叠加式 CAPWAP 部署一样）转移到了无线接入点 / 网络交换矩阵边缘节点。这使得分布式转发和分布式策略应用程序能够实现无线通信，同时保留了集中资源调配和管理的好处。

思科第一代和第二代 802.11ac 无线接入点支持工作在网络交换矩阵模式并与配置了一个或多个支持网络交换矩阵模式的 SSID 的交换矩阵模式无线控制器相关联。交换矩阵模式的无线接入点除了继续支持与传统模式的无线接入点相同的 802.11ac 无线介质服务、应用可视化服务和控制 AVC 服务、QoS 服务和其他无线策略外，还将通过 CAPWAP 隧道和网络交换矩阵模式的无线控制器建立关联。网络交换矩阵模式的无线接入点以本地模式加入，并且必须直接连接到网络交换矩阵边缘节点交换机才能启用网络交换矩阵注册事件，包括通过交换矩阵模式的无线控制器为其分配 RLOC。无线接入点被网络交换矩阵边缘节点识别为特殊的有线主机，并被分配到一个独有的叠加网络中，该叠加网络跨越整个网络交换矩阵并具备共同的 EID 空间。这一方式允许通过使用单个子网来构建无线接入点的基础结构，以便简化其管理任务。

当无线客户端连接到网络交换矩阵模式的无线接入点且通过成功的身份验证连接到支持

交换矩阵模式的无线局域网中时，无线控制器将使用客户端第二层 VNID 标签信息和 ISE 提供的 SGT 标签信息更新交换矩阵模式的无线接入点，无线控制器作为网络交换矩阵边缘节点交换机的代理，将无线客户端第二层 EID 信息注册到网络交换矩阵控制平面中。建立初始连接后，交换矩阵模式的无线接入点使用第二层 VNI 信息对无线客户端通信进行 VXLAN 封装，发往直连的网络交换矩阵边缘交换机。网络交换矩阵边缘交换机将客户端流量映射到与该 VNI 相关联的 VLAN 接口，以便在网络交换矩阵中进行转发，并向控制平面主机跟踪数据库注册无线客户端的 IP 地址。

2.3.8 用户终端

连接到网络交换矩阵边缘节点的设备称为终端（EP）。终端可能是直接连接到网络交换矩阵边缘节点的有线客户端、连接到网络交换矩阵模式的无线接入点的无线客户端，或者是通过软件定义访问扩展节点二层网络连接的客户端。

2.3.9 身份服务引擎

思科 ISE（身份服务引擎）作为网络安全访问平台，能够增强用户和终端设备访问网络时的安全管理意识，保证安全策略的控制和一致性。ISE 的职责是实施安全策略，是软件定义访问不可或缺的组成部分，它可以将用户和终端设备动态地映射到可扩展组并简化端到端安全策略的实施。通过在 ISE 上使用思科平台交换架构（pxGrid）和 REST API 与 DNA 中心集成，两者互相交换客户端信息并自动完成与网络交换矩阵相关的配置，同时，通过 ISE 图形化界面，网络用户和终端设备将以简单灵活的形式呈现出来。软件定义访问解决方案集成了思科 TrustSec 来实现基于组的端到端策略，在支持虚拟网络的同时于 VXLAN 报头中加入用于数据平面通信的可扩展组信息。组、策略、身份验证、授权和计费（AAA）服务以及终端类型分析都是由 ISE 驱动并由 DNA 中心的策略制定工作流程进行编排的。

可扩展组以 SGT 进行标识，SGT 是 VXLAN 报头中的一个 16 位字段。SGT 由思科 ISE 集中定义、创建和管理。ISE 和 DNA 中心通过 REST API 紧密集成，组策略的管理由 DNA 中心驱动（如图 2-10 所示）。

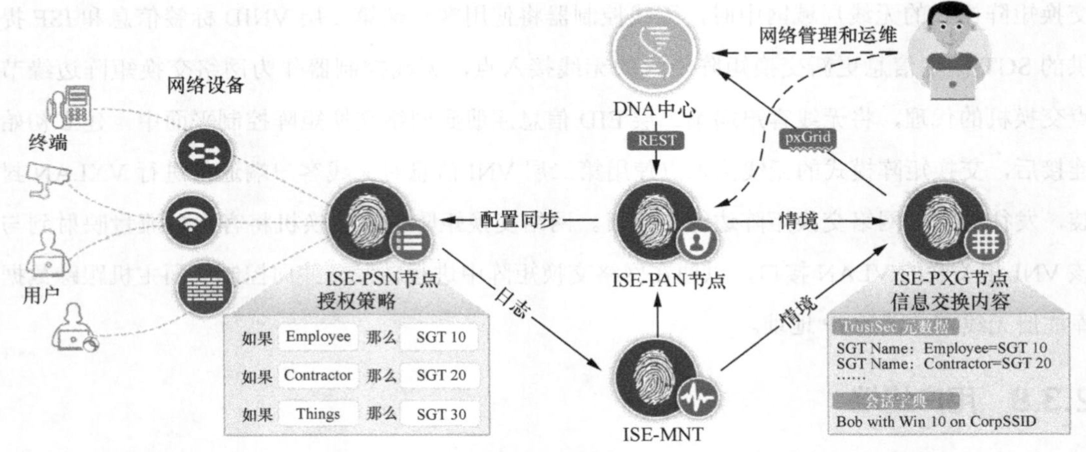

图 2-10 DNA 中心和身份服务引擎集成

ISE 支持独立和分布式部署模型。此外，ISE 可以将多个分布式节点集成在一起并支持故障失效备援。ISE 支持高达几十万客户端和用户的数量，其对于软件定义访问的设备指标将在后面进行介绍。对于软件定义访问最低限度的部署建议是：至少采用双 ISE 节点，每个 ISE 节点都运行所有的服务并互相冗余。

软件定义访问网络交换矩阵边缘节点交换机将身份验证请求发送到 ISE 的策略服务节点（PSN）。在独立部署以及具备或不具备节点冗余的情况下，PSN 均由单个 IP 地址代表。ISE 分布式部署模型使用多个活动的 PSN，每个 PSN 都有一个唯一的 IP 地址。所有的 PSN 地址都是通过 DNA 中心学习到的，DNA 中心再将网络交换矩阵边缘节点交换机映射到各个 PSN。

2.3.10 DNA 中心

DNA 中心是软件定义访问解决方案的命令和控制系统，并提供部署和管理软件定义访问网络交换矩阵所需的自动化工作流程。DNA 中心是一个集中式操作平台，用于企业局域网、无线局域网和广域网环境的端到端自动化和运维保障，以及与外部解决方案和作用域协调。它为网络管理员提供了使用单一界面来管理和自动化操作网络。DNA 中心为 IT 操作员提供了直观的自动化操作和运维工作流程，使网络设置和策略变得简单易用，主动监测、端到端可视性保证了网络运维的一致性和高可靠性，从而为用户提供优质的用户体验。

DNA 中心在网络交换矩阵部署中提供了自动化和网络保障的功能。DNA 中心也可以为混合网络部署和新建项目的网络部署提供服务。对于软件定义访问网络交换矩阵，思科 DNA 中心提供了用于建立和操作软件定义访问网络交换矩阵的集中式管理平面。管理平面负责交付配置和策略分发，以及设备的管理和分析。

DNA 中心还提供了基于组的策略的定义和管理，以及所有与策略相关的配置的自动化。DNA 中心直接与思科 ISE 集成，以提供终端主机联网和策略执行的能力。

DNA 中心的设计原则是可扩展性，以支持大规模的企业网络部署的需求。它由网络控制器和数据分析功能栈组成，为用户提供管理和自动化网络的统一平台。DNA 中心使用可扩展性极强的微服务架构来构建，用户可以按需扩展和部署。DNA 中心的一些关键亮点包括：

（1）通过在现有的集群中添加更多的 DNA 中心节点来进行水平扩展；

（2）硬件组件和软件包的高可用性机制；

（3）备份和恢复机制，支持灾难恢复场景；

（4）基于角色的访问控制机制，基于角色和职责范围对用户区分访问；

（5）可编程接口，将生态系统合作伙伴和独立软件开发商的开发人员与 DNA 中心整合；

（6）DNA 中心的更新升级基于云来完成，用户能够无缝地升级现有功能并添加新的功能包和应用程序，而无须手动下载和安装。

思科 DNA 中心架构如图 2-11 所示。

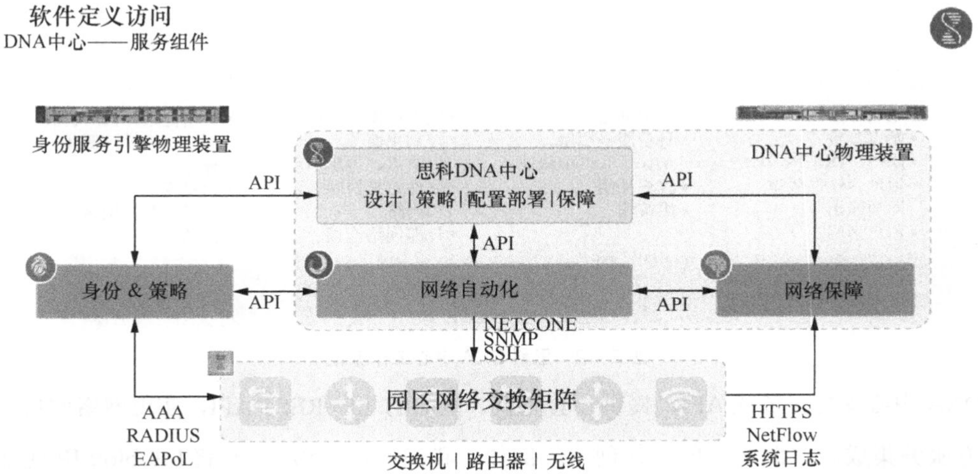

图 2-11　思科 DNA 中心架构

DNA 中心是软件定义访问解决方案的自动化功能核心，是软件定义访问的控制器，提供网络规划和准备、安装配置和集成，乃至智能运维的全生命周期服务。软件定义访问只是在 DNA 中心运行的许多软件应用程序包之一。

DNA 中心集中化管理包含 4 个主要工作流程（如图 2-12 所示）。

（1）设计。设备全局设置、物理设备的网络站点配置、DNS、DHCP、IP 寻址、软件映像管理、即插即用和用户访问。

（2）策略。定义业务意图以便在网络中进行调配，包括创建虚拟网络，将用户终端分配到虚拟网络，以及为组定义策略合同。

（3）配置部署。对设备进行配置以进行管理，创建网络交换矩阵域，定义控制平面节点、边界节点、边缘节点、交换矩阵模式无线网络、传统无线网络和网络交换矩阵外部连接。

（4）网络保障。启用智能运维手段，包括网络健康评估仪表板、客户端 / 网络设备 / 应用的 360° 全景视图、网络节点、客户端和路径跟踪。

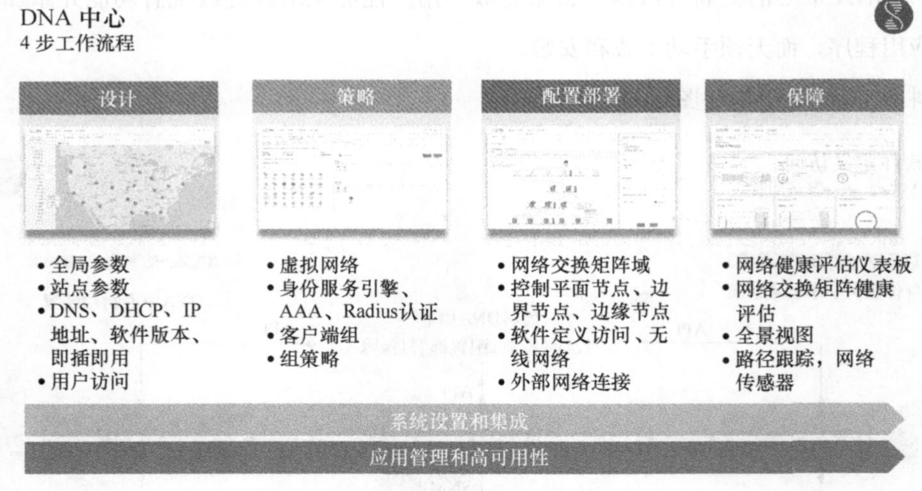

图 2-12　思科 DNA 中心工作流程

DNA 中心支持开放式 API，提供一套完整、全面的北向 REST API，实现网络的自动化、第三方服务集成和在此之上的其他创新。例如，我们通过 DNA 中心将 Infoblox IP 地址的管理和策略实施与 ISE 集成。

（1）所有控制器功能都可以通过北向 REST API 获得。

（2）可以与生态系统合作伙伴一起轻松地开发并构建新的应用程序。

（3）所有北向 REST API 请求都通过控制器的基于角色的访问控制机制进行安全管理。

DNA 中心作为平台的扩展能力如图 2-13 所示。

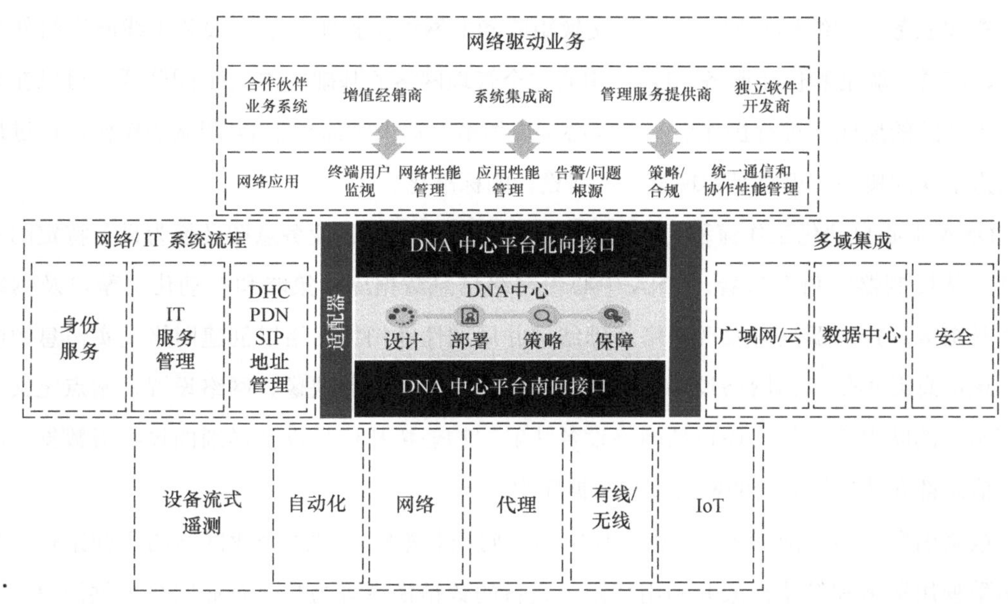

图 2-13　DNA 中心作为平台的扩展能力

思科 DNA 中心控制器软件与软件定义访问应用程序包运行在思科 DNA 中心物理装置上。该装置具有通用的外形尺寸，不仅可以支持软件定义访问应用程序，还可以提供网络运维保障及更多的创新功能。为了实现高可用性，DNA 中心可以组成集群并在集群中使用多个物理装置。

DNA 中心是将设备自动部署到网络中的关键要素，还提供了确保运营效率所需的速度和一致性。在部署和维护网络时，DNA 中心能够让你从更低的成本和风险中获益。

DNA 中心有两个主要功能：自动化和运维保障。

1. 自动化和业务流程编排

自动化一般定义为在没有人工帮助的情况下执行某项操作或任务的技术或系统。单个任务可能需要多个操作来完成，但会有一个预期的结果。业务流程编排对整个工作流或进程进行自动化，可能需要多个相关任务并涉及多个系统，这就是行业术语“软件定义”所讲的对于企业园区“访问”网络环境的自动化和编排，以及将用户的“意图”转换为有意义的配置和验证任务。

那么，它们是如何应用于软件定义访问的呢？思科 DNA 使用基于控制器的自动化作为主要配置和业务流程编排模型，为网络交换矩阵和非网络交换矩阵的有线和无线网络组件提供设计、部署、验证和优化服务。DNA 中心完全管理网络的基础结构，IT 团队现在可以在抽象的基于意图的层面上进行操作而不必担心实现细节。这大大简化了 IT 团队的操作，通过最小化人为错误的概率，更容易实现整个网络设计的标准化。

DNA 中心自动化工作流程的主要目标是将网络管理员的业务意图转换为设备特定的网络配置。从控制器的角度来看，DNA 中心由网络信息数据库、策略和自动化引擎以及网络编排工具组成。控制器具有发现网络基础结构并周期性地扫描网络以创建网络真实信息源的能力，该信息源不仅包括网络设备细节、在系统上运行的软件映像、网络设置、站点定义、设备到站点的映射信息等，还包括网络设备映射的物理拓扑信息以及详细的设备级数据，所有这些信息都存储在控制器的网络信息数据库中。

策略引擎为服务质量 / 应用程序体验和访问控制策略提供跨企业网络的各种策略。自动化引擎使用服务和策略框架并利用特定于设备的数据模型等为整个企业网络提供抽象层。网络编排工具最终完成具体设备的配置工作。

2. 运维保障

网络保障根据全面的网络分析，从网络的角度量化可用性和风险。除了一般性网络管理之外，网络保障还会测量网络更改对安全性、可用性和法规遵从性的影响。DNA 中心网络保障按照完整的网络管理和操作解决方案来设计和开发，以解决客户面临的最常见的挑战。思科 DNA 中心为非网络交换矩阵和网络交换矩阵的组件提供多种形式和层次的保障和分析。

DNA 网络保障的关键因素是分析部分：不断收集网络数据并将其转化为可操作的洞察力的能力。为了实现这一点，DNA 中心采用了各种网络遥测方式收集数据，包括传统的形式（如 SNMP、NetFlow、系统日志等）和新兴形式（NETCONG/YANG、流式遥感遥测等）。

然后，DNA 网络保障执行高级处理以评估和关联事件，持续监视设备、用户和应用程序的执行方式。

数据的相关性在这里是关键，因为它允许在软件定义访问网络交换矩阵的叠加网络和底层网络部分进行故障排除并分析网络性能。其他解决方案缺少这样的相关性，通常无法看到可能影响叠加网络性能的底层网络的通信问题。通过对网络交换矩阵的增强感知，提供对底层网络和叠加网络通信模式和使用的相关可见性，软件定义访问可确保在部署网络交换矩阵时的全网可见性不会受到损害。

DNA 中心使用先进的机器学习和分析方法，通过智能学习网络基础设施、连接到网络的客户端和其他情境信息来提供端到端的网络可见性。DNA 中心具备内置的数据采集器框架，能够摄取各种信息的源数据。

所有的网络基础设施数据都是通过最新的流式遥测机制获得的，这些机制在设计之初就是为了优化网络负载并减少从网络层接收数据的延迟而进行的。除此之外，数据收集器还可以用来从各种相关系统收集数据，如思科 ISE、ITSM 和 IPAM 系统。收集器在网络设备能力的基础上动态部署，并且可以根据需要进行水平扩展。

所有这些数据都使用时间序列分析、复杂事件处理和机器学习算法进行实时处理和情境化关联，然后数据存储在 DNA 中心内，以便通过保障工作流程提供有意义的保障、故障排除、可视性和趋势信息。

2.4　网络交换矩阵提供的服务

2.4.1　底层网络

软件定义访问底层网络由物理网络设备（如路由器、交换机和无线控制器加上传统的三层路由协议）组成，这为网络设备之间的通信提供了一个简单、可伸缩和有弹性的基础。底层网络不用于客户端通信（客户端通信使用网络交换矩阵的叠加网络）。

底层网络的所有网络元素必须建立彼此之间的 IP 连接。这意味着现有的 IP 网络可以作为底层网络使用。尽管可以在底层网络中使用任何拓扑和路由协议，但强烈建议采用设计良好的三层访问拓扑以确保全网的一致性、可伸缩性和高可用性。这种设计方法消除了对 STP、VTP、HSRP、VRRP 等的需求。此外，在规范的底层网络上运行逻辑的网络交换矩阵拓扑可以为多路径、优化收敛提供内置功能，并简化网络的部署、故障排除和管理。

DNA 中心提供规范的局域网自动化服务，可以根据思科验证的最佳设计实践来实现自动发现、配置和部署网络设备。一旦网络设备被发现，自动底层网络资源调配利用即插即用（PnP）功能对设备应用所需的协议和 IP 地址进行配置。

DNA 中心局域网自动化使用 IS-IS 路由访问设计的最佳实践，其主要原因为：

（1）协议无关性，支持 IPv4 和 IPv6；

（2）只使用环回接口并且不需要为每个三层链接配置地址；

（3）支持可扩展的 TLV 格式以便为新出现的用例提供支持。

2.4.2 叠加网络

软件定义访问网络交换矩阵的叠加网络是建立在物理底层网络之上的逻辑的、虚拟化的拓扑结构。软件定义访问网络交换矩阵的叠加网络有 3 个主要组成部分。

（1）网络交换矩阵数据转发平面：逻辑叠加网络通过使用具有组策略选项（GPO）的虚拟可扩展局域网（VXLAN）封装创建。

（2）网络交换矩阵控制平面：用户和设备（与 VXLAN 隧道终端关联）的逻辑映射和解析由位置 / 标识分离协议（LISP）执行。

（3）网络交换矩阵策略平面：将业务意图转换为网络策略，使用地址无关的可扩展组标签（SGT）和基于组的策略实现。

VXLAN-GPO 为软件定义访问提供以下优势：支持二层和三层虚拟拓扑（叠加网络），在基于 IP 的任意网络上操作，内置网络分段（VRF/VN）和基于组的策略。

LISP 通过降低每个路由器处理所有可能的 IP 目标地址和路由的工作量，大大简化了传统的路由环境。它通过将远程目标信息移动到集中式映射数据库来实现此目的，允许每个路由器仅管理其本地路由，并查询映射系统以定位目标终端。

2.4.3 网络策略

软件定义访问的一个基本好处是能够根据网络交换矩阵提供的服务来实例化逻辑网络策略。解决方案提供的一些服务示例包括：

（1）安全分段服务；

（2）服务质量（QoS）；

（3）捕获 / 复制服务；

（4）应用可视化服务。

这些服务在整个网络交换矩阵中独立于设备特定的地址或位置来提供。

2.4.4 网络分段

网络分段是一种将特定组的用户或设备与其他组分开以便实现安全、重叠的 IP 子网的方法或技术。在软件定义访问网络交换矩阵中，VXLAN 数据平面封装通过在报头中使用虚拟网络标识符（VNI）和可扩展组标签（SGT）字段提供网络分段。软件定义访问网络交换矩阵可以实现层次化的网络分段方法：网络宏分段和网络微分段。

软件定义访问网络分段的几个关键概念如下。

宏分段（如图 2-14 所示）：在逻辑上将网络拓扑划分为较小的虚拟网络，使用唯一的网络标识符和单独的转发表。

虚拟网络是软件定义访问网络交换矩阵中的逻辑网络实例，提供二层或三层服务并定义三层路由域。VXLAN VNI 用于提供二层和三层网络分段。

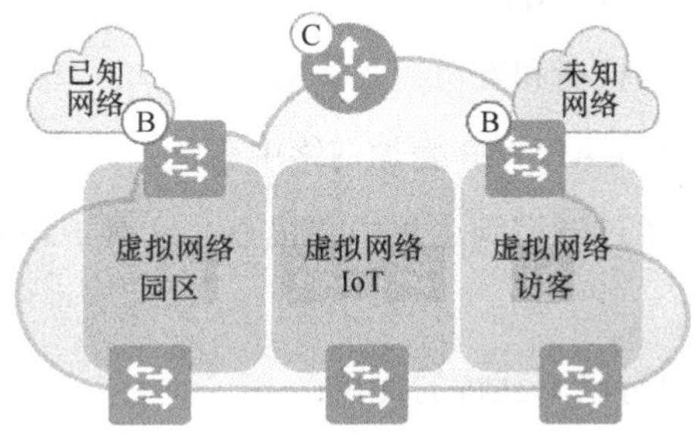

图 2-14　网络宏分段和虚拟网络

微分段（如图 2-15 所示）：通过执行源到目标的访问控制权限在虚拟网络内部逻辑上分隔用户或设备组。这通常是对访问控制列表（ACL）进行的实例化，也称为访问控制策略。

可扩展组是分配给软件定义访问网络交换矩阵中的用户和 / 或设备的“组”的逻辑对象 ID，用作可扩展组访问控制列表（SGACL）中的源和目标的分类器。可扩展组标签用于提供与地址无关的基于组的策略。

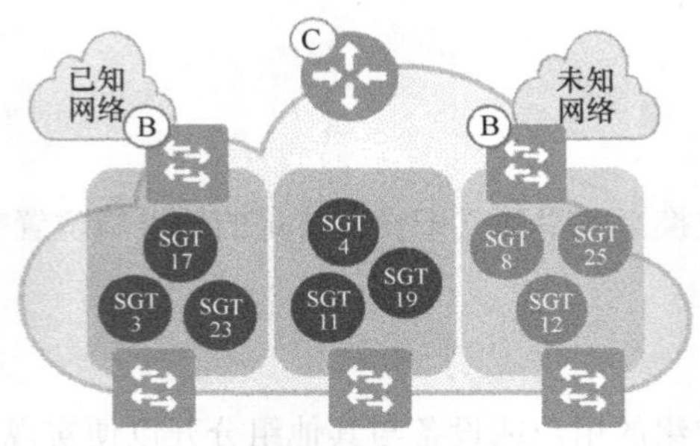

图 2–15　网络微分段和可扩展组

2.4.5　与无线局域网络深度融合

目前占据主流的传统的思科统一无线网络（CUWN）提供了一些与软件定义访问相类似的优点：

（1）隧道叠加网络（通过 CAPWAP 封装和独立控制平面实现）；

（2）一定程度的网络基础设施自动化（如无线接入点管理、配置管理等）；

（3）简化的无线用户或设备移动性（也称为客户端漫游）；

（4）集中式管理无线控制器（WLC）。

但是 CUWN 也进行了一些权衡和妥协：

（1）只有无线用户才能从 CAPWAP 叠加网络中受益；

（2）无线通信流量必须通过隧道到达集中式锚点，这对于许多应用程序来说可能不是最佳的转发路径。

软件定义访问对有线用户有以下独特的优点：

（1）有线用户可以从分布式交换数据平面提供的性能和可扩展性中受益；

（2）有线用户得益于高级 QoS 和创新服务，例如，可在交换机基础架构中使用加密通信流量分析（ETA）。

换言之，每个通信域（有线和无线）都有不同的优点。那么，什么是独特的软件定义访问无线网络？软件定义访问网络交换矩阵提供了分布式有线和集中式无线体系的最佳组合，为有线和无线用户提供通用的叠加平面服务。通过使用软件定义访问网络交换矩阵，客户可以在独立于访问媒体介质的情况下，为所有用户提供通用的策略和一致的体验。

2.5　思科 DNA 软件定义访问提供的服务

2.5.1　软件定义访问策略服务

1. 传统网络环境下的策略

（1）策略定义。

在涉及策略和服务的任何讨论中，起点始终应该是由创建需求的业务来驱动。过去，企业网络的唯一业务需求是提供快速、高可用的连接性（也称为访问需求）。随着这些年计算和网络的发展，服务和策略都在不断进化。现在，企业网络策略必须满足新的需求，以支持更大的灵活性、敏捷性和不断增加的安全性。

在本节中，我们将重点介绍软件定义访问的首要需求——安全性，讲述软件定义访问策略如何解决企业网络当前面临的一些重大挑战。重要的是，对于其他网络服务和策略，如服务质量（QoS）、数据分组抓取、流量工程等，也存在类似的需求和挑战，软件定义访问以类似的方式来解决这些问题。

（2）业务驱动因素。

驱动策略部署的业务需求之一是出于行业原因（PCI、HIPAA 等）或企业合规原因（降低风险）。企业内可以存在多个需求。例如，一家医疗保健公司不仅必须遵守国家法规，还必须遵守 PCI 遵从性要求，同时希望通过隔离医疗设备来减少风险。

（3）策略使用场景。

下面是一组常见的医疗网络的样本需求，用来说明软件定义访问如何满足业务需求，同时可以提供业务的敏捷性、灵活性和较低的运营费用。

如上所述，我们的出发点是评估业务的驱动力和需求，具体如下。

① 安全的病人护理：只允许经过批准的医疗用户和医疗设备进入医疗网络。

② 安全的关键业务应用程序：在访问企业网络时识别所有用户终端，并且只允许批准的用户和设备访问通用企业网络。

③ 法规遵从性要求：只允许批准的用户或设备访问PCI遵从性范围内的特定终端、服务器和应用程序。

④ 提供病人护理：提供与企业通用网络和医疗网络隔离的访客网络。

传统上，下一步是评估网络以了解上面提到的每个主要资源位于何处。例如，

① 网络中的医疗设备在哪里？

② 在PCI法规遵从范围内的服务器和应用程序在哪里？

③ 网络中的医疗用户在哪里？

如果企业很幸运，则它们能够将所有相关资源与一组清晰的 IP 地址子网相互关联。这将允许它们构建表示子网的 IP 地址和易于理解的可读名称之间的关联。下面是一些例子。

192.0.2.0/24 ＝核磁共振成像设备

192.16.1.0/24 ＝医疗影像服务器

198.51.100.0/24 ＝ PCI 应用

10.1.100.0/24= 医护人员

101.0.0/24= 访客

（4）策略构建（如图 2-16 所示）。

网络架构师将需要在这些网络对象和一组权限（环境中的所有子网的访问控制策略）之间建立关系，通常使用安全管理系统来实现。安全管理系统（如防火墙或 ACL 管理系统）提供 IP 前缀和“网络对象”之间关系的易于理解的可读抽象映射。

网络架构师将在网络对象之间针对特定协议（IP、TCP、UDP 等）和端口（http、https 等）建立访问控制规则，然后在对象之间建立最终的访问权限（允许或拒绝）。

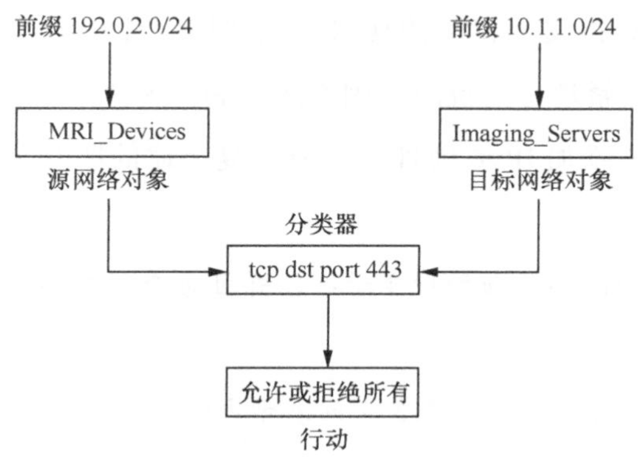

图 2-16 策略构建实例

为了保证策略执行，网络管理员需要利用将相关流量（针对每个子网）引导到相应的策略执行点（例如，使用 ACL 的分布层交换机、园区防火墙等）的方式设计网络。然后，管理系统将使用网络对象将 IP 地址返回策略执行点。

在大多数情况下，访问控制安全策略执行结果产生的遥测数据表示为日志、流数据、命中计数器等，完全以 IP 地址项来标识。这意味着策略执行点生成的所有信息都仅与网络结构相关，而不以与策略结构相关的方式生成。这也意味着任何安全管理或网络运维系统必须再次将网络结构转换回策略结构，且需要跨越企业网络中的多个策略实施点。

这最终演变为一个非常复杂的操作，因为它通常需要处理多种格式的遥测数据以及这些数据的不同方面，从而使我们需要通过复杂的关联操作来执行相对简单的任务，例如，“IP 地址 1（它是网络对象 A 的一部分）当前正在与 IP 地址 2（它是网络对象 B 的一部分）通信”，在这个日志中，意味着存在违反安全策略 X 的情况。由此可见，将网络对象（VLAN/ 子网）映射到策略对象并保持相关性是非常复杂的。

（5）实施策略。

注意，对于上面描述的内容，存在一个固有的假设：如果将设备连接到子网，则该设备将继承所在子网的所有安全访问策略。记住，企业网络要提供快速和高可用的访问，这包含了两个关键的策略：

① 在园区、数据中心或分支机构内，对连接到网络的不同部分的人都没有网络验证；

② 如果可以将设备插入正确端口，那么它可以被安全系统正确分类。

无线网络通过引入设备和身份认证改变了这一点，但是并没有改变将 IP 子网到网络对象进行传统映射从而获得安全权限的现状。无线网络还引入了用户和设备移动性，带来了网络拓扑与安全策略紧耦合的挑战，因为用户和 / 或设备可以出现在网络中的任何部分。此外，为了向网络中添加 IPv6 地址，需要重复上述的所有工作，同时出现了一些新的挑战：

① 在IPv6中有更多的网络范围和聚合子网，并且每个用户和/或设备可以使用多个IPv6地址；

② 由于采用16进制（字母、数字混合）的表示方法且地址长度增加，IPv6地址通常被认为比IPv4更难读取和回溯；

③ 安全管理工具需要创建单独的IPv6网络对象和/或升级软件。

当这些策略被创建和应用时，它们通常被锁定在管理工具中。虽然软件定义网络（SDN）已经可以通过自动化的方式创建网络和应用，但是这种自动化并不容易扩展到安全策略中。在许多情况下，自动化要么是不完整的（仅针对分支中的用户 / 设备等工作负载），要么是特定于供应商的。

在大多数情况下，网络对象和策略无法扩展到多种类型的策略实施点（防火墙、交换机或路由器）中。不同类型的策略执行点通常由不同的管理系统管理，并且需要在系统之间手动同步策略。尽管市场上有一些第三方工具关注于多平台和多供应商管理，但是它们仅限于通用的网络构造，并且带来了另一层面的操作复杂性。

此外，当我们进入应用层面的安全操作时，网络安全对象之间是有关联的。例如，假设网络安全策略允许设备与因特网通信。除非网络安全策略管理控制台和高级恶意软件管理控制台手动共享网络对象与更广泛企业网络的相关性，否则高级恶意软件控制台将不会在其生成的警报中知道终端的业务相关性。因此，除非对业务至关重要的设备被恶意软件破坏，并且恶意软件传感器检测到这一安全威胁，否则网络安全操作者将很可能看不到关于事件的高级警报。

处理策略的另一个挑战是，防火墙和 / 或交换机及路由器上的访问控制列表中的许多访问控制项（ACE）一直保持不变（或未优化），并且随着时间的推移其数量不断增长，因为网络管理员实际上不知道什么是驱动业务的应用以及这些应用需要强制执行的策略是什么。

因此，在传统网络中改变或删除策略可能会带来意想不到的后果，从而造成更大的风险。

（6）挑战。

当前传统策略方法的主要挑战在于，从对象（IP 地址）到与业务相关的对象（网络对象），然后回到对象（IP 地址），这一过程无法携带业务相关性。例如：

① 与策略相关的遥测结果缺乏易于理解的、可读的业务相关性（日志和流统计仅使用IP地址而不包含用户情境）；

② 很难从网络策略遥测结果中获得可操作的智能；

③ 依赖于多平台或多厂商工具来构建这些结构之间的关联；

④ 耗时、复杂和容易出错的过程可能会导致实施和/或执行策略方面的差距。

当前的企业技术还缺乏在 VLAN/ 子网中横向扩展的策略执行方法。由于层出不穷的安全事件，大量涉及 IoT 设备和用户设备的安全事件的发生，在 VLAN/ 子网内缺乏安全控制是导致恶意软件和赎金软件泛滥的主要原因。人们正在重新关注安全策略能否控制企业内部和组成员之间的通信流量。由于局域网天生的行为特性，必须引入新的流量控制机制以将同一 VLAN/ 子网内的设备引导到安全策略实施点（如私有 VLAN 等）。这也意味着为了控制子网内的横向扩展，必须为每个 VLAN/ 子网创建一个新的 ACL 策略，即使这些 IP 子网的大部分实际上是相同的网络对象。

最后，随着移动性的引入，网络管理员不能假定任何给定的静态 IP 子网 /VLAN 结构可以精确地表示为用于策略目的的给定终端用户 / 设备的集合。网络管理员也不能手动跟上移动用户 / 设备的添加和改变的速度。后面，读者将了解软件定义访问如何以独特而有效的方式解决上述挑战。

2. 软件定义访问策略体系结构

如前所述，软件定义访问网络交换矩阵提供了两个关键的分段结构——用于宏分段的虚拟网络和用于微分段的用户组——两者可以组合在一起使用，以满足策略定义的需求。

软件定义访问中的策略是基于用户、设备、事物或应用的逻辑分组以及组和组之间的关系来定义的，并且可以进一步基于网络三层和四层分类器来定义访问控制规则。例如，可以创建策略来定义“物理安全摄像头”组无法访问“门卡阅读器”组，或者“医疗设备”组仅能被“医生”组访问。

有线和无线策略均使用 DNA 中心集中定义和管理。在拓扑结构不可知的情况下，基于用户 / 设备标识的策略在网络交换矩阵边缘和边界节点上执行（如图 2-17 所示）。针对终端的组分类被嵌入网络交换矩阵的数据平面中，并且被软件定义访问网络交换矩阵端到端地承载，因此，软件定义访问可以执行针对业务的策略，而无须关心其源地址。对于需要基于状态检查的策略，基于组的策略也可以应用于 SGT 感知防火墙或 Web 代理。

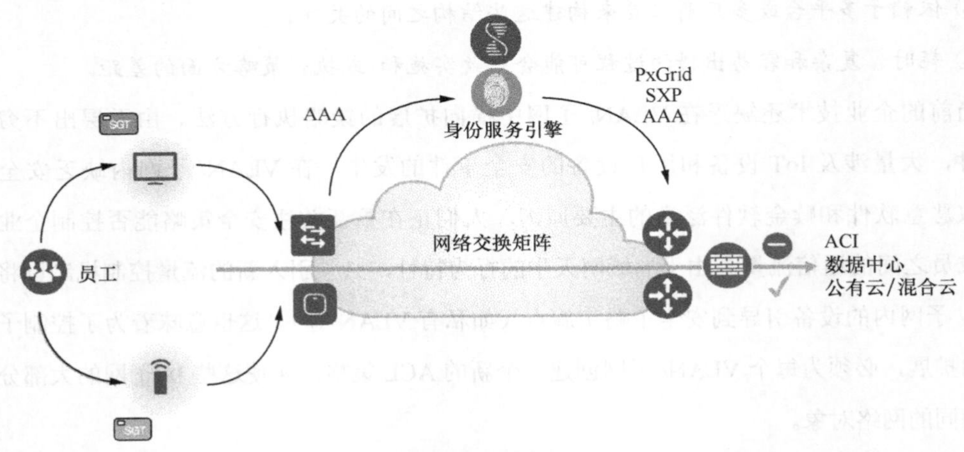

图 2-17 软件定义访问中的策略执行

（1）接入终端分组。

思科身份服务引擎（ISE）通过各种机制建立连接到网络的端点的标识，这些机制包括 802.1x、MAC 地址、客户端类型、活动目录登录和强制门户认证。一旦建立端点的标识，思科 ISE 还将定义端点标识与组的关联规则。活动目录组中的属性可用于定义 ISE 中的组分类，以便在软件定义访问架构中使用。这些组被自动导入 DNA 中心，以便用户从 DNA 中心用户界面统一查看和管理策略（如图 2-18 所示）。

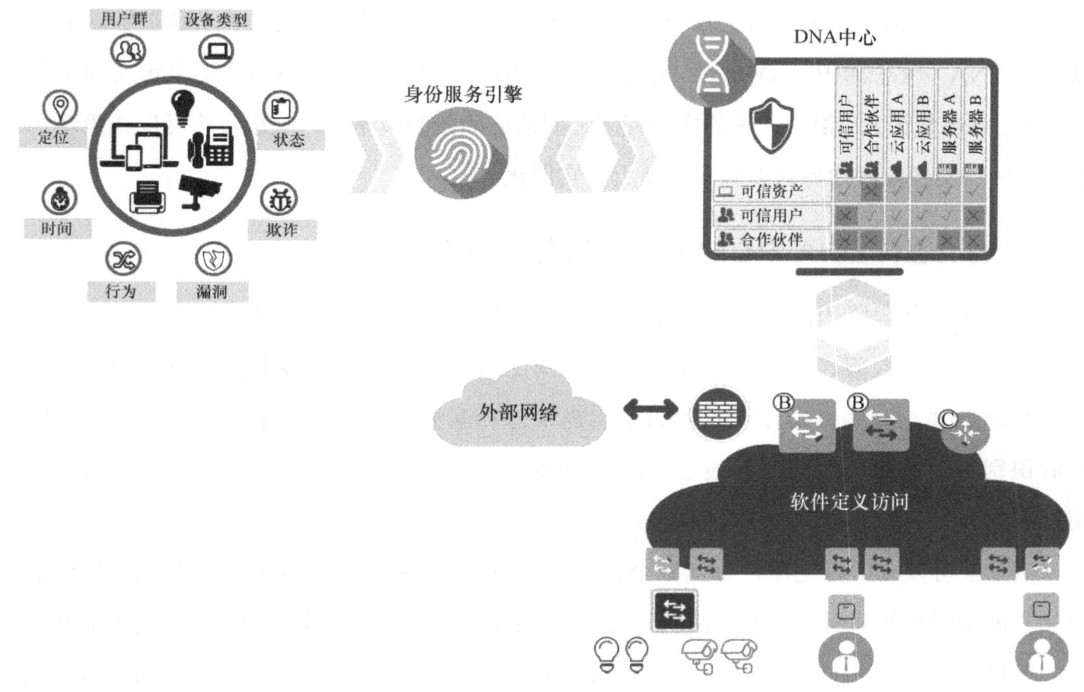

图 2-18　软件定义访问中基于组策略的用户访问

DNA 中心还能够从外部 NAC 和 AAA 系统收集端点身份信息，并使用外部派生的身份将端点映射成组。对于不能通过上述任何机制进行基于身份访问的环境，DNA 中心允许网络管理员静态地定义访问端口和组之间的关联。

（2）应用群组。

可以通过基于外部应用程序的 IP 地址或子网将外部应用程序分组来为 DNA 中心的用户或应用程序的端点定义和实现策略。这在数据中心中尤其相关，应用程序出于安全原因分组到预定义的子网中。

对于基于思科以应用为中心的基础设施（ACI）架构来构建的数据中心，来自软件定义访问的端点组可以由 ACI 中的 APIC 控制器导入，然后可以基于从用户访问应用程序的端到端的相同组策略模型来定义策略。这一互通性可实现高度可扩展、自动化、简化的策略，迎合了用户或工作负载移动性的需求。

思科的云策略平台使公有云环境（如 AWS）以及混合云环境中的工作负载能够映射到可以导入 DNA 中心的组中。DNA 中心因此可以使用相同的基于组的策略构造来定义和实现用户 / 设备终端与公共 / 混合云中的应用程序之间的访问控制策略。这些组策略可以在策略执行点（如网络交换矩阵边界或兼容防火墙上）实例化。

3. 通过思科 DNA 中心的 API 实施安全策略

考虑到安全运营团队利用软件定义访问策略模型来响应用户访问之外的不同级别的漏洞的能力，例如，假设已为主机操作系统识别出新的漏洞，并且该主机的用户登录网络，通过管理代理，该主机操作系统被识别为尚未修补漏洞。根据这一条件，管理代理可以将漏洞识别为“威胁”级别，并通过 API 将“威胁”级别策略应用于软件定义访问网络交换矩阵中。

该策略可以立即拒绝用户访问整个企业网络中的任何关键业务系统，同时仍允许他们访问非关键系统和外部网络（如因特网）。此示例突出显示了软件定义访问中策略模型的强大功能。来自 DNA 中心的集中控制（从网络拓扑中抽象出来的策略模型）应用需要每个网络元素执行操作策略，如果没有网络运营者花费大量时间来完成任务，是很难实现的，即使实现也需要花费几天时间。

软件定义访问还为第三方应用程序提供了灵活性，可通过 DNA 中心的一组开放 API 接口来创建、实例化并将策略推送到网络交换矩阵中。客户可以利用安全信息和事件管理器（SIEM）系统等应用环境使用这些 API。虽然 SIEM 系统可能无法配置网络，但将其与可以推动网络中的策略更改的软件定义访问网络交换矩阵集成，可以帮助安全运营者加速对 SIEM 识别出来的事件的响应速度。当在 SIEM 中检测到高风险事件时，它可以调用 API 到 DNA 中心请求创建或修改软件定义访问策略以“隔离”特定的一组用户 / 端口，快速隔离威胁，或者创建 ERSPAN 流量复制会话以用于进一步的流量分析。

如图 2-19 所示，对 DNA 中心 API 的调用可以触发流量复制策略，并协同 ISE 对用户进行隔离。

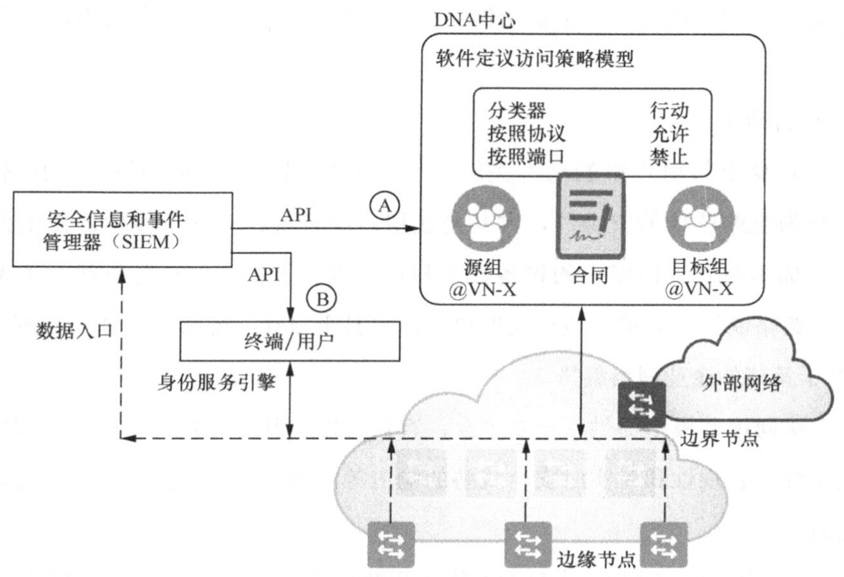

图 2-19 第三方应用程序调用 DNA 中心和 ISE API

4. 软件定义访问策略的优点

除了降低操作网络的复杂性和总体成本之外，软件定义访问的自动化和网络保障功能还为网络操作实现了策略驱动的模型，该模型减少了引入新服务所需的时间，并提高了整体网络的安全性。下面将进一步讨论这些好处。

（1）从网络基础设施设计中解耦策略。

类似于软件定义访问通过 VXLAN 叠加网络对网络连接进行抽象的方式，软件定义访问抽象了策略的概念，并将其与底层网络拓扑解耦。即使网络设计发生改变，也不需要操作者手动逐个定义和更新策略元素。由于软件定义访问利用网络交换矩阵的网络基础设施来执行策略，因此，不再需要复杂的流量工程机制将流量转发到防火墙来执行安全策略，从而减少 IP-ACL 在防火墙中的极速蔓延。策略与网络拓扑的解耦使操作更加简单有效，并使网络能够更有效地用于执行策略。这为以更快的时间实现新的业务服务、无缝网络移动性以及全面减少日常网络管理工作等方面带来了许多好处。

（2）简化策略定义。

在逻辑、业务相关和易于理解的用户组的基础上管理访问控制策略简化了持续运营流程并降低了安全风险。它还减少了证明网络安全合规性所需的时间和精力，并简化了审计流程。

（3）策略自动化。

终端基于其身份与用户组的动态关联减少了确保端点位于适当网段上所需的操作开销，还可以增强企业整体的安全性，尤其是在用户和设备移动的环境中。传统方法所需的复杂性和时间成本与企业网络中的设备数量和每个设备上执行的任务呈线性关系。在软件定义访问中，策略制订更简单，执行速度更快，更易于设计、部署、操作和理解。

（4）基于策略的企业网络编排。

软件定义访问策略模型提供了一个平台，客户可以在其中开发大量的应用程序，包括网络分段、安全性、合规性和对实时安全威胁的响应等用例，以及在网络交换矩阵内部提供各种服务的能力。

通过在 DNA 中心使用 API、丰富的网络遥测源和智能机器学习，软件定义访问可以利用“闭环”模型的概念支持多种用例，每种用例都可以利用软件定义访问策略模型将“可操作的”业务意图部署到软件定义访问网络交换矩阵中。

2.5.2 软件定义访问自动化服务

1. DNA 中心的自动化与编排

自动化和编排，如软件定义访问概述部分所定义的，将“软件定义”的概念引入“访问”网络，将用户的业务“意图”转换为有意义的网络配置和验证任务。

思科软件定义访问使用基于控制器的自动化作为主要的配置和编排模型，用以设计、部署、验证和优化有线、无线和安全网络组件。有了 DNA 中心，IT 团队现在可以在与业务目标一致的抽象层级别上操作，而不用担心具体的实现细节。这实现了最小化人为错误的概率，以及通过更容易的标准化总体网络设计来简化 IT 团队的操作。

思科 DNA 中心为非网络交换矩阵和基于网络交换矩阵的组件提供多种形式和级别的自动化和编排。下面简要列出思科 DNA 自动化和编排的关键原则和概念。

（1）敏捷性：减少设计、部署和 / 或优化网络环境所需的时间。思科 DNA 中心通过以下方式实现敏捷性。

① 集中设计：针对不同的操作环境，包括对全局和本地网络设备设置的特定要求，生成、组织和管理一组公共和/或独特的网络设计。

② 自动化部署：快速部署配置到多个设备，并提供部署验证。

③ 优化设计：确保网络状态和规模扩展的一致性，以符合期望的网络运营目标。

（2）可靠性：思科 DNA 中心通过一致的、部署规范的网络最佳实践配置带来可靠性。

① 配置最佳实践：成熟且经过测试的设计和配置可确保一致的可预测行为。

② 基于配置文件或模板的配置：将不同的设计和配置组织到易于管理的配置文件或模板集合。

（3）简化：最大限度地降低配置和集成多个设备的复杂性。思科 DNA 中心通过以下方式实现简化。

① 集中管理：在单一视图中集中提供设计、部署和管理多个网络组件和/或外部服务所需的所有功能，这些功能可作为单一事实来源。

② 减少接触点：减少传统的逐个机箱进行的配置和管理任务，并为网络运营者提供单一的集中式界面。

③ 可编程接口（API）：允许运营者以自己的定制化方式开展自动化网络运维，同时利用集中平台进行网络维护并驱动网络状态的变化。

（4）抽象：DNA 中心使用易于理解的概念和结构，抽象出网络基础设施的基本特征和技术实现细节。DNA 中心通过简单的、与技术无关的工作流程提供此功能，并通过物理和逻辑网络拓扑的视图提供支持。

那么什么是思科软件定义访问环境中的自动化和业务编排呢？思科软件定义访问将自动化和业务编排的关键概念应用于企业园区网络，包括以下几项主要技术，如有线访问、无线访问，以及用于安全性和应用优化的服务和策略。思科软件定义访问自动化和业务编排可分为两大类：网络底层（或非网络交换矩阵）和网络交换矩阵叠加网络。

① 思科DNA中心对底层网络的关键工作流程。

- 全局和站点设置：针对不同站点的网络配置（如服务器、IP地址管理等）的层次化管理。

- 设备发现（现有网络）：现有网络设备的自动发现和资产清单构建。
- 局域网自动化（新网络）：新网络设备的自动发现、配置和资产建立。

② 网络交换矩阵叠加网络的关键工作流程。

- 网络交换矩阵站点：一组支持网络交换矩阵的网络设备的自动配置，具有通用的网络交换矩阵控制平面和数据平面。
- 网络交换矩阵设备角色：运行各种网络交换矩阵功能的网络设备的自动配置，包括控制平面节点、边界节点、边缘节点、扩展节点、网络交换矩阵模式的无线控制器和无线接入点。
- 虚拟网络：自动配置在网络交换矩阵叠加网络中，启用虚拟路由和转发分段。
- 基于组的策略：自动配置在网络交换矩阵叠加网络中，对基于组的策略进行分类和/或实施。
- 主机联网：为加入网络的客户端自动配置相关功能，包括静态或动态虚拟网络、IP地址池和分配可扩展组、SSID、二层相关配置等。
- 多播服务：自动配置在网络交换矩阵叠加网络中启用IP多播分发。
- 预验证：在部署网络交换矩阵叠加网络自动化之前验证网络设备功能和支持性的工具。
- 交换矩阵部署后验证：在网络交换矩阵叠加网络自动化之后验证网络设备正常运行的工具。

2. 使用DNA中心自动化软件定义访问

下面通过简述DNA中心平台提供的设计、策略和配置工作流程描述软件定义访问概念的实际应用。

（1）网络设计。

大型企业中的IT团队通常必须管理大量具有不同业务功能和属性的分布式站点。例如，某个企业可能有零售店、售货亭、配送中心、制造场所和公司办公室，在这种情况下，IT团队的愿望通常是将基于业务属性相近的站点标准化为网络配置文件来简化其操作，IT团队还需要允许本地团队管理和自定义特定于站点的特定参数，如特定于站点的日志记录服务等，同时确保在整个企业中一致地定义其他通用参数，如网络身份验证和策略。

DNA 中心允许根据站点对网络基础设施进行分类，并提供一定程度的粒度细分来定义与企业网络基础设施的物理布局密切相关的建筑物和楼层。为了提供最大的灵活性，DNA 中心还允许定义站点的层次结构（如图 2-20 所示）。

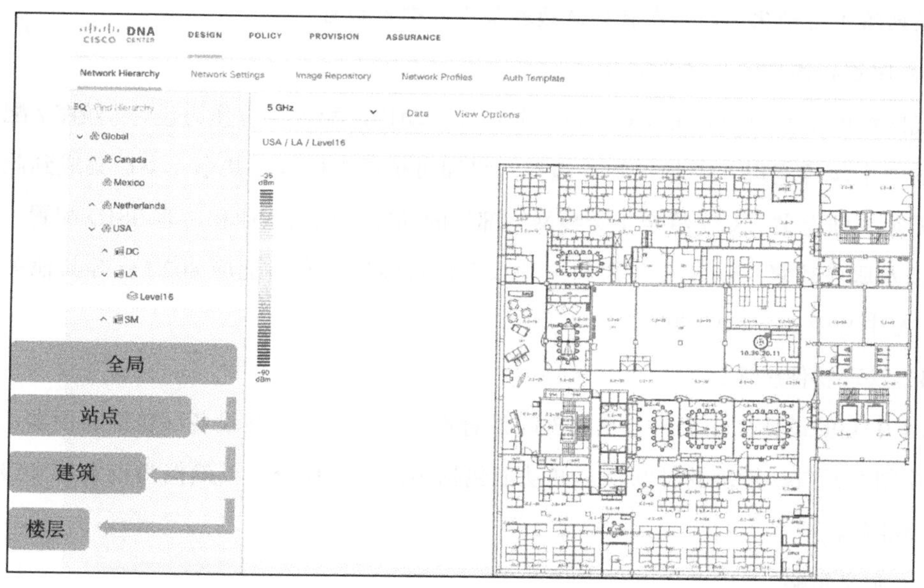

图 2-20　思科 DNA 中心定义的网络层次结构

DNA 中心允许对全局或以每个站点为单位进行自动配置，还支持使用思科即插即用解决方案实现零接触配置网络基础设施，自动加载新的网络基础架构组件。为实现这一目标，DNA 中心的设计部分提供：

① 网络层次结构创建；

② 特定于站点的网络参数；

③ 基于站点的网络配置文件。

（2）应用网络设置。

在 DNA 中心的设计工作流程中定义的设置提供了网络主要构建模块，它们将首先在部署之前验证网络配置，随后在自动化过程的其他阶段进一步最小化这些元素的手动输入。如前所述，这些设置应用于网络层次结构，并将在后续的工作流程元素中用于多个目的。此工作流程中定义的设置包括：

① AAA、DHCP、NTP和DNS服务器；

② DNA中心访问网络设备的凭据；

③ 用于客户端设备的IP地址池。用于其他思科DNA中心工作流程的IP地址池，包括局域网（底层网络）自动化和网络交换矩阵边界节点外部连接自动化。

（3）规划和构建无线网络配置。

无线网络的配置可以在DNA中心完全实现自动化，配置流程作为设计/策略/配置工作流程中的一个步骤实现。IP地址池、虚拟网络和可扩展组标签等共享元素已集成到此工作流程中，无须单独定义。对于特定于无线网络部署的功能，包括企业和访客SSID配置、射频优化参数以及服务质量（QoS）、“思科—苹果”快行线协议和自适应802.11r等其他关键功能可在DNA中心中定义和部署配置。

（4）管理软件映像。

DNA中心的设计工作流程包括软件映像管理——为各种网络设备（包括路由器、交换机和无线控制器）自动管理软件映像。此功能包括多次验证检查，以确保为设备的升级或降级作好充分准备。

（5）定义策略。

DNA中心使企业能够创建逻辑网段和细粒度用户组，以及基于网络情境的服务策略，然后将这些策略自动化为规范配置并将其推送到网络基础架构。可以在软件定义访问网络交换矩阵中自动执行3种主要类型的策略，具体如下。

① 安全性：访问控制策略，规定谁可以访问什么资源，它由一组跨组访问规则组成。例如，允许/拒绝组到组的访问。

② QoS：应用策略，它从应用体验的角度调用QoS服务，以便为网络上的用户提供差异化访问。

③ 复制：流量复制策略，它调用DNA中心内的流量复制服务来配置ERSPAN以监控特定流量。

（6）配置网络。

定义了网络设计后，自动部署配置可以按如下方式进行。

① 向站点添加设备：此步骤将网络设备分配到作为设计工作流程的一部分所创建的物理站点，该设备准备好接受所在站点的设计参数配置。

② 配置网络设备（交换机、路由器、无线控制器和无线接入点）：此步骤将根据设计工作流程提供的参数进行相关设备的配置。配置步骤完成后将在设备上启用在站点设计中基于思科最佳实践设置的所有参数。

（7）创建网络交换矩阵。

这一步骤涉及网络交换矩阵边缘节点、边界节点和控制平面节点的选择。此外，还提供预验证和部署后验证检查，以验证网络交换矩阵中设备的状态。网络交换矩阵是通过以下步骤构建的。

① 向网络交换矩阵添加边缘节点。

② 选择网络交换矩阵的边界节点，此时管理员还需要提供外部和/或传输连接参数，这允许网络交换矩阵连接到外部网络。

③ 选择网络交换矩阵的控制平面节点。

④ 将无线控制器加入软件定义访问网络交换矩阵中。

（8）主机联网。

主机联网允许将终端连接到网络交换矩阵的边缘节点。主机联网工作流程将允许对终端进行身份验证，将其分类到可扩展组并关联到虚拟网络和 IP 地址池。实现这一点的关键步骤如下。

① 身份验证模板选择：DNA中心提供了预定义的身份验证模板，以简化将身份验证机制应用于网络的过程。模板的选择会自动将所需的配置推送到网络交换矩阵的边缘节点。

② 虚拟网络、单播和多播子网选择：将IP地址池与虚拟网络（VN）相关联。

③ 网络交换矩阵SSID选择：用于将无线网络集成到软件定义访问网络交换矩阵。

④ 静态端口设置：允许设置端口级别。

（9）预验证和部署后验证检查。

每个网络交换矩阵创建步骤都允许管理员进行预验证检查，以确保所选网络设备能够正确地被配置为可接受的网络交换矩阵配置。同样，部署后验证检查允许管理员通过突出显示可能在配置期间报告错误的设备来验证网络交换矩阵的正确操作。此步骤有助于管理员找到部署前后任何可能无法满足预期结果的问题。

（10）总结。

一旦完成部署软件定义访问网络交换矩阵的任务，就可以通过 DNA 中心轻松地实现配置更改以适应不断变化的业务用例，而不需要通过手动交互。

2.5.3 软件定义访问网络保障服务

1. 网络保障概述

网络的发展和新的业务需求的不断涌现使得网络的复杂性也随之增加。复杂性从多个维度引入：从确保新功能可以成功地运行在现有的网络设计和体系结构之上，到保证新功能与现有功能共存并成功互操作，以及在不中断业务的情况下实施适当的基础设施生命周期管理。

除此之外，随着网络的作用在数字化转型过程中变得更加突出，网络的任何中断或性能降级都会对业务造成破坏。因此，无论用户从哪里连接、正在使用哪个设备，或者试图访问哪个应用程序，IT 系统总是处于确保应用的最佳连接性和最佳体验的压力之下。本质上，它面临着以下挑战。

（1）反应性故障排除：经常在事件发生后意识到并必须对其进行故障排除。

（2）分离的工具：企业拥有过多的工具，这些工具引入了复杂性，因为每个工具只提供所需功能的子集。

（3）缺乏洞察力：当前的工具经常提供不相关的数据，因此，无法驱动可采取行动的洞察力。

思科全数字化网络架构采用网络保障功能量化网络的可用性和潜在风险，网络保障包含下列元素。

（1）遥测：从各种网络源收集操作数据。

（2）关键性能指标（KPI）：良好定义的度量，它指示诸如连接状态之类的参数，这些参数可以被定义为二进制值（端口正常与否）或变化值（如 CPU 利用率）。

（3）问题：由相关 KPI 衍生的负面事件的严重程度。

（4）趋势：特定 KPI 的历史视图，通常可以用作未来状态的正向指示。

（5）健康评分：基于 IT 基础设施运行状态的 KPI，客户端、应用程序或网络设备的量化健康状况。

（6）可视力：对应于问题或趋势可操作的下一步应对措施。

（7）报告：网络管理或操作的各个方面的总结，如设备资产、问题、合规性等信息的总结。

思科软件定义访问环境下的网络保障为两个主要类别提供了分析和洞察：底层网络（非网络交换矩阵）和网络交换矩阵叠加网络。

（1）为底层网络提供的分析如下。

① 网络：传统（非网络交换矩阵）局域网、无线局域网和广域网协议的状态。

② 设备：交换机、路由器、无线软件和硬件（CPU、内存、温度等）状态信息。

③ 客户端：传统（非网络交换矩阵）有线和无线客户端状态和统计。

④ 应用：传统（非网络交换矩阵）有线和无线数据流状态、统计和性能。

（2）为网络交换矩阵叠加网络提供的分析如下。

① 网络交换矩阵可达性：所有网络交换矩阵节点之间的连通性检查。

② 网络交换矩阵设备：网络交换矩阵节点映射条目、协议和性能。

③ 网络交换矩阵客户端：客户端联网和共享服务（DHCP、DNS、AAA、RADIUS）的状态。

④ 基于组的策略：ISE（pxGrid、AAA）和边界以及边缘节点策略条目。

2. 遥测技术

DNA 中心内的数据分析平台从许多来源收集数据，以提供与网络相关的客户端和应用的洞察力。情境化数据是从网络基础设施（路由器、交换机、无线控制器等）和连接到网络的各种其他系统（思科 ISE、AppDynamics、ITSM、IPAM 等）中收集的。这些数据在数据分析平台内相互关联，以提供可操作的见解，包括与网络、客户端和应用运行健康状态相关的根本原因分析和影响评估。遥测的主题如下。

- 遥测采集机制：从不同网络设备摄取数据的主要方法是什么？

- 遥测系数：如何收集正确的数据并以最佳方式实现对网络的有效可视化？
- 主动式遥测与网络传感器：如何在网络边缘检测网络的性能和稳定性？

（1）遥测采集机制。

基于网络设备的能力或在设备上运行的软件映像，使用各种机制从网络基础设施收集遥测数据。这些收集机制包括流式遥测机制和标准遥测机制。

流式遥测机制使网络设备能够向 DNA 中心发送近乎实时的遥测信息，减少数据收集的延迟。流式遥测的优点包括：

① 可量化的低CPU开销；

② 优化数据导出（KPI，事件）；

③ 事件驱动通知。

网络保障还摄取标准遥测机制收集的数据，如 SNMP、SNMP 陷阱、syslog 消息、用于应用数据流相关信息的 NetFlow 导出数据，以及使用 CLI 显示命令收集的操作数据。DNA 中心还将收集来自其他连接系统的情境化数据，如思科 ISE、AppDynamics、ITSM 和 IPAM 系统。

（2）主动式遥测与网络传感器

为了识别网络中的问题，需要通过评估端到端多个元素来提前测试网络连接的质量。

① 联网：客户端获得IP地址需要多长时间？

② 访问可达性：重要的网络服务（如DHCP、DNS和AAA服务器）是否可以稳定访问？

③ 性能：关键网络应用的性能如何？

网络保障可利用无线传感器对网络进行主动测量，为性能监视提供多维度的关键数据。DNA 中心的传感器管理工作流程可以利用专用无线接入点或选择性地将服务客户端的无线接入点转换为传感器模式。传感器的预定测试随后会将相应的遥测数据传回 DNA 中心。

（3）遥测系数。

凭借着 DNA 中心的遥测系数，网络保障使管理员可以自定义遥测能力，识别哪些地方可能缺少对网络有价值的可见性；根据设备模型和软件版本等因素，按照需要提供丰富的遥测配置。

3. 健康状态与可视化

想象一下，我们作为 IT 运营者，收到一张网络连接问题的故障单，问题的描述是“用户

anna_rossi@acme 声称无线网络太慢”。这听起来很熟悉。那么，我们从哪里开始进行故障排查呢？

DNA 中心网络保障具备单独的仪表板以时间线显示有线和无线接入的所有网络和客户端相关信息的摘要。该页面不仅给出网络中所有客户端的概要，还允许搜索特定的用户名或 MAC 地址，然后显示该用户特定的信息。

（1）整体健康状态。

DNA 中心的“健康状态”概念远远超出了关键性能指标（KPI）的范畴。虽然 KPI 本身很重要，但 DNA 中心支持在最短的时间内传递最重要和可操作信息的广泛目标——在某些情况下，甚至是在影响用户和服务的“条件”变成“问题”之前就主动发现问题。

DNA 中心网络保障基于从整个网络来源摄取的各种各样的遥测数据，提供相关的、可采取行动的可视力。它们被呈现在单一的整体健康状态仪表板中，涉及下列问题。

① 我的网络健康状态如何？如果网络中的组件工作状态不健康，那么在高层次上，哪些网络基础设施类别尤其不健康——是核心、分布、接入还是无线网络？

② 我的客户端健康状态如何？如果存在工作状态不健康的客户端，它们是有线客户端还是无线客户端？

整体健康状态仪表板在 3 个主要视图中回答这些问题，第四个“问题”视图用于向任何需要立即关注的关键条件提供额外的信息，下面将进一步简单描述这些视图。

① 基于地图和拓扑的整体健康状态：利用以前在设计工作流程中定义的网络层次结构反映网络和客户端的健康状态信息。

② 全局网络健康：反映网络的健康状态水平——也就是说，目前以8分或以上（范围从1～10分）的健康水平运行的网络设备所占的百分比。在这个视图中，基于DNA中心的网络资产或拓扑视图中定义的设备角色，全局网络健康状态评分可被进一步细分为其关键组件——核心、访问、分布和无线网络的健康状态。

③ 全局客户端健康：指目前以8分或以上的健康水平运行的网络客户端所占的百分比。全局客户端健康状态评分可进一步分解成有线客户端健康状态评分和无线客户端健康状态评分，进行快速比较。

④ 全局亟待解决问题列表：指示高度影响网络运行的问题，如路由协议相邻故障。通过

这些突出显示的问题可直接访问相关数据的详细视图以及可能采取的任何建议动作，以便快速地关注问题产生的根本原因。

（2）网络健康状态。

网络健康状态视图在3个主要视图中总结了设备级的网络保障信息。

① 网络地图和拓扑：显示地理地图或与站点相关的拓扑视图及其健康评分。

② 网络健康摘要：反映所有站点或域中被监视的网络元素的健康状况，可进一步细分为核心、接入、分布和无线网络。

③ 网络交换矩阵的健康状态：表示组成网络交换矩阵的物理站点的健康状态，包括网络交换矩阵中执行特定功能的网络设备，如控制平面节点、网络交换矩阵边界等，还包括网络交换矩阵所支持的客户端和应用流量的健康状态。

（3）软件定义访问网络交换矩阵健康状态。

软件定义访问网络交换矩阵健康状态（如图2-21所示）评分分为以下3类。

① 系统健康：考虑诸如交换机、路由器、无线控制器和无线接入点的CPU和内存利用度量。

② 数据转发平面连通性：考虑诸如链路错误和上行链路可用性状态等指标，以及无线网络的射频相关信息。

③ 控制平面连通性：考虑网络交换矩阵控制平面节点的连接性或可达性等指标。

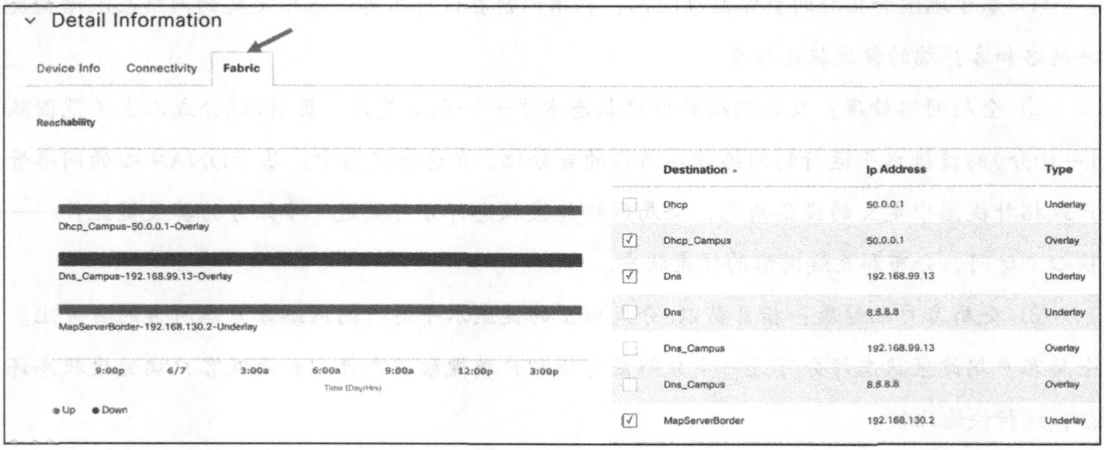

图2-21 网络交换矩阵健康状态

（4）网络交换矩阵的洞察力。

① 控制平面：通过检查可达性（如发现链接中断、网络邻居变化等）、测量控制平面响应时间（如网络延迟增加）和验证设备配置（如MTU不匹配）提供对网络交换矩阵底层网络和叠加网络控制平面的洞察，发现可能导致的网络问题。

② 数据转发平面：利用IPSLA主动生成探测，对包括底层网络和叠加网络在内的从网络交换矩阵边界到网络共享服务进行探测以便检测问题，此外还利用路径跟踪功能来提供附加的运维情境信息。

③ 策略平面：关于网络元素的策略实例，例如，SGACL是否由于缺少TCAM资源而未能下载或未能实例化。

④ 设备：监视物理网络设备的单独资源，如CPU、存储器、温度、环境、风扇、线路卡、POE功率和TCAM表，并且可以提供趋势化分析以帮助避免在网络交换矩阵中发生问题。

（5）客户端健康状态。

网络保障客户端健康状态页面提供易于使用的仪表板，用于监视整个网络中客户端的分析摘要，包括下列内容。

① 联网时间：客户认证和获取IP地址所需的时间。

② 连接质量：测量无线连接性指数和有线物理链路状态。

③ 有线和无线客户端操作系统。

这些对网络的洞察是监视和解决用户体验性问题的关键，大多数时间它们可以帮助 IT 运营者有效地应对已经产生的任何问题。对于前面的例子，IT 运营者现在可以在主客户端健康页面（或者在主网络保障页面）中搜索用户“anna_rossi”，并可以通过客户端全景视图的专用页面双击特定的用户健康信息，该页面提供了基本但重要的信息，例如，客户端面临的问题概述、客户端随着时间推移的健康状态评分以及用户联网路径。对于无线网络用户，联网路径图反映了用户接入的无线接入点和无线电模块、下一跳交换机以及与之关联的无线控制器等关键信息，如图 2-22 所示。

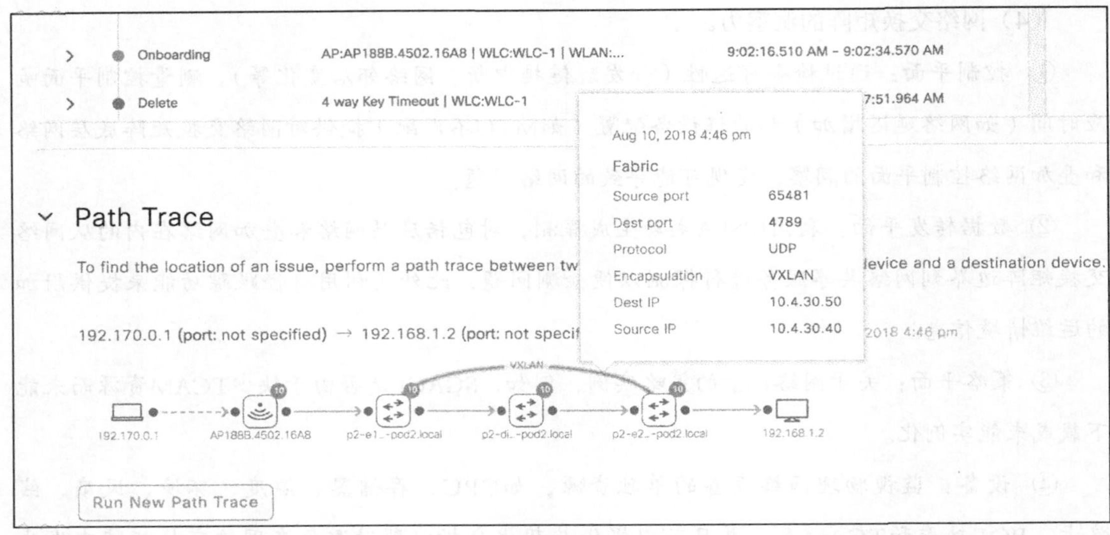

图 2-22 客户端路径跟踪

（6）客户端健康状态评分时间线。

客户端健康状态评分时间线提供了对该客户端体验的直观历史视图，包括诸如联网时间和连接质量等重要因素。该时间线提供了客户端的回顾性视图，IT 操作员可以据此进行故障排除，即使这些问题有可能无法复现。在上面的例子中，很明显 anna_rossi 经历了缓慢的网络连接，它的客户端设备尽管是双频客户端，但是更趋向连接 2.4 GHz 而不是 5 GHz 的无线电。

（7）高级射频度量。

对于无线用户，网络保障提供了关键的射频相关 KPI，以评估无线客户端的无线网络体验；这些信息以图表表示，显示了诸如接收信号强度指示（RSSI）、信号噪声比（SNR）以及随时间变化的数据连接速率等重要数值。

（8）苹果 iOS 客户端的 Wi-Fi 分析。

传统上，在 Wi-Fi 网络上确定终端用户设备的实际体验一直是一项艰巨的任务。思科和苹果在此方面合作，从苹果 iOS 11 开始，DNA 中心网络保障能够从支持的苹果设备中获取这些有价值的反馈，回答如下问题。

① 苹果设备访问无线网络有哪些相关细节？

② 从客户端设备的视角如何“看待”网络？例如，哪些无线接入点比其他无线接入点更适合连接？

③ 客户端设备最近断开的原因是什么？

这种能力是思科解决方案独有的，不仅有助于识别潜在的短期问题，还有助于随着时间的推移预测客户端设备的行为趋势。

4. 报告

在即将推出的思科 DNA 中心 1.3 版本中，DNA 中心将提供预定义和可定制的报告功能，以帮助进行容量规划、检测客户端和网络基础设施设备的总体基线和模式变化，并提供对诸如软件升级和配置失败等业务活动的视图。DNA 中心网络保障的报告功能将包括以下特征：

（1）按需或按计划一次性或重复执行；

（2）多种格式的输出报表；

（3）通过电子邮件自动发送给收件人；

（4）针对某个站点或所有站点；

（5）基于 API 允许集成到其他系统。

报告还将包括网络交换矩阵拓扑和非网络交换矩阵拓扑的设备资产、客户端、审计和网络基础设施视图。

2.5.4　与合作伙伴生态系统的整合

1. 介绍

软件定义访问在提高 IT 敏捷性和效率方面的价值通过与其他思科和非思科解决方案以及产品的生态系统集成而进一步增强。这些集成将帮助管理整个企业的环境，包括将网络基础设施作为单个编排的实体，从而能够更快地引入新服务并关注业务成果。

这一集成能力通过使用 DNA 中心开放的北向 API 构建，这些 API 包含了丰富的基于意图的业务流程和数据即服务。DNA 中心为独立软件供应商（ISV）的合作伙伴、客户和生态系统合作伙伴提供了集成能力和开发环境。例如，与IT服务管理（ITSM）、IP地址管理（IPAM）等系统的集成，以及其他功能：

（1）API目录和文档；

（2）运行监测和分析；

（3）API生命周期管理；

（4）示例代码和脚本生成能力。

同时，DNA中心作为一个开放、灵活的平台，使企业可以依靠思科DNA中心来实现各项全数字化业务计划，充分释放网络的潜力，从而按其期望的方式自定义网络，并且无论现在还是未来，都能持续满足其使用需求。标志着思科率先打造了业界首个基于意图的开放性网络平台——DNA中心平台，能够跨园区、广域网、分支机构提供“东西南北向”的全方位可扩展性。该平台借助超过100个应用编程接口、软件开发工具包和适配器，充分利用网络所能提供的全部分析和洞察能力，使企业的开发人员可依据其自身优势和需求，灵活自如地对该系统进行编程，实现更高的安全性、更快的操作和更个性化的体验。

（1）北向API，利用网络智能提升业务运营：DNA中心让业务开发人员能够通过基于意图的API，将整体网络作为单一系统进行编程，同时使业务和IT应用程序能够向网络提供业务意图捕获功能并且为企业提供网络洞察。

（2）西向API，简化职能部门IT流程：借助DNA中心平台，网络IT管理人员能够交换、收集并整合信息，以通过软件适配器实现IT系统流程的自动化，进而为整个IT环境提供全方位的基于意图的基础设施，实现IT资源由传统运营转向创新。

（3）东向API，实现多域整合管理：园区网络、数据中心、广域网、无线网、分支机构等都可借助思科DNA中心整合起来，进行统一管理，这是对多个IT和安全域协调、交换、强制和保障策略的贯彻。

（4）南向API，管理多厂商网络：将异构网络环境统一集成到基于意图的网络策略中，从而运用单一系统进行统一的管理与调整。

DNA中心与生态系统如图2-23所示。

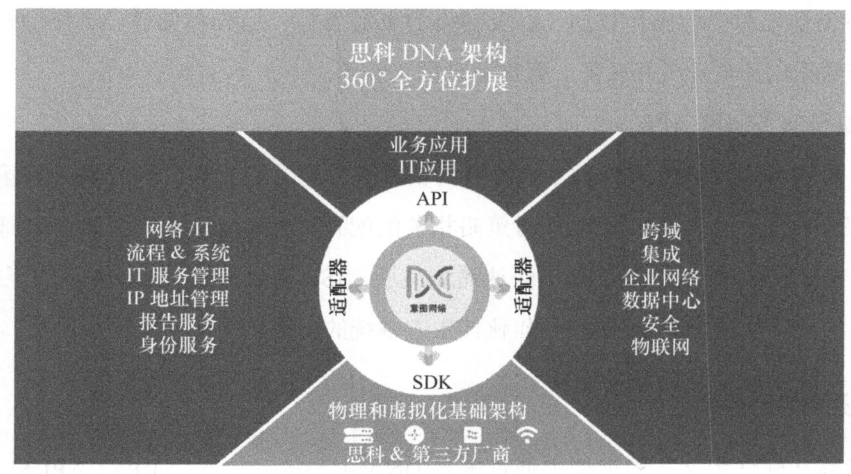

图 2-23　DNA 中心与生态系统

2. API 与可编程性

软件定义访问解决方案中的 API 分为以下 3 类。

（1）设备 API：用于直接访问单个网络设备上的配置和操作功能。

（2）DNA 中心 API：用于实现全网的自动化和编排。

（3）身份服务引擎（ISE）API：用于丰富用户和设备访问的情境数据。

下面将进一步详细探讨这 3 种类型的 API。

（1）设备 API。

基于 IOS-XE 的网络基础设施设备提供基于 IETF 和 OpenConfig YANG 模型以及思科本地模型的 API，通过 NETCONF、RESTCONF 和 gRPC 接口，这些 API 支持配置自动化和操作模型。较新的 IOS-XE 设备（如 Catalyst 9000、ASR、ISR 等）还支持流式遥测，允许网络分析解决方案订阅基于 YANG 数据模型的低延迟数据流，用于大规模的实时数据分析。

（2）DNA 中心 API。

DNA 中心为全网自动化和编排提供 REST API，这有助于提供网络的抽象视图并实现可扩展的网络自动化。此外，DNA 中心也提供 REST API 展示网络运维数据，如客户端、网络设备和应用全景视图中的操作数据，以及网络的主要问题、趋势和见解，这使得外部实体能够使用这些数据创建与业务相关的、数据驱动的工作流。

（3）身份服务引擎 API。

思科身份服务引擎 API 提供关于网络行为的情境信息，包括用户和设备访问策略、身份验证和授权事件等。这些 API 还允许对策略相关的配置进行自动化，例如，使外部系统能够触发对用户和终端的授权更改，以便快速遏制威胁。ISE 自身提供了一个称为平台交换架构（pxGrid）的机制，用于与 80 多个合作伙伴生态系统的集成。

3. 生态系统整合

客户能够从软件定义访问架构中通过来自 DNA 中心的开放北向 REST API 与 DNA 生态系统的其他解决方案的集成来获得增强的价值和功能。生态系统集成跨越各种类型的解决方案，如 IP 地址管理、IT 服务管理、公有云、外部 SDN 编排器、安全分析和操作、安全基础设施（如防火墙）等。通过这些集成可以实现如下关键能力。

- 改进的操作和安全性。通过外部系统和软件定义访问之间的协调，客户可以通过编程定义和部署闭环系统，该闭环系统不仅从网络中获取洞察力和状态信息，还可以使用外部数据和功能丰富它，并且提供响应，返回到网络。这有助于将具有独立自动化和管理平台的多个系统作为单个协调实体来操作，从而提升IT系统的敏捷性、效率和改善安全态势。
- 简化的最佳产品部署。在日益复杂但具有创新性的世界里，客户经常寻找最佳产品工具，以将其纳入IT环境，解决客户或最终用户所期望的关键功能。开放API和验证互操作性确保端到端的编排环境容易部署。
- 技术投资的增值。对于已经采用和标准化的思科或非思科解决方案的客户，生态系统集成有助于确保客户在采用软件定义访问的同时从现有投资中获得最大价值。

每个解决方案和供应商集成的能力正在迅速提升。下面是 DNA 中心目前正在开发的各种集成技术伙伴以及与软件定义访问联合功能的示例。

（1）IP 地址管理（IPAM）。

软件定义访问通过 IPAM-API 与领先的 IPAM 解决方案（如 InfoBlox 和 Bluecat）实现了有效的集成，这使客户能够将在 IPAM 解决方案中定义的 IP 地址池导入 DNA 中心以用于软件定义访问，并且在 DNA 中心中定义的 IP 地址池可以在 IPAM 中使用。

（2）思科网络服务编排器（NSO）。

一些大型企业客户已经将思科网络服务编排器（NSO）作为其网络编排协调的解决方案进行了标准化，使用 NSO 的 NETCONF/RESTCONF 接口和网络基础设施实现广域网、数据中心和园区部署的自动化管理。软件定义访问部署可以由思科 NSO 通过 DNA 中心的 API 来组织，并由思科 NSO 使用。软件定义访问与思科网络编排器集成的主要优点如下。

① 跨网络的一致性：与当前NFV/SDN网络相同的解决方案。

② 灵活敏捷的服务管理：减少部署新服务所需的时间。

③ 最好的行业多厂商支持。

（3）防火墙。

思科 ASA 与思科软件定义访问的集成使防火墙能够完全访问网络情境信息，也包括终端组分类的安全情境信息。这使其能够通过与 DNA 中心的策略模型一致的方式简化策略管理并且监视通过防火墙（如 ASA 防火墙和 Firepower 威胁防御防火墙）的通信流量。这种集成还可从非思科防火墙（如 Checkpoint）获得。

（4）安全分析。

安全分析解决方案（如 StealthWatch）和软件定义访问之间的集成使网络和安全团队能够加速事故响应，通过 StealthWatch 识别出受到危害的主机或表现出可疑行为的主机，结合作为思科软件定义访问一部分的 ISE 的快速威胁遏制能力，易于在网络上实现主机隔离或阻塞。总而言之，软件定义访问集成先进安全分析解决方案的关键优势是：

① 积极识别和报告潜在的安全威胁；

② 分段或隔离网络以缓解安全威胁；

③ 自动化安全和网络操作。

2.6 软件定义访问优势

2.6.1 可扩展的自动化部署

软件定义访问利用基于控制器的集中机制自动化构建大型企业网络而不需要网络操作员深度理解复杂的底层网络的转发原理。软件定义访问提供了一组满足所有连接方案的网络构造。

最重要的是，软件定义访问提供了灵活的、自动化的跨大型企业域的连接，这种方式能够最大限度地减少不稳定性并减少停机的风险。软件定义访问基于层级扩展的分布式框架，不需要在部署规模不断增加的情况下重新构建网络，无论部署是支持50个用户还是20万以上的用户。

软件定义访问还可以无缝地工作和扩展到大量站点上，并实现自动化的站点间连接，这使其可以扩展到传统办公室配线间之外的环境，如工作区、运营技术（OT）环境和制造业车间环境。因此，通过使用通用的、一致的和完全自动化的网络，软件定义访问主动实现了对业务敏捷性至关重要的快速IT/精简IT（如图2-24所示）。

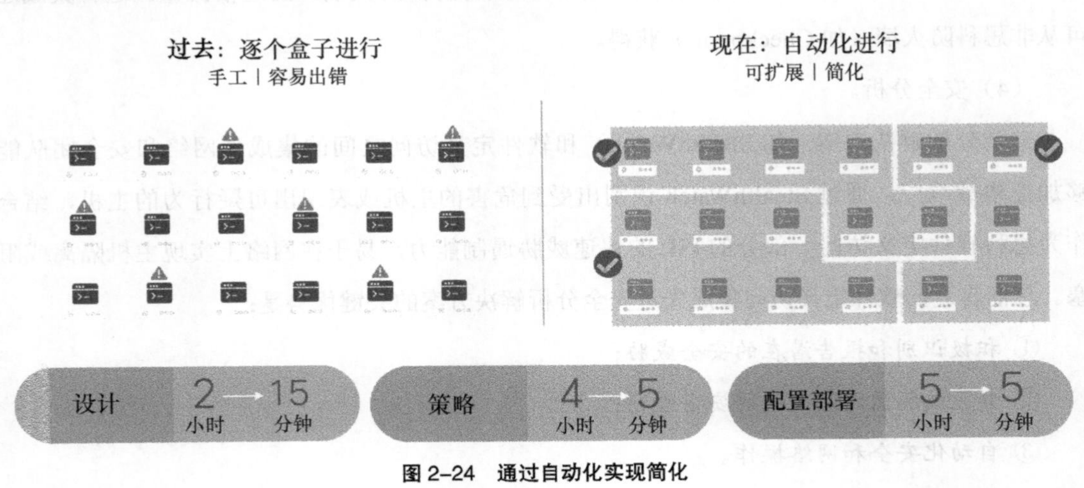

图2-24 通过自动化实现简化

下面列出了此用例的一些应用。

（1）医疗行业：远程协作和会诊。

（2）教育行业：远程获得教学和学习资源。

（3）制造行业：方便地扩展和管理工厂车间网络。

2.6.2 融合的有线和无线网络基础架构

软件定义访问无线网络数据转发平面转换为分布式结构（不集中在无线控制器上进行转发），并与有线通信共享相同的传输和封装方式。这样就能够利用有线网络基础架构的能力来实现增强的无线网络通信。对于多播、第一跳安全，以及网络分段，相比无线网络，在有线网络上将有更好的用户体验。软件定义访问无线提供以下功能。

（1）分布式数据转发平面。无线数据转发平面分布在边缘交换机上，以实现最佳转发性能和可扩展性。网络交换矩阵采用优化的数据平面进行转发而通常不会带来与分布式通信转发相关的麻烦，包括跨越 VLAN、子网划分等。

（2）集中式无线控制平面。在思科统一无线网络部署中的创新射频功能也将在软件定义访问无线网络中得以继续利用。在动态射频管理（RRM）、客户端上线和客户端移动方面，基于网络交换矩阵的无线网络操作与传统的思科统一无线网络保持一致。这大大简化了对无线网络的操作，只要在网络交换矩阵中维护单一的无线控制平面即可，可实现跨网络交换矩阵的无缝漫游。

（3）简化的访客和移动隧道。不再需要锚点无线控制器，访客通信可以直接转发到 DMZ 而无须通过外部无线控制器跳转。

（4）安全策略简化。软件定义访问将安全策略和网络具体构造（IP 地址和 VLAN）之间的依赖关系解耦，简化了为有线和无线客户端定义和实现安全策略的方式。

（5）网络分段变得更容易。网络分段在网络交换矩阵中端到端地进行并且是层次化的，基于虚拟网络（VNI）和可扩展组标签（SGT）完成。网络分段策略同时适用于有线和无线用户。

软件定义访问无线网络提供了 IoT 就绪的网络基础架构，允许在企业内部对 IoT 设备进行网络分段而不会干扰整个企业网络。融合的有线和无线网络基础架构如图 2-25 所示。

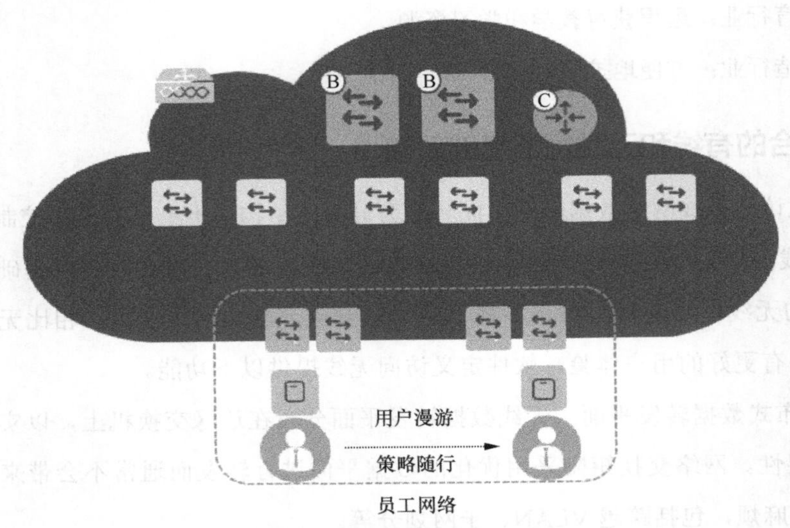

图 2-25　融合的有线和无线网络基础架构

下面列出了此用例的一些应用。

（1）医疗行业：在医疗临床网络中分段病患 / 访客。

（2）教育行业：改善课堂学习体验。

（3）零售行业：通过店内 Wi-Fi 增强客户体验。

2.6.3 为用户和终端设备提供安全的访问

软件定义访问为定义访问控制和网络分段策略提供了拓扑不可知性的基于身份的方法。这简化了策略定义、更新和法规遵从性报告。自动化框架将高级别的业务意图转换为网络基础架构中设备的低级别配置，以便在整个网络中推出快速、一致和经过验证的策略（如图 2-26 所示）。

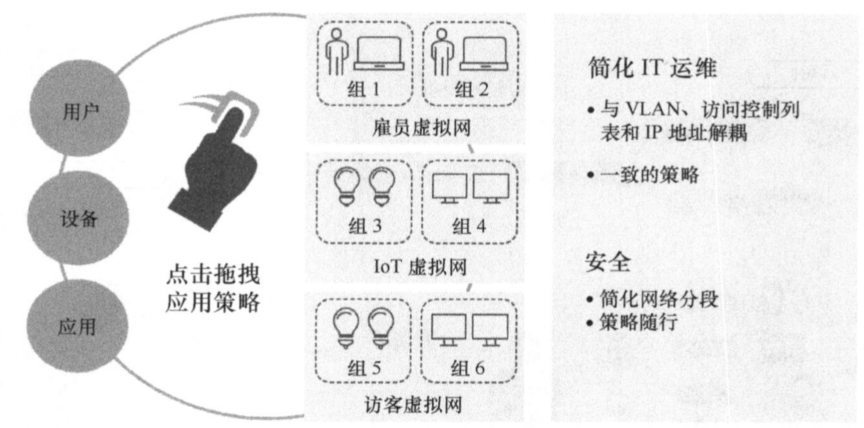

图 2-26 为用户和终端设备提供简单、安全的访问

此用例的一些应用如下。

（1）医疗行业：保持病患、设备和数据的安全。

（2）教育行业：建立一个安全的校园。

（3）制造行业：汇聚 IT 和 OT 网络。

2.6.4 相互关联的洞察力和分析能力

目前，我们解决网络问题往往是被动反应性的、缓慢的和低效的，这可能是缘于零碎的工具（每个工具对网络的可见度都很有限），也可能是网络复杂性、用户移动性，甚至缺乏一致的策略造成的。通过从系统日志、SNMP、NetFlow、AAA、DHCP、DNS 等多种来源收集和关联细粒度遥测数据，软件定义访问提供了对网络的深入可见性，这为 IT 系统提供了丰富的洞察力来优化网络基础设施并支持更好的业务决策（如图 2-27 所示）。

下面列出了此用例的一些应用。

（1）医疗行业：改善临床工作流程和操作。

（2）教育行业：确保网络在不断变化的课堂上正常运行并提供出色的性能表现。

（3）制造行业：从工厂生产环境获得新的商业洞察力，从而做出更好的决策。

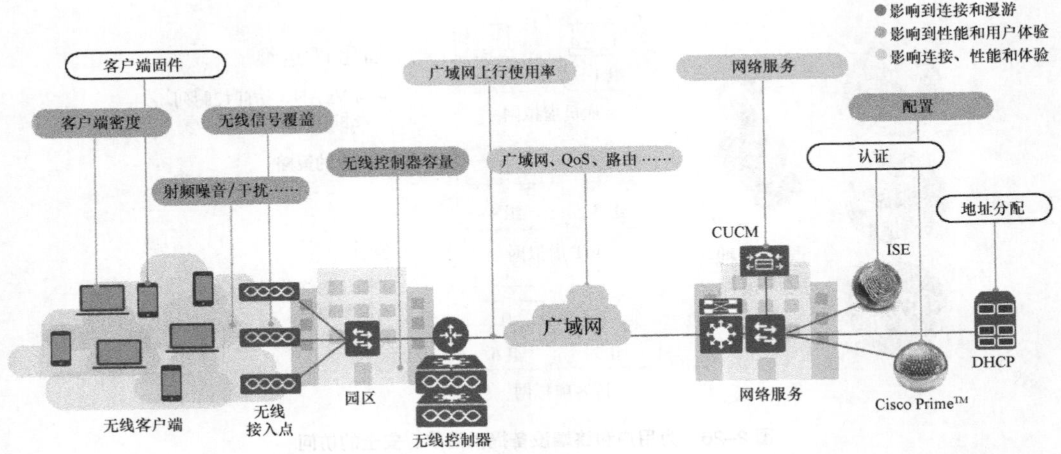

图 2-27　可操作的洞察力

第3章

软件定义访问运作方法

3.1 网络控制平面

在软件定义访问网络交换矩阵中，控制平面节点跟踪所有连接到网络交换矩阵的终端并将其记录到自身内置的数据库中，并负责以下工作：

（1）注册连接到边缘节点的所有终端并跟踪它们在网络交换矩阵中的位置；

（2）响应网络元素关于网络交换矩阵中终端位置的查询；

（3）确保当终端从一个位置移动到另一个位置时，通信流量被重新定向到当前位置。

请参阅图 3-1 显示的控制平面操作。

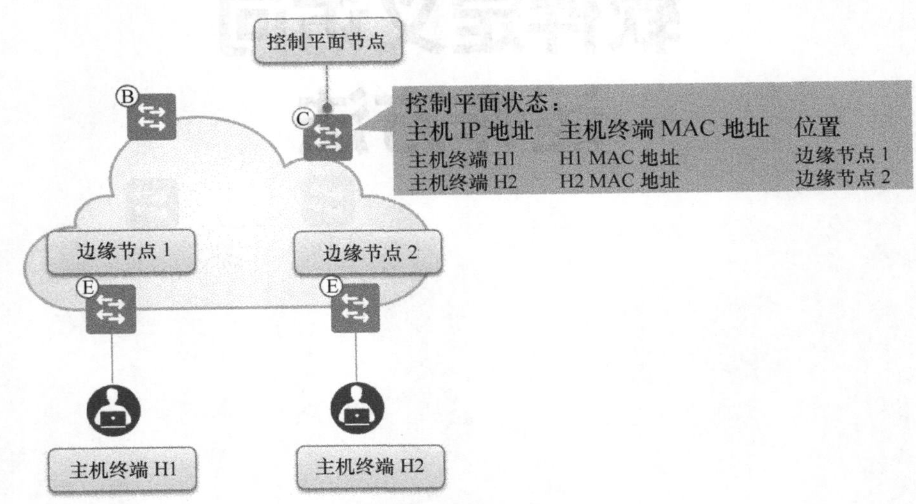

图 3-1　网络交换矩阵控制平面操作

（1）边缘节点 1 上的终端 1 将注册到网络交换矩阵的控制平面节点。注册包括终端 1 的 IP 地址、MAC 地址和所在位置（在图 3-1 中是网络交换矩阵边缘节点 1）。

（2）边缘节点 2 上的终端 2 也将注册到网络交换矩阵的控制平面节点。注册包括终端 2 的 IP 地址、MAC 地址和所在位置（在图 3-1 中是网络交换矩阵边缘节点 2）。

（3）当终端 1 要与终端 2 通信时，边缘节点 1 将查询网络交换矩阵控制平面节点，以定位终端 2。

（4）获得答复后（终端 2 的位置位于边缘节点 2），它将使用 VXLAN 封装来自终端 1 的通信，并将其发送到终端 2（通过边缘节点 2）。

（5）一旦流量到达边缘节点 2，它将被解封装并转发到终端 2。

（6）当终端 2 要与终端 1 通信时，同（3）。

软件定义访问控制平面协议完成端点的映射和解析时，使用了位置 /ID 分离协议（LISP）来完成该项任务。LISP 协议的优势在于不仅提供了基于 IP 地址作为终端设备的端点标识（EID），还提供了一个附加的 IP 地址作为路由位置标识（RLOC），两者结合起来表示该终端设备所在的网络位置。EID 和 RLOC 组合为通信转发提供了所有必要的信息，即使端点设备使用了固定的 IP 地址并出现在不同的网络位置也是如此。与传统网络中的 IP 子网与网络网关一一对应的耦合关系不同，网络交换矩阵控制平面将端点标识与其所在位置解耦，这使同一 IP 子网中的地址可以在多个三层网关之后使用。在图 3-2 所示的例子中，子网属于叠加网络的一部分，它们被拉伸并且跨越了网络物理上分离的三层设备。RLOC 接口是在同一子网或不同子网的终端之间建立连接所需的唯一可路由地址。

位置 /ID 分离协议

LISP 角色和职责

映射服务器 / 解析器

（控制平面）

- EID 到 RLOC 映射
- 可以分布在多个 LISP 设备上

隧道路由器 —— XTR

（边缘和内部边界）

- 注册 EID 带映射服务器
- 出口 / 入口（ITR/ETR）

代理隧道路由器 —— PXTR

（外部边界）

- 如果映射不存在提供默认网关
- 出口 / 入口（PITR/PETR）

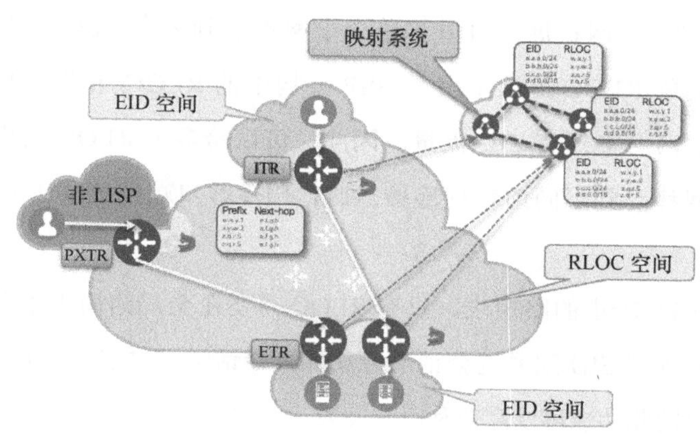

- EID= 终端标识
  - 主机地址或子网
- RLOC= 路由位置
  - 本地路由器地址

图 3-2 LISP

RFC 6830和其他相关RFC将LISP定义为网络架构和一组用于实施IP寻址和转发的新语义的协议。在传统IP网络中，使用IP地址将终端及其物理位置标识为路由器上分配的子网的一部分。在启用LISP的网络中，一个IP地址用作设备的终端标识符（EID），另一个IP地址用作路由定位器（RLOC），用于标识该设备的物理位置（通常是EID连接到的路由器的环回地址）。EID和RLOC相组合，可为流量转发提供必要的信息。RLOC地址是底层网络路由域的一部分，而且EID可以独立分配，不必与位置相关。

LISP体系架构需要一个映射系统来存储EID并将其解析为对应的RLOC。这类似于使用DNS来解析主机名的IP地址，也类似于前面提到的VXLAN数据平面中的VTEP映射。EID前缀（带有32位“主机”掩码的IPv4地址或MAC地址）连同其关联的RLOC一起注册到映射服务器中。当向EID发送流量时，将源RLOC查询发送到映射系统以确定流量封装的目的RLOC。与DNS一样，本地节点可能没有网络中所有终端的信息，此时需要询问映射系统的相关信息（采用拉取模型），然后将信息缓存以提高效率。

虽然在部署软件定义访问网络交换矩阵时不需要完全理解LISP和VXLAN，但了解这些技术如何支持部署目标是很有帮助的，包括LISP架构提供的优势。

（1）网络虚拟化，使用LISP实例ID保持独立的VRF拓扑。从数据平面的角度来看，LISP实例ID映射到VNI。

（2）子网扩展，可以将单个子网扩展到多个RLOC中。将EID与RLOC分离后可以跨不同的RLOC扩展子网。LISP架构中的RLOC相当于VXLAN中的VTEP功能，用于在三层网络中封装EID流量。因此，可以跨多个RLOC实现任播网关，即便当客户端跨扩展子网移动到不同的物理连接点时，EID客户端配置（IP地址、子网和网关）也可以保持不变。

（3）较小的路由表，只有RLOC需要在全局路由表中可达。本地EID缓存在本地节点上，而远程EID则通过会话学习获知。会话学习过程只在转发表中填充通过该节点通信的终端。借助此功能可以高效利用转发表。

在图3-3所示的例子中，两个子网属于重叠网络的一部分并且跨物理上独立的路由器扩展。RLOC 接口是属于同一子网或不同子网的终端之间建立连接所需的唯一可路由地址。

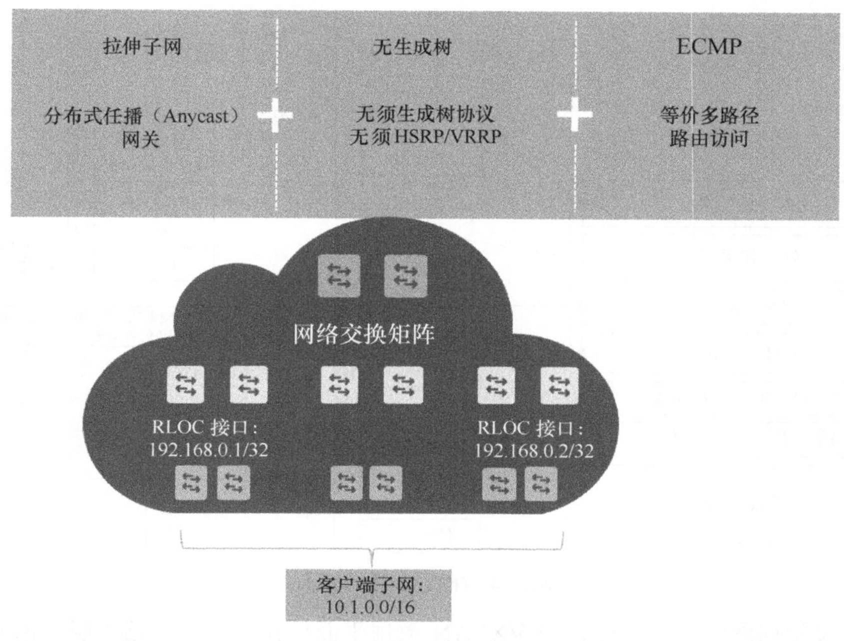

图 3-3　子网拉伸示例

3.2　数据转发平面

软件定义访问通过使用虚拟可扩展局域网（VXLAN）技术构建叠加网络的数据平面。VXLAN 封装和传输完整的二层数据帧并横跨底层网络，每个虚拟网络由 VXLAN 网络标识符（VNI）进行标识。VXLAN 封装还使用 SGT 字段对网络进行微分段。

RFC 7348 定义了使用虚拟可扩展局域网（VXLAN）作为在三层网络之上叠加二层网络的一种方法（见图 3-4）。使用 VXLAN，可以使用 UDP/IP 在三层网络上对原始二层数据帧进行标记并进行隧道传输。每个叠加网络都称为 VXLAN 网段，并使用 24 位 VXLAN 网络标识符进行标识，最多支持 1600 万个 VXLAN 网段。

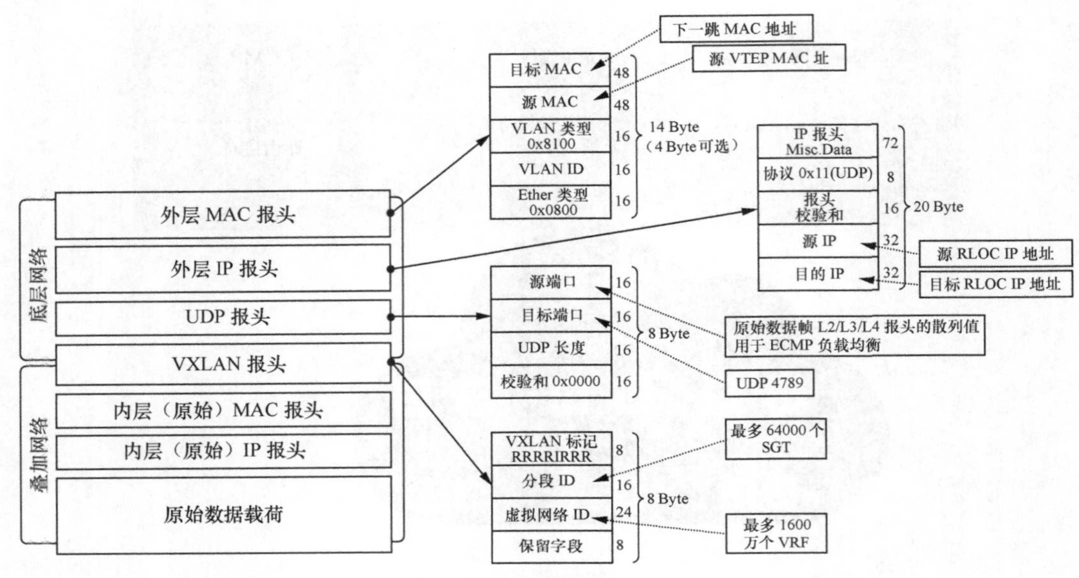

图 3–4　RFC 7348 VXLAN

软件定义访问网络交换矩阵使用 VXLAN 数据平面传输完整的原始二层数据帧。另外使用位置 / 标识分离协议作为控制平面来解析终端到其所在位置的映射关系。软件定义访问网络交换矩阵采用 VXLAN 报头中的 16 个保留位，以便传输多达 64 000 个可扩展组标签，详细信息请参考 VXLAN-GPO 规范。

VNI 实现了三层叠加网络到虚拟路由和转发实例的映射。而二层 VNI 实现了 VLAN 广播域的映射，二者均可为每个虚拟网络提供隔离数据和控制平面。可扩展组标签承载用户的组成员身份信息，并在虚拟网络内部提供数据平面微分段。

VXLAN 需要一个底层的传输网络（底层网络）承载，在连接到网络交换矩阵的终端之间提供通信，使用底层网络数据平面转发。图 3-5 展示了 VXLAN 封装网络中的数据转发平面。

软件定义访问网络交换矩阵不会更改二层或三层转发的语义，并且允许网络交换矩阵的边缘节点执行叠加路由或桥接功能。因此，边缘节点提供了一组不同的网关功能，如下。

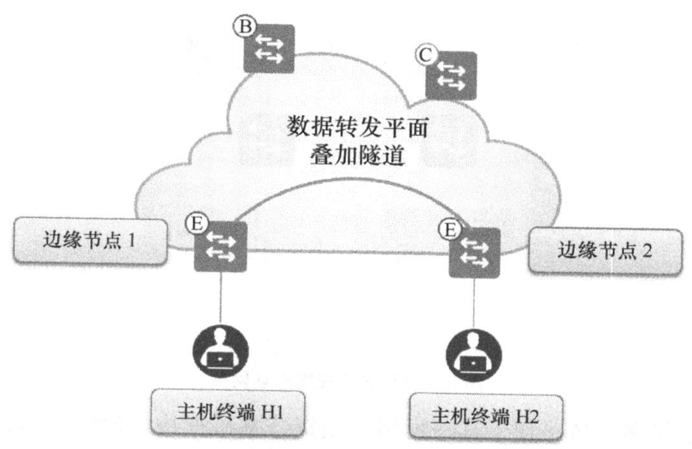

图 3–5　网络交换矩阵数据转发平面操作

（1）二层虚拟网络接口（L2 VNI）。在这种模式下，来自 L2 VNI 的数据帧将被桥接到另一个 L2 接口。桥接将在桥接域的情境中完成。L2 网关的实现将使用 VLAN 作为桥接域，并将 L2 VNI 作为 VLAN 的成员端口。边缘节点将在 VLAN 中的 L2 VNI 和目标 L2 端口之间桥接通信。

（2）三层虚拟网络接口（L3 VNI）：在此模式下，来自 L3 VNI 的数据帧将被路由到另一个 L3 接口。路由将在路由实例的情境中完成。L3 网关的实现将使用 VRF 作为路由实例，并将 L3 VNI 作为 VRF 的成员端口。边缘节点将在 VRF 中的 L3 VNI 和目标 L3 接口之间路由通信。

为了提供客户端移动性和子网的“拉伸”，软件定义访问利用了分布式任播默认网关（如图 3-6 所示）。这将在网络交换矩阵中的每个边缘节点上配置三层接口（默认网关）。例如，如果在网络交换矩阵中定义了 10.10.10.0/24 子网，并且为该子网定义的默认网关是 10.10.10.1，则该虚拟 IP 地址（具有相应的虚拟 MAC 地址）将在每个边缘节点上进行相同的编排。

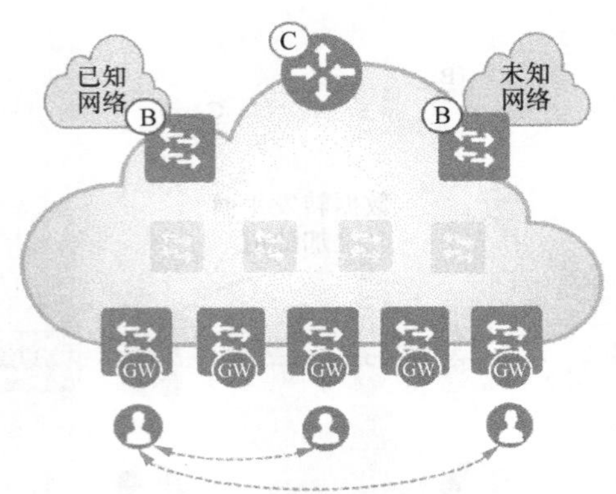

图 3-6　分布式任播默认网关

这大大简化了终端部署，便于其在网络交换矩阵基础架构中漫游，因为默认网关在任何网络交换矩阵的边缘节点上都是相同的。这也优化了通信转发，因为从终端到其他目标子网的通信总是在第一跃点进行三层转发。而对于一些传统的（非网络交换矩阵）拉伸子网解决方案，需要将流量在远程位置进行三层转发。

此外，底层网络可用于向叠加网络中的二层广播域内的终端传送多目标通信。这包括网络交换矩阵中的广播和多播通信。软件定义访问网络交换矩阵中的广播通信被映射到底层网络的多播组并发送到该广播域中的所有边缘节点。下面将详细介绍这一点。

3.3　底层网络

底层网络由属于软件定义访问网络一部分的物理交换机和路由器定义。底层网络的所有网络元素都必须通过路由协议建立 IP 连接。尽管理论上任何拓扑和路由协议都可以使用，但思科强烈建议采用在园区网络边缘实施精心设计的三层网络作为基础，以确保网络的性能、可扩展性和高可用性。为了实现无须手动创建底层网络的部署目标，DNA 中心局域网自动化功能使用 IS-IS 路由访问设计来部署新网络。虽然有许多替代方案，但该选择提供了其他选项不具备的操作优势，例如，无须 IP 依赖性的邻居建立——使用环回地址的对等功能，以及对

IPv4、IPv6 和非 IP 通信的不可知性处理。在软件定义访问体系结构中，最终用户子网不属于底层网络的一部分，而属于上层叠加网络的一部分。

在实现软件定义访问时，需要关注各种底层网络的注意事项，这可能会影响网络交换矩阵叠加网络的操作。其中的要点概述如下。

最大传输单元（MTU）。建议避免网络设备之间的通信分片和重新组装。因此，需要将底层网络中的最大传输单元增加至少 50 Byte，以便在连接到该网络交换矩阵底层网络的所有网络设备上容纳 VXLAN 报头（如果还需要支持 802.1q 字段，则为 54 Byte）。如果叠加网络使用的数据帧的大小大于 1500 Byte，则强烈建议在底层网络中提供巨型帧支持。推荐的软件定义访问网络交换矩阵部署的全局或每接口 MTU 设置为 9100 Byte。

底层网络接口寻址。推荐的网络接口和地址设计是三层点对点路由接口，可以采用 30 或 31 子网掩码互联。

底层网络路由协议。DNA 中心的局域网自动化功能将部署基于标准的 IGP 路由协议（IS-IS）来自动完成底层网络的构建。同样，对于手动进行底层网络配置，也建议部署“IS-IS”路由协议。当然，其他路由协议（如 OSPF）也可以采用，但可能需要其他的额外配置。

（1）IS-IS 部署。如前所述，DNA 中心将部署 IS-IS 作为底层网络路由协议的最佳实践。尽管该协议主要部署在服务提供商（SP）环境中，但这种链路状态路由协议在大型网络交换矩阵环境中的部署也越来越普遍。IS-IS 使用最少的连接网络协议（CLNP）在对等方之间进行通信，而不依赖于 IP。当链路变化时，IS-IS 不需要进行 SPF 计算，仅在拓扑变化时才需要进行 SPF 计算，这有助于在底层网络上实现更快的收敛和稳定性。IS-IS 无须进行重大参数的调整就可以实现一个高效、快速收敛的底层网络。

（2）OSPF 部署。如果选择了手动部署底层网络，则 OSPF（开放最短路径优先）协议将是许多企业部署中的一个常见选择。与 IS-IS 类似，OSPF 也是链路状态路由协议。用于以太网接口的 OSPF 默认接口类型是“广播”，它通过指定的路由器（DR）和 / 或备份指定的路由器（BDR）选举从而减少路由通信量。在点对点网络中，OSPF 的“广播”接口类型添加了 DR/BDR 选举过程和附加类型 2 链接状态通告（LSA）信息。这将导致不必要的额外开销，可以通过将接口类型更改为“点到点”来避免这种情况的发生。

3.4 叠加网络

在底层网络上创建叠加网络，以创建虚拟网络。数据平面流量和控制平面行为都控制在每个虚拟网络内部，除了与底层网络隔离之外，各虚拟网络之间也保持隔离。在软件定义访问交换矩阵中，通过将用户流量封装到以交换矩阵边界为起止点的IP隧道上来实施虚拟化，无线客户端将其扩展到所有无线接入点，详细的封装方法和网络交换矩阵设备角色的详细信息在之前的章节中已经介绍过。叠加网络可以跨所有或部分底层网络设备运行。多个叠加网络可以跨相同的底层网络运行，通过虚拟化技术支持多租户。使用VRF-Lite和MPLS VPN等传统虚拟化技术可以实现网络交换矩阵与外部网络的互联。

叠加网络中IPv4多播转发使用前端复制方式为有线和无线终端提供多播服务。多播流量被封装并发送到网络交换矩阵的边缘设备进行解封装，然后发送到接收端。如果接收端是无线客户端，则多播（就像单播）被矩阵边缘设备封装并发送到无线接入点。多播源可以存在于叠加网络上或者网络交换矩阵外部。对于PIM部署，位于叠加网络之上的多播客户端使用RP机制来完成多播操作，RP地址是客户端地址空间的一部分。DNA中心可以用来配置所需的多播协议。

叠加网络实现的方法分为两种：二层叠加网络和三层叠加网络。

3.4.1 二层叠加网络

二层叠加网络（如图3-7所示）模拟局域网分段以传输层二层数据帧，在三层底层网络上承载单个子网。二层叠加网络可用于模拟物理拓扑并支持二层泛洪机制。

软件定义访问1.2版本解决方案在二层叠加网络中仅支持传输IP数据帧，不进行广播和未知多播通信流量的二层泛洪。网络交换矩阵边缘不进行广播操作，ARP功能通过使用网络交换矩阵控制平面来完成MAC地址到IP地址表的查找操作。对于非IP数据帧和二层泛洪的支持，请参阅软件版本的发行说明以验证其支持能力。

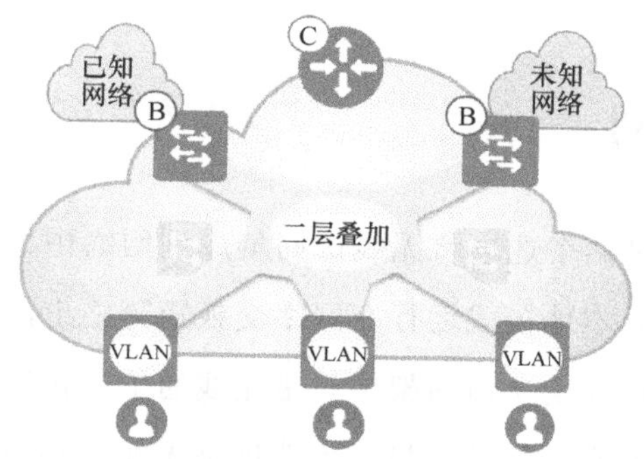

图 3-7　二层叠加网络——逻辑交换连接

3.4.2　三层叠加网络

三层叠加网络（如图 3-8 所示）从网络物理连接中抽象出基于 IP 的连接，使多个 IP 网络能够成为每个虚拟网络的一部分。跨越不同的三层叠加网络可以实现 IP 地址的空间重叠。为了实现与网络交换矩阵的外部通信，需要使用一些传统的网络虚拟化技术（如 VRF-Lite 和 MPLS VPN），并且需要解决任何 IP 地址冲突问题。

软件定义访问 1.2 解决方案支持 IPv4 叠加网络。同一无线控制器上的无线客户端不支持重叠的 IP 地址。对于 IPv6 叠加网络，请参阅软件版本的发行说明以验证其支持能力。

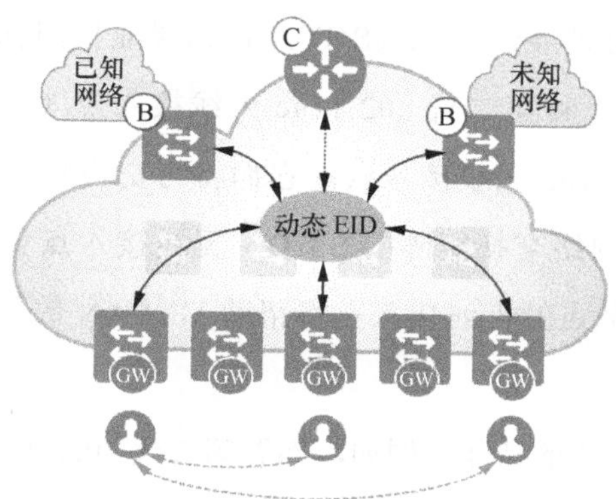

图 3-8　三层叠加网络——逻辑路由连接

3.5 集成无线局域网

软件定义访问支持通过两个选项将无线访问集成到网络中。一种选择是使用传统的思科统一无线网络（CUWN）本地模式运行在网络交换矩阵之上，作为网络交换矩阵的非原生服务。在这种模式下，软件定义访问架构只是无线通信的传输网络，这一选项对于无线网络向软件定义访问迁移非常有帮助。另一个选项是无线网络与网络交换矩阵完全融合，将软件定义访问的获益扩展到无线用户。无线网络与软件定义访问集成的两个主要选项如下。

（1）软件定义无线接入：无线网络与网络交换矩阵完全融合。

（2）传统无线网络：传统的思科统一无线网络（CUWN）本地模式叠加运行在网络交换矩阵之上。

在下一节中，我们将描述这两种模式的技术实现。

3.5.1 软件定义无线接入

通过使用交换矩阵模式的无线控制器和无线接入点可以将无线网络无缝集成到软件定义访问架构中。交换矩阵模式的无线控制器用于与网络交换矩阵控制平面进行通信，注册客户端二层 MAC 地址、可扩展组标识（SGT）和二层虚拟网标识（VNI）信息。交换矩阵模式的无线接入点包括思科第二代 802.11ac 无线接入点（包括 Aironet 3800、2800、1800 系列）和第一代 802.11ac 无线接入点，它们将与交换矩阵模式的无线控制器进行关联，在其上可以配置支持网络交换矩阵的 SSID。无线接入点负责与无线终端通信，在有线一侧，连接在网络边缘节点的无线接入点将帮助 VXLAN 数据平面进行流量的封装和解封装工作。

软件定义访问提供了优化的功能，例如，部署第二代 802.11ac 无线接入点时，无线接入点本身即可实现应用程序的可视化和控制（AVC）。有关第二代和第一代 802.11ac 无线接入点在网络交换矩阵中的功能支持差别，请参阅无线软件版本的发行说明。

交换矩阵模式的无线控制器管控交换矩阵模式的无线接入点的方式与传统的思科统一无

线网络（CUWN）集中转发模式相同，提供移动性控制和射频资源管理等操作优势。其显著区别是连接在交换矩阵 SSID 中的无线终端传输的流量无须进行 CAPWAP 封装并从无线接入点转发到中心控制器，相反，来自无线客户端的数据流量由网络交换矩阵连接的无线接入点直接进行 VXLAN 封装。正是因为这种区别，具有集成 SGT 功能的分布式数据平面才得以实现。流量通过网络交换矩阵选取最佳路径传输到目的地，无论是有线终端的连接还是无线终端的连接都使用一致的策略。

与传统的思科统一无线网络（CUWN）类似，要通过 CAPWAP 隧道来控制管理无线接入点。当然，无线控制器与软件定义访问控制平面的集成支持无线客户端在整个网络交换矩阵中的不同无线接入点之间的漫游。如果与无线客户端 EID 关联的 RLOC 发生任何改变，控制平面协议将更新相应的主机跟踪数据库来实现对终端漫游的支持。

虽然无线网络流量在网络交换矩阵的无线和有线部分之间传输时，交换矩阵模式无线接入点将对该流量进行 VXLAN 流量封装，但这些无线接入点并非网络交换矩阵的边缘节点。相反，这些无线接入点使用 VXLAN 隧道直接连接到边缘节点交换机，并依靠这些交换机提供第三层任播网关等网络交换矩阵服务。

将无线局域网集成到网络交换矩阵中可以让无线客户端享受到网络交换矩阵的优势，包括寻址简化、通过扁平化子网实现移动性最大化，以及基于策略一致性的跨越有线和无线网络的端到端网络分段。无线集成还能让无线控制器摆脱数据平面的转发职责，而继续用作无线域的集中式服务和控制平面。

在软件定义访问网络交换矩阵中，有线和无线都属于单一的集成基础架构的一部分，在连接、移动和策略执行方面的行为方式都相同。无论用户采用何种媒介访问网络，其联网体验都是一致的。

在控制平面集成方面，网络交换矩阵的无线控制器将所有无线客户端的连接、漫游和断开信息通知到网络交换矩阵控制平面节点。通过这种方式，控制平面节点始终具有网络交换矩阵中有线和无线客户端的所有信息，始终充当“唯一的信息源”。

在数据平面集成方面，网络交换矩阵模式的无线控制器指示网络交换矩阵模式的无线接入点建立 VXLAN 叠加隧道到相邻的网络交换矩阵边缘节点。无线接入点 VXLAN 隧道将网络分段并将策略信息传送到边缘节点，保持无线终端的连接和功能与有线终端一致。

当无线客户端通过网络交换矩阵的无线接入点连接到该网络交换矩阵时，网络交换矩阵无线控制器将无线终端加入网络交换矩阵中，并将其MAC地址通知控制平面节点。无线控制器随后指示无线接入点在其相邻的边缘节点建立VXLAN叠加隧道。接下来，无线客户端将通过DHCP获取自己的IP地址。一旦完成，边缘节点就会将无线客户端的IP地址注册到控制平面节点（以便在客户端MAC和IP地址之间形成映射），此时到达/来自无线终端的通信可以开始被转发。

网络交换矩阵的无线控制器位于网络交换矩阵边界节点的外部，可以位于软件定义访问的同一个底层网络中，但是位于网络交换矩阵叠加网络的外部。这是因为无线控制器可以直接连接到边界节点，或者是多个IP跃点以外（如本地数据中心）。然后，无线控制器的IP子网前缀必须被通告到底层网络路由域，用于无线接入点的联网和管理（通过传统的CAPWAP控制平面）。

网络交换矩阵的无线接入点直接连接到网络交换矩阵叠加网络中的网络交换矩阵边缘节点。或者，无线接入点可以连接到软件定义访问扩展节点。无线接入点也可以使用拉伸的子网功能和网络交换矩阵边缘节点上的任播网关功能。这允许整个园区内的所有网络交换矩阵的无线接入点都部署在同一个子网中。

> 注意：无线接入点到无线控制器之间的延迟需要小于20 ms，因为网络交换矩阵无线接入点在本地模式下运行。

软件定义访问无线网络如图3-9所示。

在无线控制器上启用网络交换矩阵功能后，无线接入点加入过程如下。

（1）无线接入点初始化并通过CAPWAP加入无线控制器。所有管理和控制通信（如无线接入点软件映像管理、授权许可管理、无线射频资源管理（RRM）、客户端身份验证和其他功能）都利用此CAPWAP连接。

（2）无线接入点加入无线控制器后，检查其是否能够支持网络交换矩阵。如果具备该能力，则在无线接入点上自动启用网络交换矩阵功能。

（3）适当的信令交互完成后，无线接入点会构建一条到网络交换矩阵边缘节点的 VXLAN 隧道。

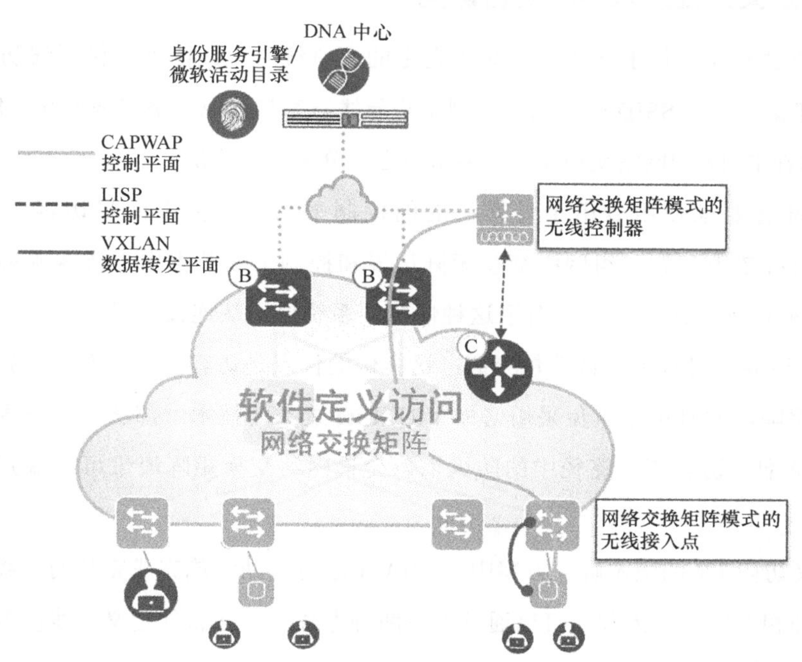

图 3-9　软件定义访问无线网络

以每个 WLAN（SSID）为基础启用网络交换矩阵功能。客户端子网和三层网关位于网络交换矩阵边缘节点上的叠加网络（与传统的 CUWN 模型相比，它们存在于无线控制器上）。

当客户端加入启用了网络交换矩阵的无线网络时，整个过程如下。

（1）客户端在启用了网络交换矩阵 SSID 的无线控制器上进行身份验证。

（2）无线控制器通知无线接入点使用 VXLAN 封装客户端流量并发送到网络交换矩阵边缘节点，在 VXLAN 数据分组中为该客户端填充适当的虚拟网络 / 可扩展组信息。

（3）无线控制器在网络交换矩阵控制平面节点数据库中注册客户端 MAC 地址。

（4）客户端获得 IP 地址后，网络交换矩阵边缘节点将更新现有的控制平面条目，将无线客户端 MAC 地址和 IP 地址进行映射。

（5）客户端此时可以自由地在网络中进行通信。

3.5.2 软件定义无线接入中的访客访问

如果没有通过叠加运行于网络交换矩阵之上的思科统一无线网络提供无线访客接入服务，请通过创建支持访客 SSID 的专用虚拟网络将无线访客与其他网络服务分开。使用 VRF-Lite 或类似技术在 DMZ 和网络交换矩阵边界节点之间分隔访客流量。

如果无线部署要求使用专用于访客目的的控制平面和数据平面将访客流量传送到 DMZ，可以在 DMZ 内部署一组网络交换矩阵边界和控制平面节点用于访客服务，对访客使用专用虚拟网（VN）进行隔离。对于这种情况，系统使用从连接无线接入点的边缘交换机一直到 DMZ 边界的封装来维持流量分离，这样做的优点是访客控制平面具有独立的规模扩展性和性能保障，并且可以避免采用诸如 VRF Lite 之类的技术。部署这种访客无线设计的注意事项包括配置访客流量路径中的防火墙以允许网络交换矩阵流量可以端到端地满足 MTU 要求。

在软件定义访问 1.2 的版本解决方案中，DNA 中心可自动实施完成完整的无线网络访客解决方案并管理相关的工作流程。可以通过以下两种方式之一在软件定义无线接入中启用访客访问：

（1）为访客提供独立的虚拟网络；

（2）专用无线控制器作为访客锚点。

1. 为访客提供独立的虚拟网络

在这种模式下，访客网络只是软件定义访问网络交换矩阵中的一个虚拟网络。通过端到端的网络分段为访客使用单独的虚拟网络标识和可扩展组标签。启用此模型的方法有两种：

（1）使用与企业网络相同的控制平面和边界节点；

（2）使用访客专用的独立的控制平面和边界节点。

在此选项中（如图 3-10 所示），访客网络只是软件定义访问网络交换矩阵中的另一个虚拟网络。此方法利用端到端的分段方法，使用虚拟网络标识（如果需要，使用可扩展组标签标识不同的访客角色）将访客数据平面与其他企业网络分开。通过 VRF-Lite，访客虚拟网络从边界节点扩展到 DMZ 区中的防火墙。

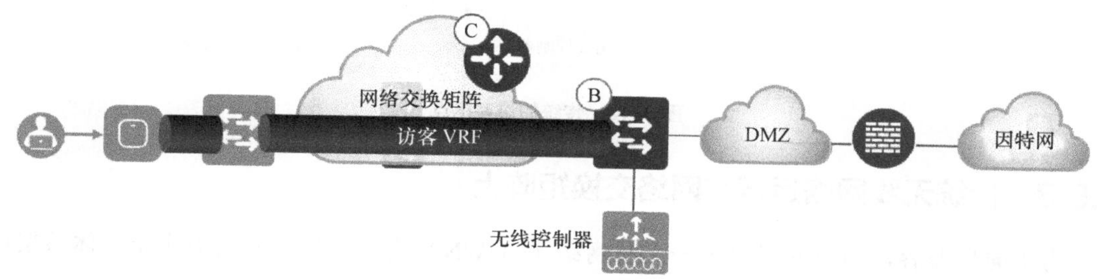

图 3-10　共享控制平面和边界节点

在此选项中，在所有级别上为访客实现完全分离，从而将它们与企业用户隔离。访客用户将在专用的访客网络交换矩阵控制平面上注册。网络交换矩阵边缘节点查询独立的访客控制平面节点（如图 3-11 所示），并将信息封装在 VXLAN 中转发到访客边界节点。

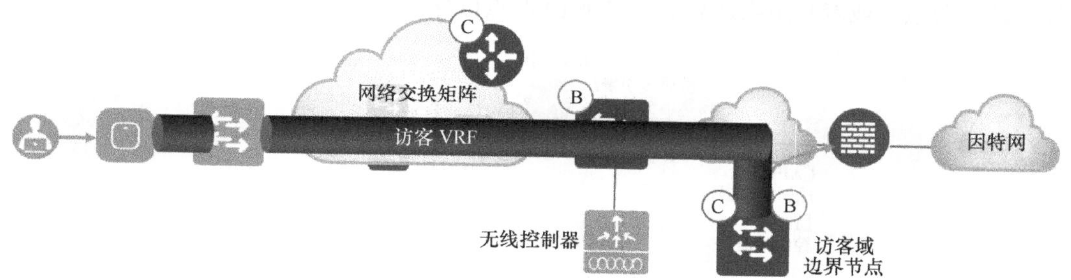

图 3-11　独立的访客控制平面 / 边界节点

2. 专用无线控制器作为访客锚点

现有的基于访客锚点（如图 3-12 所示）无线控制器的解决方案仍然可以继续工作。当在 DMZ 中已存在访客锚点无线控制器时，此模式可用作“迁移步骤”。在这种情况下，在外部无线控制器和访客锚点控制器之间建立移动隧道，并且访客 SSID 锚定在锚点无线控制器上。所有访客信息都被外部无线控制器通过移动隧道发送到访客无线控制器上。

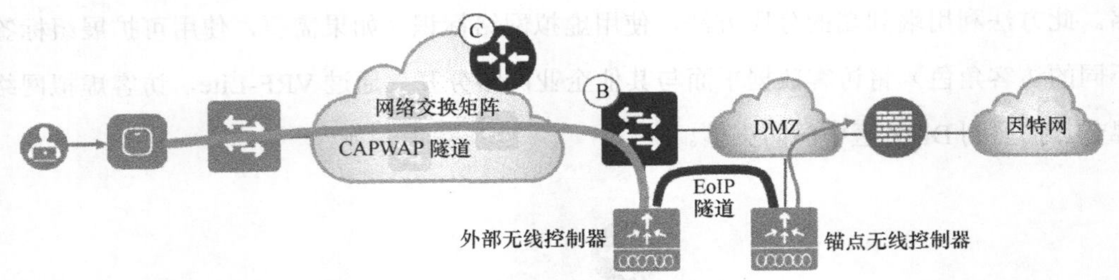

图 3-12　传统的访客锚点

3.5.3　传统无线网络运行在网络交换矩阵上

为了向后兼容，当前的思科统一无线网络（CUWN）或其他传统的集中式无线体系架构完全支持软件定义访问。在本解决方案中，无线网络基础结构在软件定义访问网络交换矩阵上（如图 3-13 所示）运行，但无线网络基础架构不知道网络交换矩阵的存在，或者说从控制平面、数据平面、策略层面上没有和软件定义访问有线网络集成。这种部署方法为软件定义访问完全集成无线网络提供了一个优雅的“迁移步骤”。无线控制器可以直接连接到网络交换矩阵边界节点，或者是距离边界节点多个 IP 跃点以外。

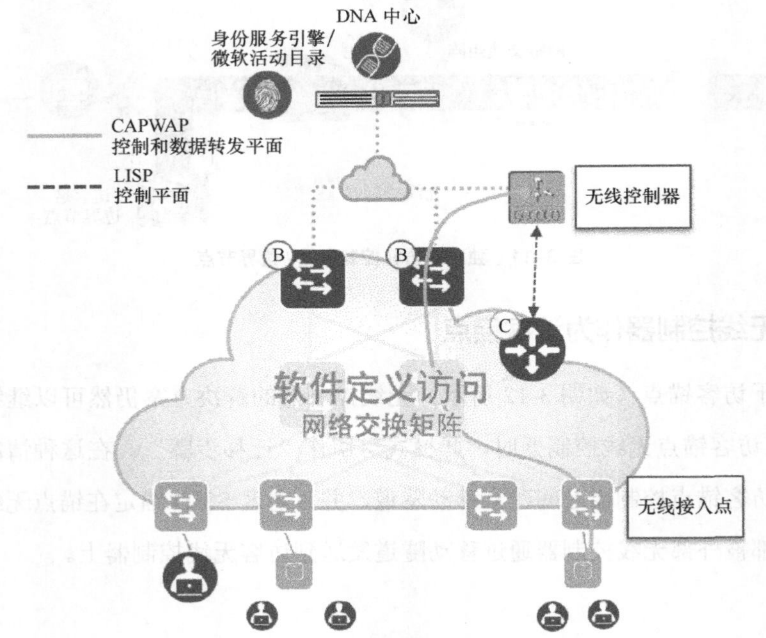

图 3-13　传统无线网络运行在网络交换矩阵上

3.5.4 本地转发模式（Flex）无线网络部署

在 Flex 无线部署中，无线网络的控制和管理平面集中在无线控制器上，但数据转发平面在无线接入点的本地执行。SSID 可以在本地进行转发或者通过隧道发送到无线控制器进行转发。无线接入点直接连接到网络交换矩阵边缘节点，并将本地交换 SSID 的无线 VLAN 通过中继链路连接到网络交换矩阵边缘节点。无线接入点将数据帧格式从 802.11 无线网络转换为 802.3 以太网，并转发到网络交换矩阵边缘节点。

因此，进行本地数据转发的无线客户端将作为正常的网络交换矩阵终端注册到网络交换矩阵控制平面上，并且这些客户端的转发流程将与网络交换矩阵中的其他有线客户端完全一致。

DNA 中心提供了使用图形化界面或 API 在软件定义访问中自动进行本地转发模式（Flex）无线网络部署的选项。

3.6 解决方案管理

在软件定义访问架构中部署网络交换矩阵并不需要全面深入地了解 LISP 和 VXLAN 协议，也不需要详细了解如何配置每一个网络组件和功能以便实现软件定义访问架构提供的一致的端到端行为。相反，使用思科 DNA 中心这一直观的集中管理系统可以轻松地跨有线和无线网络实现软件定义网络的设计、调配和策略应用。

除了用于软件定义访问的自动化之外，DNA 中心还提供了传统的应用程序来提高企业的效率，如软件映像管理，以及诸如设备健康仪表板和全方位视图等新功能。

DNA 中心是软件定义访问不可或缺的组成部分，它通过自动化手段将网络设备自动部署到网络中，提供确保运营效率所需的速度和一致性，从而可以以更低的成本和更低的风险部署和维护网络。

基于身份服务的策略管理使用由思科身份服务引擎（ISE）托管的外部存储库集成到软件定义访问网络中。ISE 与 DNA 中心控制器相结合，可以将用户和设备动态地映射到可扩展组，并简化端到端安全策略的管理和实施，而且实施规模比依靠 IP 访问列表的传统网络策略的实施规模更大。

第 4 章

交换矩阵数据报文转发

我们已经了解了各种软件定义访问网络交换矩阵的组件，并熟悉了它们是如何操作和互相交互的，现在让我们更进一步地了解网络交换矩阵数据报文的转发和流转流程。

在本章中，我们将讨论以下情境的数据报文转发流程：

（1）ARP 操作（在软件定义访问内部）；

（2）单播有线到无线（在软件定义访问内部）；

（3）无线移动（在软件定义访问内部）；

（4）单播到外部网络（在软件定义访问和外部网络之间）；

（5）网络交换矩阵多播（在叠加网络中）；

（6）本地多播（在底层网络中）；

（7）广播支持（在软件定义访问内部）。

我们将研究为什么每个情境中数据报文转发的流程与软件定义访问网络交换矩阵的情境是相关的，以及在整体网络交换矩阵的操作和使用中，这些数据报文转发的显著特征。

4.1 ARP 操作

软件定义访问网络交换矩阵提供了许多优化来改善单播业务流，并减少不必要的数据泛洪。第一个优化是 ARP 抑制。虽然传统的 ARP 泛洪对于部署在传统企业网络中的小规模子网是可行的，但是这一过程在软件定义访问部署中会非常浪费带宽。

在软件定义访问中，在默认情况下，子网填充在所有网络交换矩阵的边缘节点上，并且这些子网中的终端可以驻留在网络交换矩阵中的任何地方（甚至在边缘节点之间漫游）。软件定义访问网络交换矩阵中的 ARP 操作已经针对这一情况设计成一个高效的过程。

在这种情况下，有线客户端（C1）已经连接到边缘节点（S1）的主机端口。它已经从 DHCP 获得了一个 IP 地址。该客户端希望与另一个客户端（C2）通信，客户端（C2）连接在同一个子网上，但位于不同的边缘节点（S2）上，请参考图 4-1。

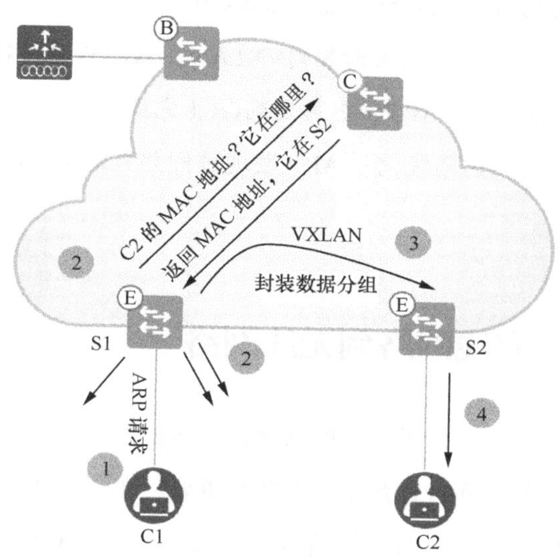

图 4–1　软件定义访问中的 ARP 操作

（1）客户端 C1 发出 ARP 请求，以发现与客户端 C2 的 IP 地址对应的 MAC 地址。

（2）边缘节点 S1 处理此 ARP 请求。

① S1将其泛洪到与发送ARP请求的客户端相同的VLAN中的本地端口。

② S1还向控制平面节点发送查询请求，以检查其是否已经有了与C2的IP地址对应的MAC地址信息。

③ 控制平面具有C2的MAC地址条目以及IP地址，并将MAC地址信息返回到S1。

④ S1之后向控制平面节点查询该MAC地址所在的位置。

⑤ 控制平面返回当前C2所在的远端交换机的IP地址（S2）。

⑥ S1将此信息缓存在其本地缓存当中（以便抑制对此客户端的后续查询）。

⑦ S1用客户端C2的MAC地址替换ARP请求中的广播地址。

（3）S1 将定向 ARP 请求封装在单播 VXLAN 中（使广播成为定向单播），目的地为 S2。S1基于情境应用特定策略（虚拟网络、可扩展组标签）并将VXLAN数据帧发送到S2。

（4）S2 从到达的数据分组中解封装 VXLAN 报头，并知道该数据分组的目的地是 C2（在本地）。

① S2将ARP请求转发到C2。

② 客户端C2查看到达的ARP数据分组，然后在ARP应答数据分组中以其MAC地址进行响应。

③ S2接收ARP应答数据分组，将其封装到VXLAN，然后转发到S1。

④ S1解封装VXLAN报头并将ARP应答转发到C1（完成ARP发现过程）。

通过这种方式，软件定义访问优化了 ARP 发现过程并且避免了网络交换矩阵中不必要的 ARP 广播泛洪。

4.2 单播流量——有线网络到无线网络

如前所述，有线和无线终端位于相同的软件定义访问网络交换矩阵中。在软件定义访问部署中，了解这些终端之间如何进行数据转发非常重要。在这种情况下，有线客户端（C1）连接到网络交换矩阵边缘节点 S1 的交换端口。 无线客户端（C2）则位于另一个子网中，其连接在无线接入点上，该无线接入点连接到网络交换矩阵边缘节点 S2 上。两个客户端的 MAC 地址和 IP 地址已经在网络交换矩阵控制平面节点上注册，请参考图 4-2。

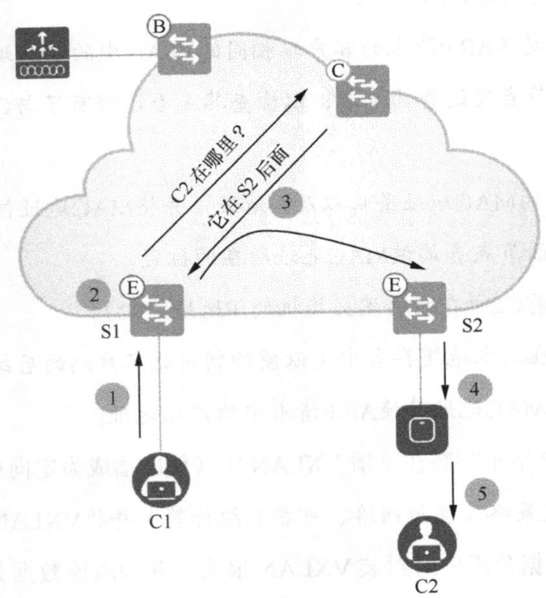

图 4-2 有线到无线单播

（1）当 C1 想要与 C2 通信时，它将发送一个 IP 数据分组，其默认网关 IP 地址作为数据分组中的目的地。

（2）S1 处理该数据分组并查询网络交换矩阵控制平面以解析客户端 C2 的位置。

（3）控制平面检查其主机数据库并返回 S2 的 IP 地址。

① S1缓存此信息（以便抑制对此客户端的后续查询）。

② S1基于情境应用特定策略（虚拟网络、可扩展组标签）并将VXLAN数据帧发送到S2。

（4）S2 接收数据分组并解封装 VXLAN 报头。

① S2检查C1发送给C2的底层网络数据分组，以找到C2（连接在无线接入点上）。

② S2基于情境应用特定的策略（虚拟网络、可扩展组标签）将数据分组重新封装在VXLAN中，并将其转发到无线接入点。

（5）无线接入点解封装 VXLAN 报头，并将报文转换为 802.11 格式。

无线接入点将数据分组（通过射频）转发到无线客户端。

> 注意：如果 C2 是有线客户端，则 S2 解封装 VXLAN 报头后，只需简单地将原始数据分组转发出 C2 连接的端口即可完成数据的转发。

4.3　单播流量到外部网络的转发

在外部网络中，始终存在需要在软件定义访问网络交换矩阵端点和位于网络交换矩阵外部的端点之间转发的流量。 这些流量将通过网络交换矩阵边界节点进行转发，下面介绍转发的方式。

在这种情况下，C1 连接到 S1。C1 希望与位于软件定义访问网络交换矩阵以外的数据中心或互联网上的主机（C2）（主机在网络交换矩阵外部）进行通信，请参考图 4-3。

（1）C1 将数据分组发送到 S1，S1 是 C1 的默认网关，S1 将数据分组发往外部 IP 地址 C2。

（2）S1 向控制平面节点查询目的地 IP 地址。

控制平面回复无法匹配，因为它无法在其数据库中找到匹配的条目。

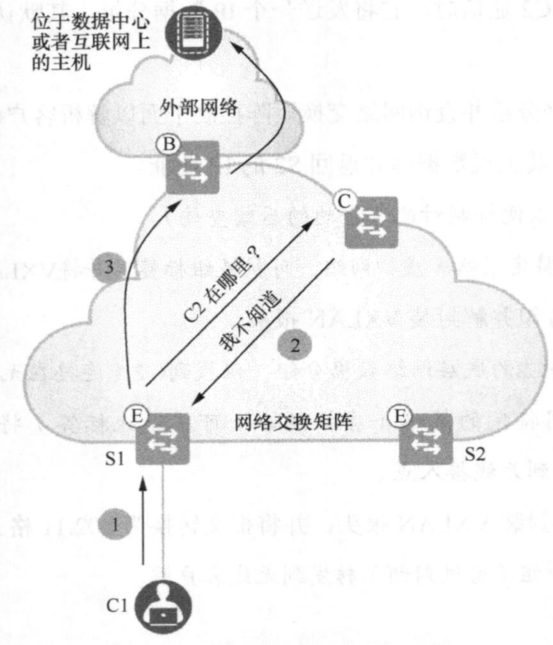

图 4-3 软件定义访问到外部网络

（3）然后 S1 使用情境策略（虚拟网络、S 可扩展组标签）将原始数据分组封装在 VXLAN 中，并将其转发到外部边界。

（4）外部边界解封装 VXLAN 报头并（通过路由泄露或外联网）对目标进行 IP 查找。

① 如果目标路由在全局路由表中，它会将数据分组转发到下一跳路由器。

② 如果目标路由是另一个VRF，它会添加相应的VRF信息并将数据分组转发到下一跳路由器。

4.4 多播流量在叠加网络上的转发

当今企业网络中的许多应用程序使用多播流量转发，同时将数据副本分发到多个不同的网络目的地。在软件定义访问网络交换矩阵部署中，可以通过两种方式（叠加网络或底层网络）之一对多播流量进行处理，具体形式取决于底层网络是否支持多播复制。

首先，在底层网络不支持多播复制的情况下，接收多播流量的第一个软件定义访问网络交换矩阵节点（也称为头端）必须将原始多播流量的多个单播副本复制到多播接收器所在的每个远程网络交换矩阵边缘节点（原始多播数据分组被封装到 VXLAN 单播数据分组中），这种方法称为头端多播复制。相同的过程适用于连接到软件定义访问网络交换矩阵的多播源，或多播源来自外部网络的情况。

在这种情况下，考虑客户端 C1 连接到边缘节点 S1。多播源（MS1）位于外部网络（边界节点外）。在这种情况下使用 PIM 稀疏模式操作，网络交换矩阵交会点（RP）位于边界节点上。在本示例中，在底层网络中没有配置多播，请参考图 4-4。

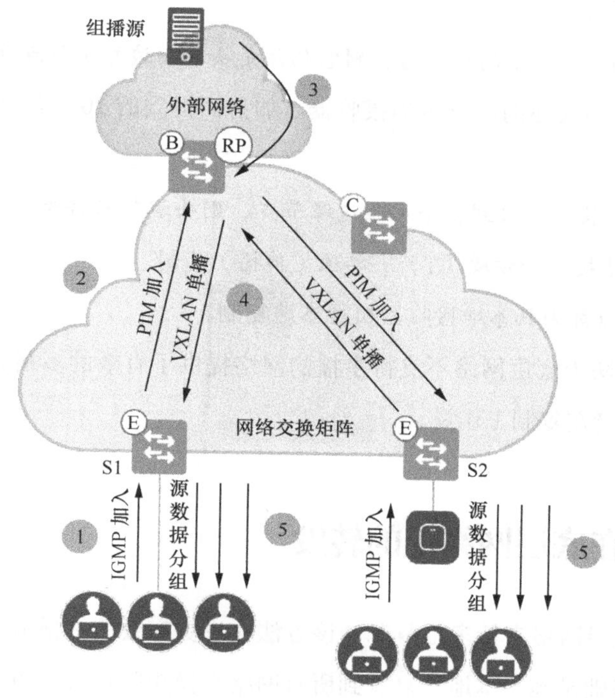

图 4-4 多播头端复制

（1）S1 处理来自 C1 的 IGMP 加入请求，用于多播组 225.1.1.1。

S1 在叠加网络（VXLAN 封装）中向网络交换矩阵交会点发送相应的（*，G）PIM 加入请求。

（2）网络交换矩阵交会点在其多播 FIB（MFIB）中创建（*，225.1.1.1）状态，其输出接口列表条目为 S1。

（3）多播源 MS1 开始发送目的地为 225.1.1.1 的数据，该数据在网络交换矩阵交会点中注册。

网络交换矩阵交会点在其 MFIB 中创建特定（MS1，225.1.1.1）状态，在接口列表中使用 S1。

（4）网络交换矩阵交会点将原始多播数据分组封装在 VXLAN 中。

① 在这种情况下，目标IP地址为S1（单播）。

② 然后将流量直接转发到S1。

（5）S1 接收并解封装 VXLAN 数据分组，并将原始数据分组转发到 C1［基于步骤（1）中的 IGMP 加入请求］。

① 如果S1上有10个此流量的接收器，则它仍然是头端（边界）节点复制的单个流。

S1 向对此多播组感兴趣的所有本地接收器（如前面提到的 10 个流量接收器）执行本地复制。

② 如果有多个接收器连接到多个远程边缘节点，则头端节点将为具有本地接收器的每个边缘节点［基于PIM连接，如步骤（1）］单独（单播）复制。

每个远程边缘节点都为其本地接收器执行本地复制。

头端多播复制方法为底层网络不支持多播的网络提供了有效的多播分发模型，缺点是增加了头端节点所需的潜在复制工作量。

4.5 多播流量在底层网络上的转发

另一个例子是底层网络支持多播复制。该方法允许更高效的多播流量处理，因为多播流量可以由底层网络基础设施“本地”复制到所有网络交换矩阵边缘节点（原始多播报文被封装到 VXLAN 多播报文中）。这显著减少了入口（头端）边缘节点的工作负载，并在网络中分担了多播复制负载。

考虑与上面相同的情况。客户端 C1 连接到边缘节点 S1。外部网络中有一个多播源（MS1）（边界节点之外）。使用 PIM 稀疏模式操作（也称为任意源多播 ASM），在这种情况下，网络交换矩阵交会点（RP）位于边界节点上，底层网络中还存在多播操作。思科软件定义访问仅在底层网络中支持源特定多播（SSM），请参考图 4-5。

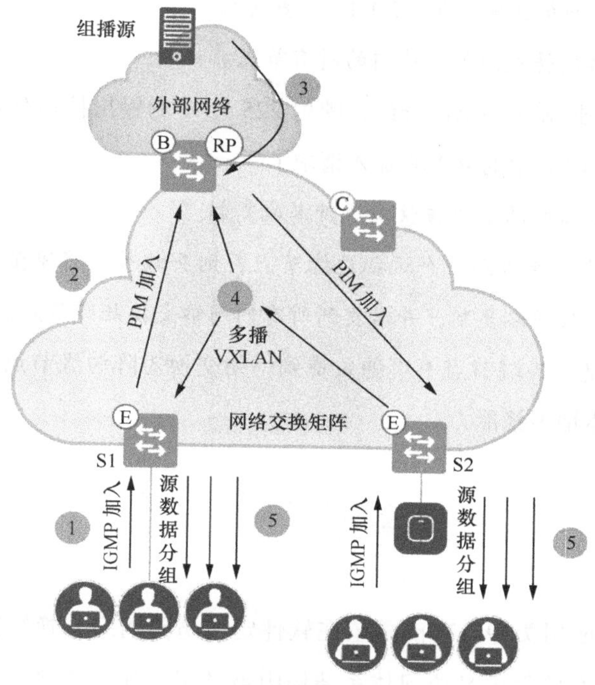

图 4–5 本地多播复制

（1）S1 处理来自 C1 的 IGMP 加入请求，用于多播组 225.1.1.1。

（2）S1 发送两个 PIM 加入请求。S1 首先在叠加网络中发送 ASM 加入请求到多播组（225.1.1.1）所在的网络交换矩阵交会点。

- RP在叠加网络中创建ASM组（225.1.1.1），并在底层网络中映射到SSM组（例如，232.1.1.1）。
- S1在底层网络中发送SSM加入请求，以加入映射组（232.1.1.1）。
- 所有希望加入225.1.1.1组的远程边缘节点也将在底层网络中加入这个底层组（232.1.1.1）。

（3）注册到网络交换矩阵交会点的多播源 MS1 开始发送多播流量数据到 225.1.1.1。

- 网络交换矩阵交会点创建一个特定的（MS1，225.1.1.1）状态条目，并将其映射到232.1.1.1。

（4）网络交换矩阵交会点封装原始多播分组到 VXLAN 数据分组中。

- 在这种情况下，目的IP地址是232.1.1.1（多播）。
- 流量在底层网络被转发到加入该组的所有节点。

（5）S1 接收和解封装 VXLAN 分组，映射 225.1.1.1 的输出接口列表，并将原始分组转发到 C1［（基于步骤（1）中的 IGMP 加入请求］。

- S1对所有加入多播组的本地接收端执行本地复制。
- 如果有多个接收端连接到多个远程边缘节点，则头端节点将流量复制到底层网络多播组。多播流量随后由底层网络复制，并转发到所有的网络交换矩阵节点。

这种模式的优点是，头端节点不单独负责到网络交换矩阵边缘节点的所有复制，而是依赖于传统底层网络的本地多播能力。

4.6 广播流量

对于某些业务和应用类型，可能希望在软件定义访问网络交换矩阵内启用广播转发。在默认情况下，广播在软件定义访问体系结构中被禁用。如果需要广播传播，则必须在每个子网的基础上特定地启用。启用后，一个专门的底层网络多播组与 VN 关联（基于每个子网），并且所有网络交换矩阵节点都将加入该多播组内，此功能需要在底层网络中支持多播。

当网络交换矩阵边缘节点接收到广播帧时，它就被封装在 VXLAN 中并通过底层网络多播组转发给所有远程边缘节点。然后，远程边缘节点将解封装 VXLAN，提取原始广播帧，再将其转发到对应子网中的所有本地交换端口。

4.7 集成无线局域网

无线移动性在软件定义访问网络交换矩阵本身的情境中处理，在无线控制器和网络交换矩阵控制平面节点之间处理无线终端移动性。下面简单介绍软件定义访问网络交换矩阵中的移动性是如何发生的。在这种情况下，考虑两个无线客户端（C1 和 C2）连接到同一网络交换矩阵边缘节点 S1 的不同无线接入点上（分别为 AP1 和 AP2），假设两个客户端之间已经存在通信过程，请参考图 4-6。

（1）在 S1 上，C1 从 AP2 漫游到 AP1。

由于这是在同一边缘节点内漫游，因此，无须在网络交换矩阵中产生额外的信令交互。

（2）使用 AP1 发送的二层数据帧更新 S1 上的 MAC 地址表。

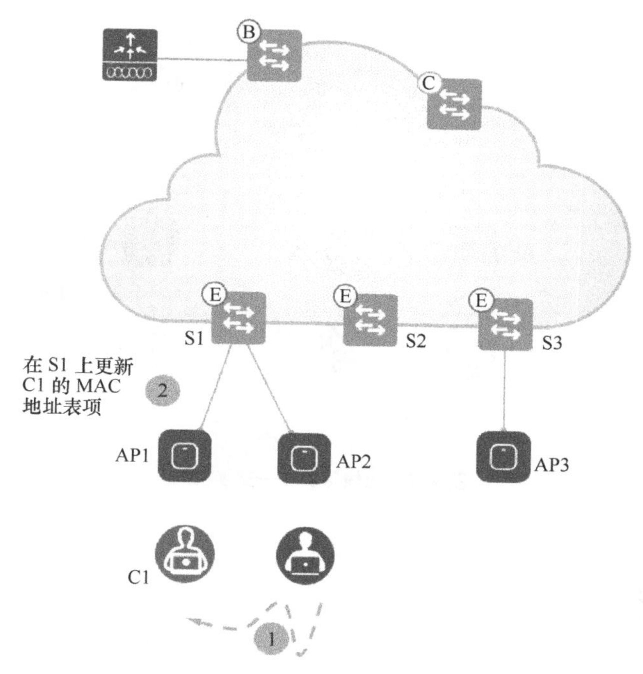

图 4-6　无线移动——交换机内

对于交换机间的漫游请参考图 4-7。

（1）现在客户端 C2 从 S1 上的 AP2 漫游到 S3 上的 AP3。

网络交换矩阵模式的无线接入点和无线控制器首先处理客户端漫游。

（2）无线控制器通知网络交换矩阵控制平面节点，无线客户端的新位置在 AP3 上。

然后，网络交换矩阵控制平面使用无线客户端新的位置信息更新其数据库。

（3）控制平面将 C2 的新位置信息更新到新的边缘节点、旧的边缘节点和边界节点。

（4）C1 和 C2 之间的通信继续进行。

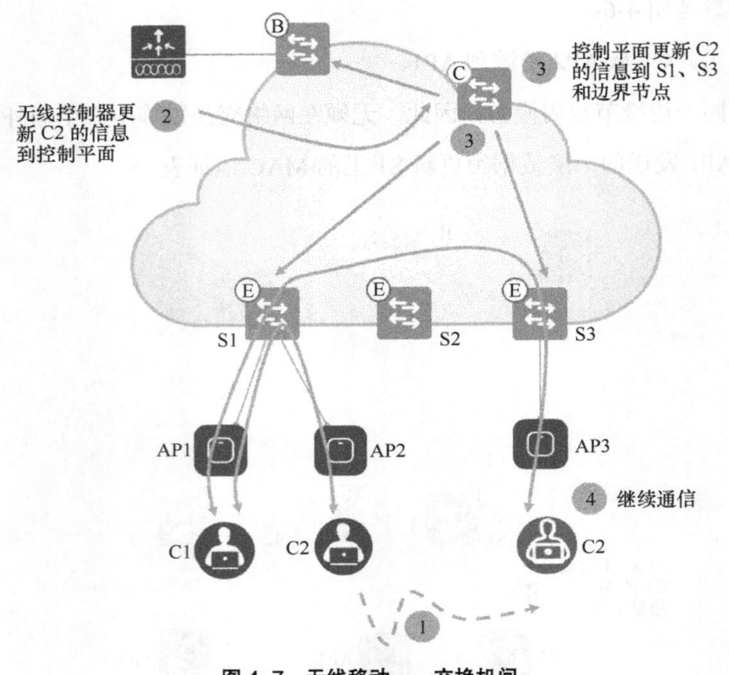

图 4–7　无线移动——交换机间

4.8　扩展节点

扩展节点主机与外部的通信如图 4-8 所示。

（1）主机 1 想要与外部通信，连接在扩展节点的主机 1 将流量发送到网络交换矩阵边缘节点，因为该边缘节点上存在默认的网关。

（2）边缘节点向控制平面节点咨询发送流量的位置。

（3）流量到达目的地，在本示例中流量被发送到边界节点。

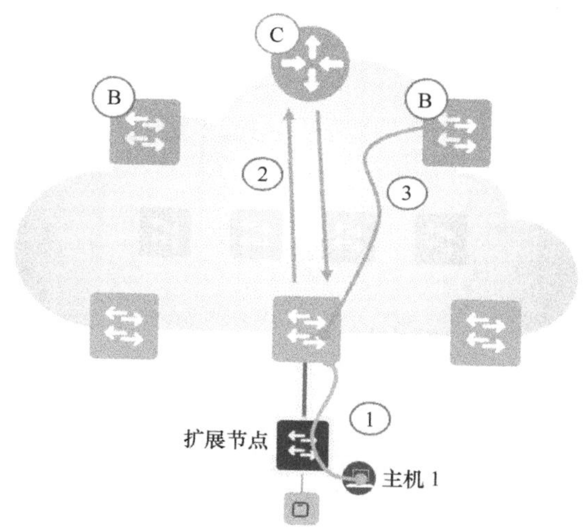

图 4-8　扩展节点主机与外部通信

扩展节点主机之间的通信如图 4-9 所示。

（1）主机 1 想要与主机 2 通信。连接在扩展节点的主机 1 将流量发送到网络交换矩阵边缘节点，因为该边缘节点上存在默认网关。

（2）边缘节点向控制平面节点咨询发送流量的位置。

（3）流量被发送到另一个连接了扩展节点的边缘节点。

（4）接收流量的边缘节点将流量转发到连接在扩展节点上的主机 2。

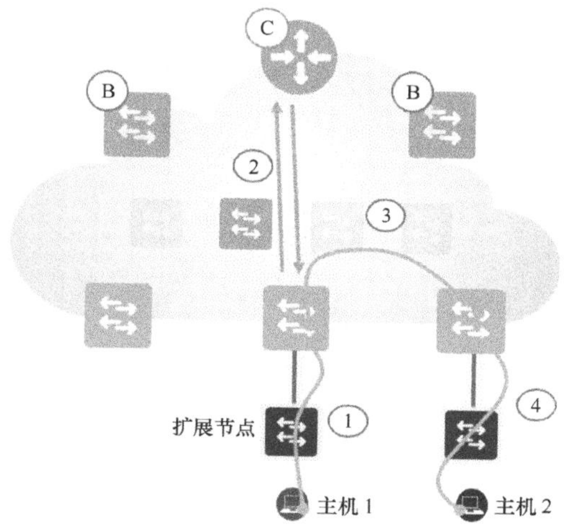

图 4-9　扩展节点主机之间的通信

第5章

网络交换矩阵部署模型

软件定义访问网络交换矩阵存在多个部署选项。在本章中，我们将探讨两种可用的选项。

（1）单站点网络交换矩阵：单一的网络交换矩阵只包含单个站点。

（2）多站点网络交换矩阵：跨多个站点实现单一的网络交换矩阵。

5.1 单站点网络交换矩阵

“站点”是网络交换矩阵的一部分，它有自己的控制平面节点、边界节点和边缘节点。单个站点网络交换矩阵的主要特征：

（1）给定的 IP 子网是单一网络交换矩阵站点的一部分；

（2）二层扩展仅在网络交换矩阵内；

（3）二层 / 三层移动性仅在网络交换矩阵内；

（4）在网络交换矩阵中不需要情境转换。

从连接角度看，单站点网络交换矩阵原则上与其他网络交换矩阵站点各自为政。图 5-1 所示为一个单站点网络交换矩阵。

许多软件定义访问部署在与单站点结构相关联的范围。但是，另外一些网络交换矩阵的部署可能需要扩展到更大的（或更小的）规模。

对于给定的网络交换矩阵站点可以具有不同的扩展特性：

（1）大规模网络交换矩阵站点：众多的横向水平扩展设备；

（2）单台设备支持整个网络交换矩阵站点：所有的网络交换矩阵功能都位于单个设备（站点）上。

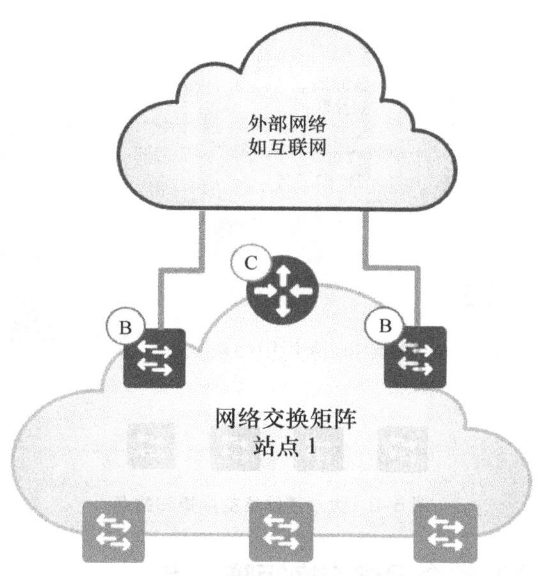

图 5-1　单站点网络交换矩阵

5.1.1　大规模网络交换矩阵站点

网络交换矩阵站点受到它可以提供的扩展性的限制，特别是从可以连接多少终端的角度来看，终端扩展性规模取决于网络交换矩阵控制平面的类型以及其他因素，如思科 DNA 中心自身和边界节点平台的选择。例如，作为控制平面节点的 CSR 路由器可以支持 20 万个 IPv4 终端，这是每个站点允许支持终端的最大数目。

大规模网络交换矩阵站点扩展了单个站点网络交换矩阵，因此，可以支持更多数量的终端。这是通过在网络交换矩阵内部的一组控制平面节点和边界节点上的分布子网实现的。通过这种方式，可以实现非常大规模的组网。图 5-2 描述了一个大规模网络交换矩阵站点。

在大规模网络交换矩阵站点的设计中，网络交换矩阵横向水平扩展，多个 IP 地址池分布在多个控制平面节点和边界节点上（如图 5-2 所示）。无线控制器也得到了增强以支持这种水平扩展设计，并且允许单个无线控制器与负责网络交换矩阵中不同 IP 地址池的多个控制平面节点之间进行通信。为了实现网络交换矩阵中无线网络的扩展性，可以在同一站点的网络交换矩阵中添加多台无线控制器，并配置在同一移动组中，以实现无缝漫游。

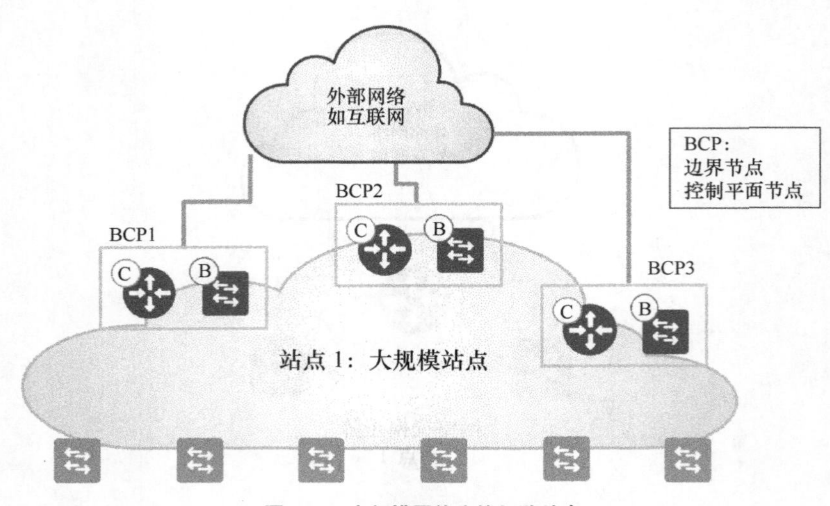

图 5-2　大规模网络交换矩阵站点

5.1.2　单台设备支持的整个网络交换矩阵站点

单台设备支持的整个网络交换矩阵站点允许边界节点、边缘节点和控制平面节点的功能在同一设备上运行。因此，一个小规模部署的站点也可以获得网络交换矩阵的益处，同时仍然保持本地的弹性和故障转移机制。图 5-3 所示为单台设备支持的整个网络交换矩阵站点。

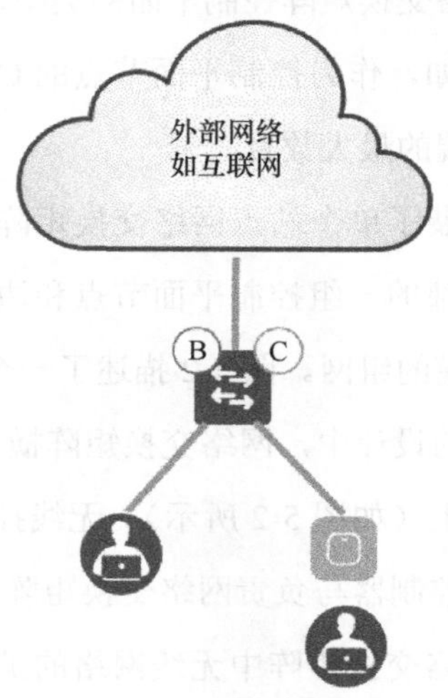

图 5-3　单台设备支持的整个网络交换矩阵站点

5.2　多站点网络交换矩阵

软件定义访问网络交换矩阵可以由多个站点组成，每个站点可能需要不同的规模扩展、弹性和生存能力。所有站点的聚合（网络交换矩阵）还必须能够容纳大量的终端，通过聚合站点实现横向水平扩展的同时在每个站点中保持本地状态。

与单站点网络交换矩阵相对应的多站点网络交换矩阵将由中转过渡网络区域（Transit Network Area）互联。中转过渡网络区域可以定义为具有自己的控制平面节点和边界节点，但没有边缘节点的网络交换矩阵的一部分。此外，中转过渡网络区域至少与它互联的每个站点网络交换矩阵共享一个边界节点。图 5-4 所示为多站点网络交换矩阵。

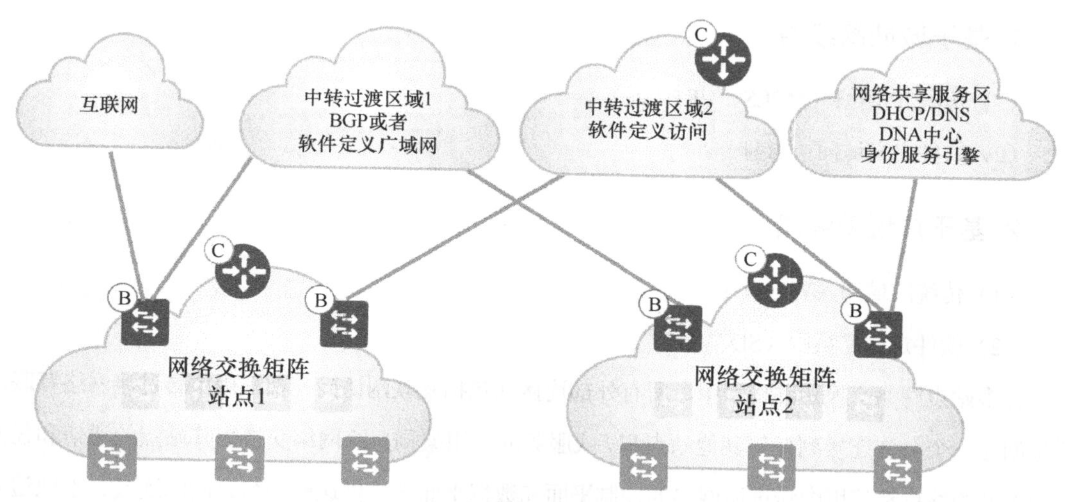

图 5-4　多站点网络交换矩阵

对于最常见的基于城域网线路的多站点网络交换矩阵（如图 5-5 所示），思科软件定义访问 1.0 版本和 1.1 版本中，支持采用 VRF-Lite 和 MPLS 两种方式构建中转过渡区域。软件定义访问 1.2 版本中，支持采用软件定义访问方式构建中转过渡区域。

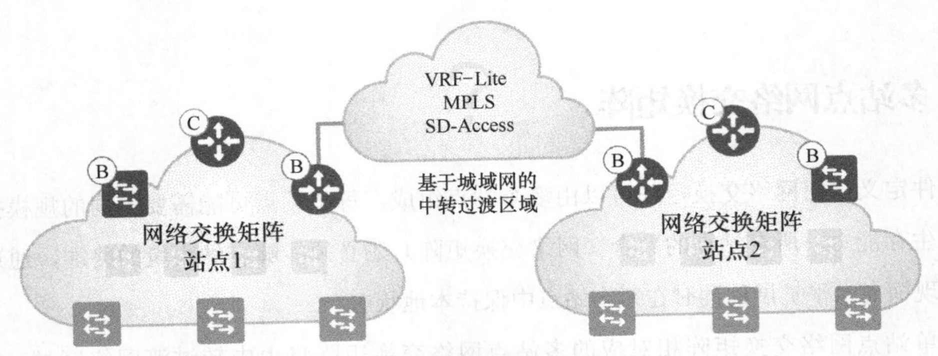

图 5-5　分布式多站点网络交换矩阵的构建

5.2.1　中转过渡网络区域的作用

一般而言，中转过渡网络区域是用来连接外部网络的。外部连接有以下几种方法。

1. 基于城域网线路

（1）传统 IP 网络（MPLS、VRF-Lite）；

（2）软件定义访问（自身）。

2. 基于广域网线路

（1）传统广域网（WAN）；

（2）软件定义广域网（SD-WAN）。

在多站点网络交换矩阵模型中，所有外部连接（包括互联网访问）都采用中转过渡网络互联，这将创建一个允许连接到任何其他站点和 / 或服务的通用架构。跨网络交换矩阵站点的通信和任何其他类型的站点都使用中转过渡网络的控制平面和数据平面来提供这些网络之间的连接。本地边界节点是网络交换矩阵站点的切换点，通信过程通过中转过渡网络传递到其他站点。中转过渡网络还可以提供其他功能。例如，如果中转过渡网络是广域网，则它也提供基于性能的路由等功能。

为了提供端到端的策略和网络分段，中转过渡网络应该具备在网络中携带终端情境信息（虚拟路由转发、可扩展组标签）的能力，否则，将需要在目标站点边界上重新对流量进行分类。

5.2.2　网络交换矩阵控制平面

网络交换矩阵站点中的本地控制平面将仅保持与本地站点内的边缘节点连接的终端的相

关状态。本地终端将由本地边缘设备注册到本地控制平面。任何未显式地注册到本地控制平面的终端都将被假定为通过中转过渡区域的边界节点连接可达。

对于附着在其他网络交换矩阵站点中的终端（边界节点没有从中转过渡区域中获得注册信息），网络交换矩阵站点的本地控制平面不应为其保留状态，这使得本地控制平面独立于其他网络交换矩阵站点，从而提高了解决方案的总体可扩展性。

采用 VRF-Lite 互联分布式网络交换矩阵如图 5-6 所示。

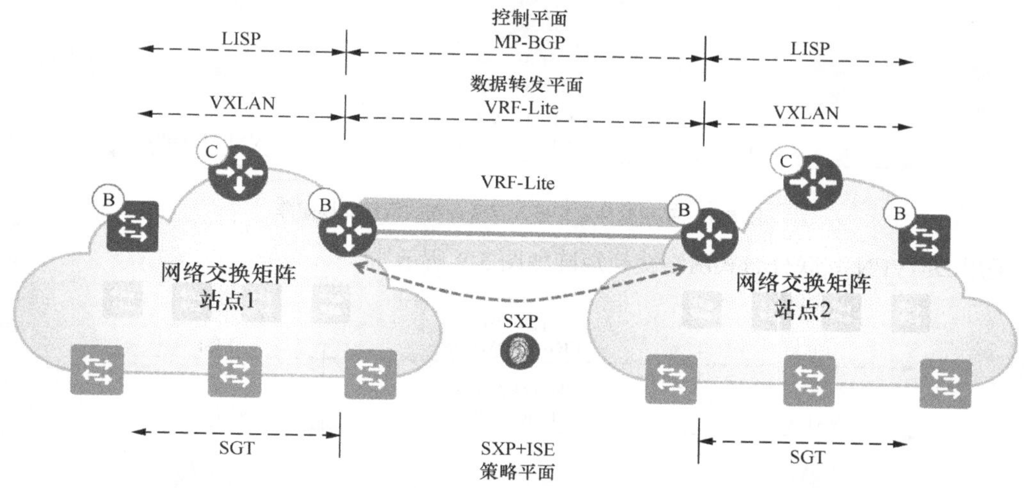

图 5-6　采用 VRF-Lite 互联分布式网络交换矩阵

采用 MPLS 互联分布式网络交换矩阵如图 5-7 所示。

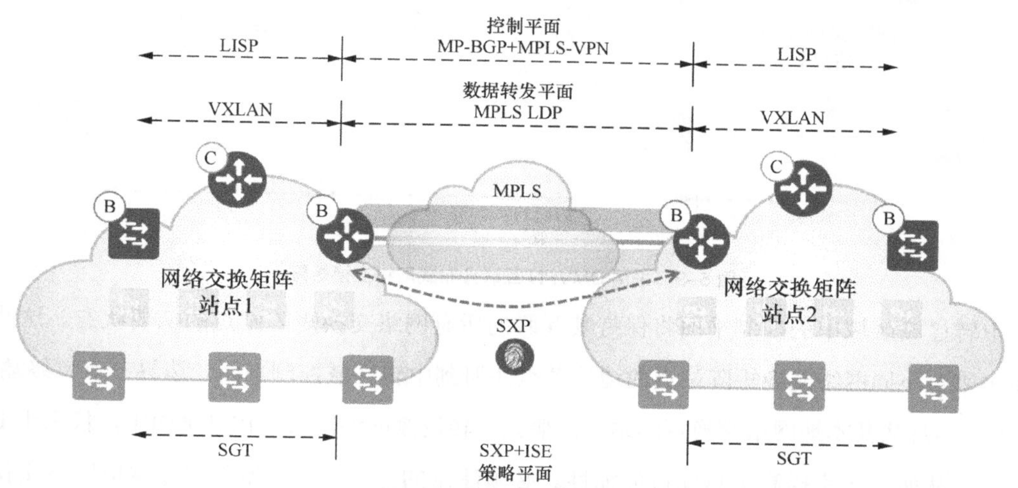

图 5-7　采用 MPLS 互联分布式网络交换矩阵

采用软件定义接入互联分布式网络交换矩阵如图 5-8 所示。

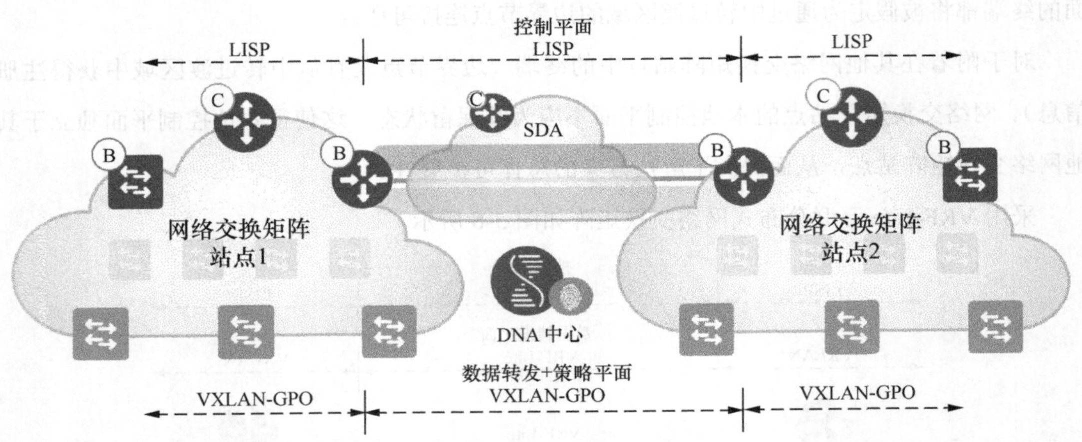

图 5–8　采用软件定义接入互联分布式网络交换矩阵

采用 DMVPN 互联分布式网络交换矩阵如图 5-9 所示。

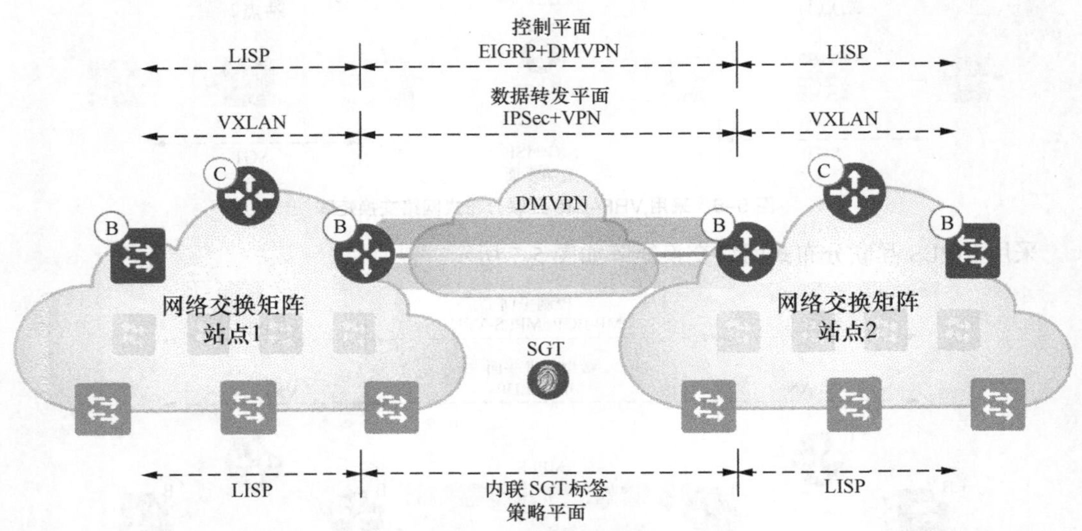

图 5–9　采用 DMVPN 互联分布式网络交换矩阵

中转过渡区域中的控制平面将保持其互联的所有网络交换矩阵站点的摘要状态。这些信息将由来自不同网络交换矩阵站点的边界节点注册到中转区域控制平面。边界节点将终端 ID（EID）信息从其本地网络交换矩阵站点注册到中转过渡网络区域的控制平面中，仅用于 EID 的摘要，从而进一步提高了总体可伸缩性。必须注意的是，终端漫游仅限在本地网络交换矩阵站点内，而不是跨站点进行。

5.2.3 如何创建多站点网络交换矩阵

通常，当用户拥有许多小型分支时，面临的最大挑战是如何管理这些站点。为每个站点创建单独的网络交换矩阵域是一项烦琐的任务。多站点网络交换矩阵的创建分三步。

1. 创建中转过渡网络

中转过渡网络的创建取决于其类型：

（1）通过启用中转过渡网络的网络交换矩阵控制平面节点，可创建软件定义访问中转过渡网络；

（2）SD-WAN 中转过渡网络使用 SD-WAN 协议创建；

（3）基于传统 IP 的中转过渡网络使用传统的路由协议（如 BGP）创建。

2. 创建各个网络交换矩阵站点

创建各个网络交换矩阵站点涉及以下步骤（如前所述）：

（1）为此站点添加控制平面节点；

（2）将边界节点添加到此站点；

（3）将边缘节点添加到此站点。

3. 将本地网络交换矩阵站点连接到中转过渡网络

使用本地边界节点连接网络交换矩阵站点。

5.2.4 多站点网络交换矩阵部署无线网络

基于网络交换矩阵的无线网络也是多站点网络交换矩阵设计的组成部分。每个本地网络交换矩阵站点都有自己专有的无线控制器，负责管理该站点上的无线网络基础设施。由于多站点设计中没有跨站点的二层移动性要求，因此，无须将每个站点的无线控制器都配置到同一移动组中。因此，跨站点不支持无缝漫游。

5.3 IoT 部署模型

如前所述，软件定义访问支持特定的二层连接的交换机，称为软件定义访问扩展节点，用来连接工业终端（如图 5-10 所示）。多个软件定义访问扩展节点可以直接或间接连接到网络交换矩阵的边缘节点，它们可以采用下列方式之一连接到网络交换矩阵：

（1）通过点对点链接连接到边缘节点；

（2）通过 STP 或 REP 环路连接到边缘节点。

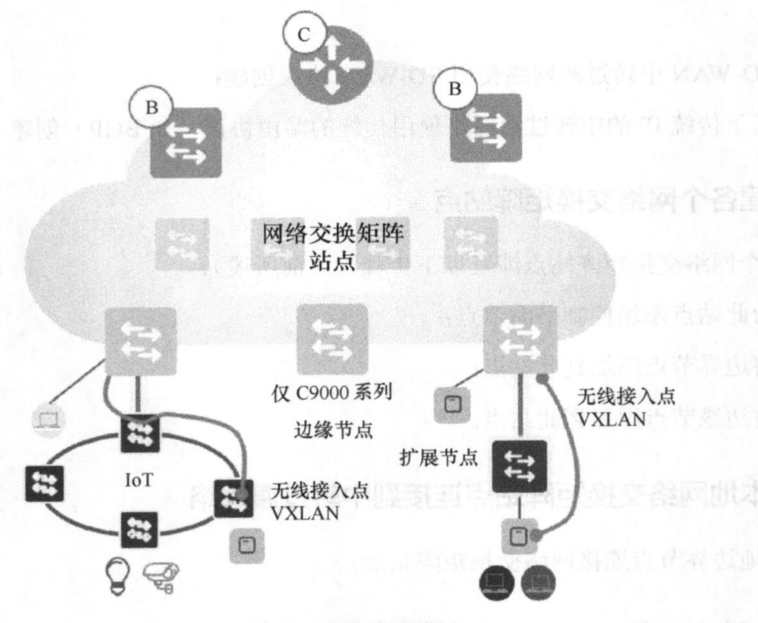

图 5-10　IoT 部署模型

基于 STP 或 REP 的环路部署对于 IoT 的部署非常重要，因为各种类型的大量传感器连接在扩展节点的端口上。扩展节点负责将所有传感器终端连接到其端口，但仅由边缘节点应用策略。这意味着无论是直接连接到同一扩展节点的终端之间，还是连接在环路上不同扩展节点的终端之间的通信不能强制执行策略。因此，网络交换矩阵边缘节点对于扩展节点的支持使物联网设备也能够利用包括二层扩展和网络分段在内的网络交换矩阵所具备的优点。

第6章

网络交换矩阵与外部网络的互联互通

显然，软件定义访问网络交换矩阵需要连接到外部网络。外部网络的连接存在众多选项，具体采用的方式取决于特定的环境。一些常见的外部网络连接的例子包括：

（1）连接到其他园区网络；

（2）连接到分支办公室（通过广域网）；

（3）连接到数据中心；

（4）连接到公有云。

对于这些外部连接选项，我们将描述如何将软件定义访问策略元素（虚拟网络和可扩展组策略）扩展到远程站点的解决方案。

6.1 广域网互联

让我们从与广域网的连接开始讨论。当前共有以下 4 个主要选项：

（1）通过软件定义访问（LISP/VXLAN）；

（2）通过软件定义广域网（SD-WAN）；

（3）通过 MPLS-VPN；

（4）通过 DMVPN 上的 VRF。

如前所述，需要考虑 3 个体系架构方面的问题：

（1）控制平面（路由 / 信令协议）；

（2）数据转发平面（封装）；

（3）策略平面（基于情境的终端策略）。

6.1.1　通过软件定义访问 LISP/VXLAN 连接

如前所述，在软件定义访问多站点部署模型中，可以通过支持 IP 路由的任何传输网络（广域网或城域网）在同一 VXLAN 封装和 LISP 控制平面内扩展虚拟网络和可扩展组标签策略。在此设计模型中，软件定义访问边界节点可以同时作为边界节点和广域网边界提供服务（如图 6-1 所示）。

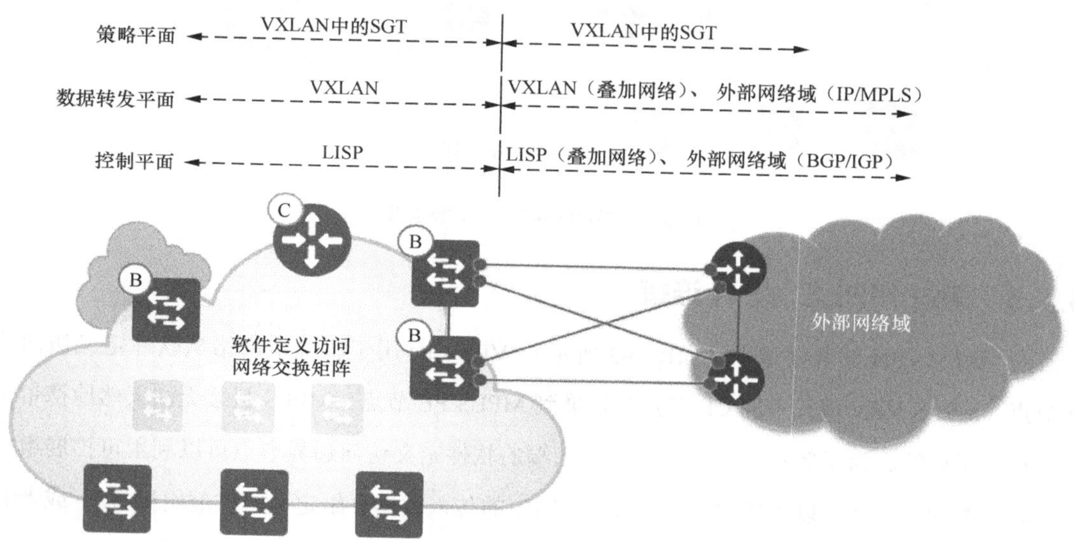

图 6–1　采用软件定义访问与广域网互联

6.1.2　通过软件定义广域网（SD–WAN）连接

软件定义广域网（如图 6-2 所示）是广域网环境中的长期首选设计模型，包括利用其扩展软件定义访问域。软件定义访问多站点解决方案为网络设计者提供了将软件定义访问域扩展到一个或多个接近地理位置的附加选项，特别是对于城域以太网环境。

在 SD-WAN 部署模型中，VRF-Lite 用于将虚拟网络从软件定义访问边界节点扩展到软件定义广域网边缘路由器。SD-WAN 封装可能无法传输可扩展组标签 ID。为了解决这一问题，位于远端的软件定义访问边界节点可以利用可扩展组标签重新分类的方法（可以为接口 / 子接口或子网中的传入数据分组定义可扩展组标签），或者利用 SXP 在软件定义访问域之间配置可扩展组标签（但需要附加配置和注意可扩展性事项）。

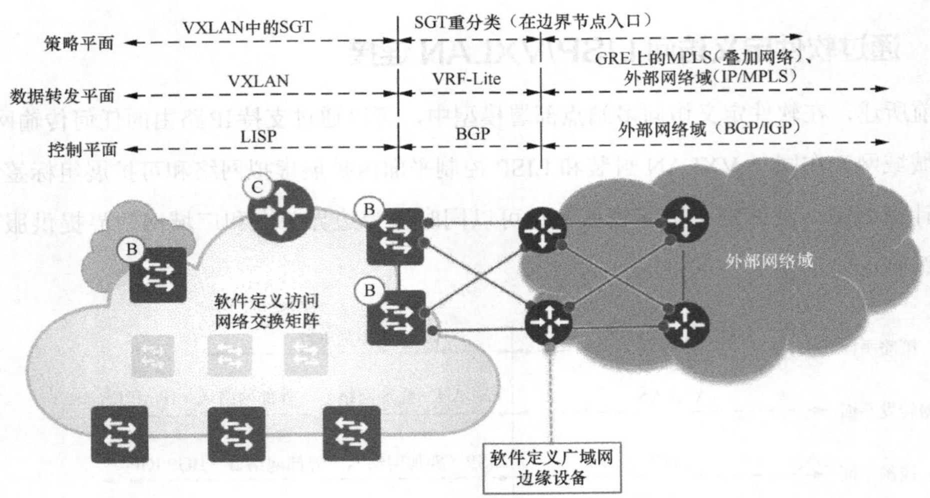

图 6-2　采用软件定义广域网互联

6.1.3　通过 MPLS VPN 连接

在 MPLS VPN 部署模型中（如图 6-3 所示），VRF-Lite 用于将虚拟网络从软件定义访问边界节点（MPLS-VPN 模式中的 CE 节点）扩展到 MPLS PE 节点。MPLS 封装无法天然地携带传输可扩展组标签。为了解决这一问题，位于远端的软件定义访问边界节点可以利用可扩展组标签重新分类的方法（可以为接口 / 子接口或子网中的传入数据分组定义可扩展组标签），或者利用 SXP 在软件定义访问域之间配置可扩展组标签（但需要附加配置和注意可扩展性事项）。

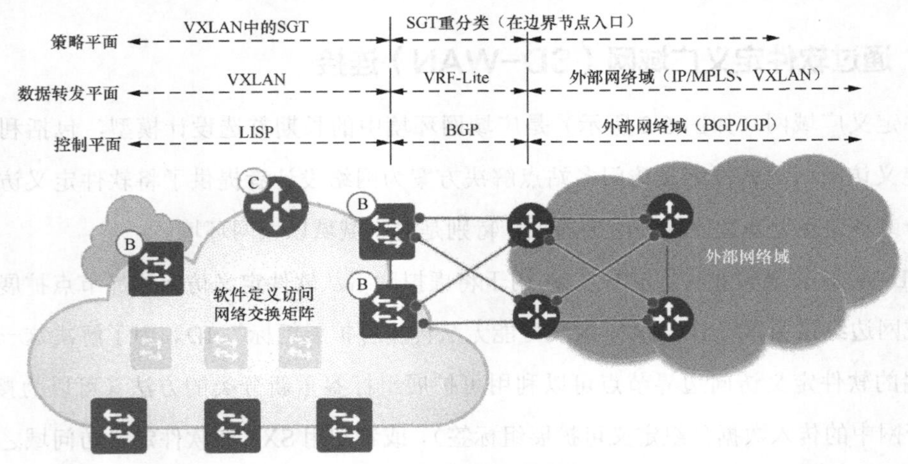

图 6-3　采用 MPLS VPN 互联

6.1.4 通过 DMVPN 上的 VRF-Lite 连接

在动态多点 VPN（DMVPN）部署模型中（如图 6-4 所示），VRF-Lite 用于将虚拟网络从软件定义访问边界节点扩展到 DMVPN 边缘路由器。DMVPN mGRE 封装可以在广域网链路上携带可扩展组标签。这提供了一个更简单的解决方案，因而无须可扩展组标签重新分类的方法或 SXP 的介入。

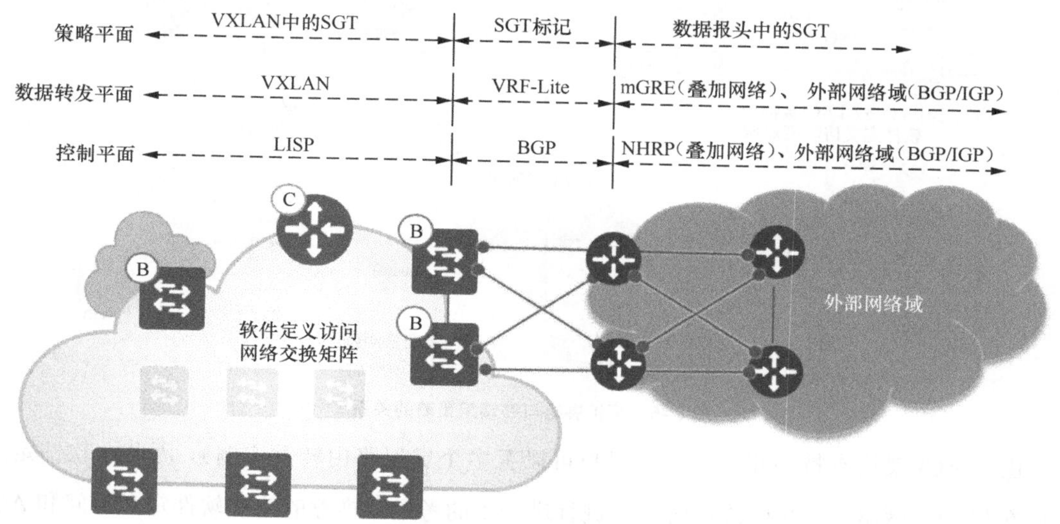

图 6-4　采用 DMVPN 上的 VRF-Lite 互联

6.2 与数据中心互联

对于数据中心互联，本书侧重于软件定义访问与以思科应用为中心的基础架构（ACI）之间的互操作性。ACI 是思科数据中心体系架构，具备集中的自动化和应用程序策略驱动的特性。思科 ACI 使用终端组（EPG）作为在 ACI 网络交换矩阵中定义策略的主要构造元素。EPG 在 ACI 网络交换矩阵中识别应用程序工作负载。

从思科身份服务引擎（ISE）2.1 版本开始，提供了可扩展组和终端组的转换能力。思科 ISE 将共享用户选择的 SGT 和 ACI，以及可以从 ACI 读取 EPG。 SGT 的共享采取将 SGT 名称作为 EPG 名称写入 ACI 网络交换矩阵的形式，并利用它们构建用于外部连接的策略（在 ACI 中称为三层出口——Layer3 Out）。然后，ACI 可以为互相关联的软件定义访问 SGT 和 ACI EPG 提供其所有策略服务。 与上述类似，ISE 读取 EPG 并将其分享给 pxGrid 生态系统的合作伙伴，其中包括管理软件定义访问网络交换矩阵的 DNA 中心，使软件定义访问可以在网络交换矩阵中构建和实施基于用户 / 设备和应用程序的策略。可扩展组与终端组策略的关系如图 6-5 所示。

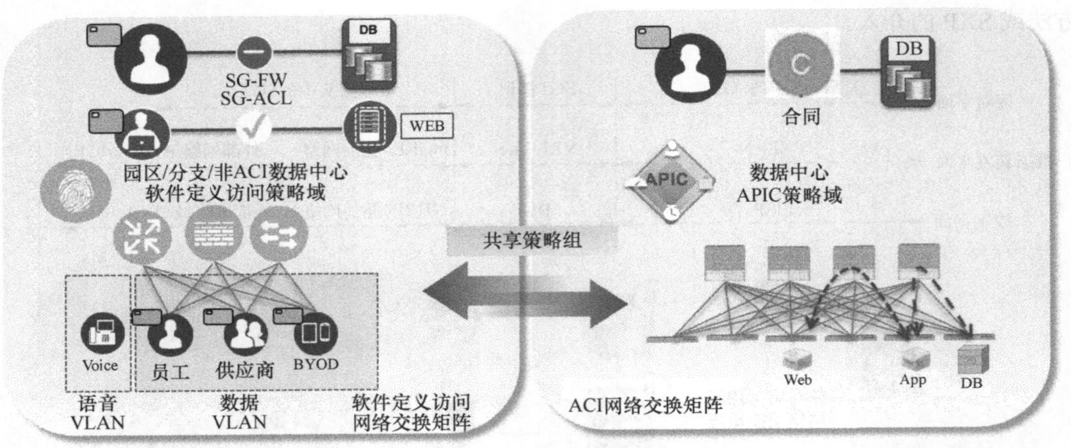

图 6-5　可扩展组与终端组策略的关系

由于 ACI 架构支持多租户（每个租户可以有多个虚拟路由转发实例），因此，软件定义访问在与 ACI 网络交换矩阵连接时需要进行进一步的考虑。推荐的连接软件定义访问和 ACI 网络交换矩阵的方法是在所有租户中使用共享服务 VRF，为它们提供一个公共的三层外部连接。ISE 将所有可扩展组标签写入此共享 VRF（如图 6-6 所示）并应用于所有租户策略。

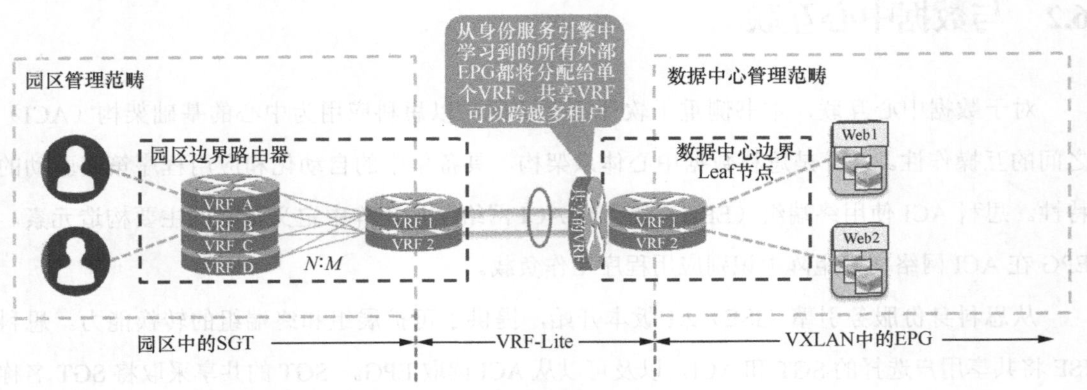

图 6-6　软件定义访问和 ACI 之间的共享 VRF

软件定义访问和 ACI 集成的另一个好处是，可以与其他 IT 安全伙伴通过 pxGrid 生态系统（如图 6-7 所示）共享来自 ACI 的 IP/SGT 信息，这允许对用户 / 设备和应用程序进行规范化的标识，以便在遥感遥测中表示，并将其应用于合作伙伴系统（如思科 StealthWatch），以及将其作为构建安全策略的元素应用于诸如思科 Web 安全装置（WSA）和思科 Firepower 下一代防火墙中。

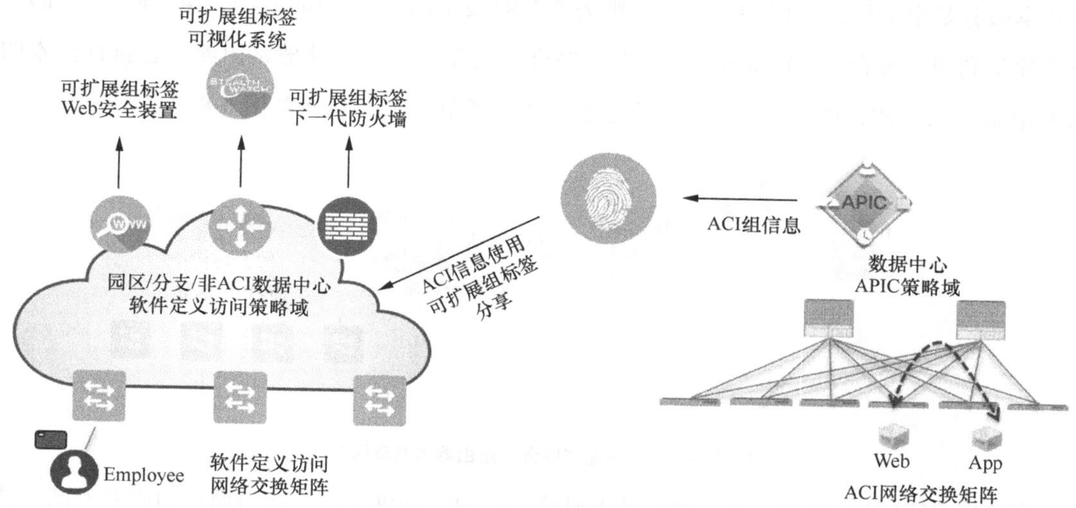

图 6-7　通过 pxGrid 共享可扩展组标识

6.3　与网络服务的互联

在所有网络部署中，每个终端都需要一组通用的资源来实现联网，下面是常见的示例：

（1）身份服务（如 AAA/RADIUS）；

（2）域名服务（DNS）；

（3）动态主机配置协议（DHCP）；

（4）IP 地址管理（IPAM）；

（5）监视工具（如 SNMP）；

（6）数据收集器（如 NetFlow、Syslog 日志）；

（7）其他网络基础架构元素。

这些共享服务通常驻留在软件定义访问网络交换矩阵之外。这些公共资源通常称为共享服务。在大多数情况下，共享服务驻留在现有网络的全局路由表中（并且不在单独的VRF中）。

如前所述，软件定义访问网络交换矩阵的客户端在叠加的虚拟网络中运行。因此，如果共享服务是全局路由空间的一部分，则需要VRF之间实现路由的方法。跨VRF路由的一个选项是利用“融合”（Fusion）路由器。融合路由器只是一个外部路由器，它执行基本的VRF泄露（VRF路由的导入/导出）以便将VRF融合在一起，请参阅图6-8。

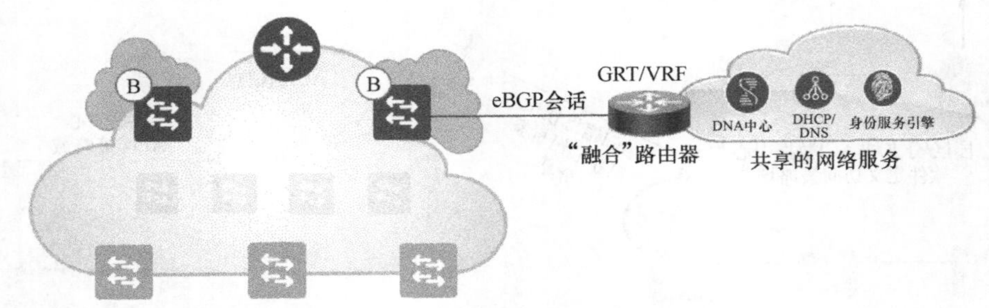

图6–8 使用外部“融合”路由器的共享服务

多协议BGP是此路由交换选择的路由协议，因为它提供了防止路由循环的固有方法（使用AS_PATH属性），也可以使用其他路由协议，但需要配置复杂的分发列表和前缀列表来防止路由循环。“融合”路由器的设计需要注意以下事项。

1. 共享服务位于全局路由表中

（1）使用全局路由表，网络交换矩阵边界节点与“融合”路由器形成eBGP路由邻接。

（2）在边界节点上，在每个VRF（BGP地址族）中形成相同的路由邻接。

（3）在“融合”路由器上，软件定义访问虚拟网络之间的路由将与外部网络的全局路由表融合。

2. 共享服务位于单独的VRF中

在每个BGP地址族之间，在边界节点和“融合”路由器之间形成单独的路由邻接。

当然，采用“融合”路由器的方法实现多个虚拟网络之间的通信也具有下面四个挑战。

（1）路由复制。路由条目从一个 VRF 泄露到另一个 VRF 需要在硬件表项中被编程，从而产生更大的 TCAM 利用率。

（2）多接触点。必须在多点手动配置（在任何需要实现路由泄露的地方）进行。

（3）丢失可扩展组标签。跨越 VRF 时可扩展组标签无法保持，流量进入其他 VRF 后必须被重新分类。

（4）产生不必要的流量。需要将流量路由到“融合”路由器，然后再返回到网络交换矩阵边界节点。

6.4　外联网

软件定义访问外联网提供了一种灵活的、可扩展的方法来实现虚拟网络之间的通信。这种方法与上述采用“融合”路由器的方法相比具备下列优势。

（1）避免路由复制。在网络交换矩阵控制平面中对虚拟网络进行查找，避免在硬件中产生重复路由项的情况。

（2）单接触点。DNA 中心将自动进行虚拟网络的查找，使其成为单一的管理点。

（3）保持可扩展组标签。因为是在控制平面节点上（通过软件）进行虚拟网络的查找，所以扩展组标签不受影响。

（4）流量路径优化。虚拟网络之间的转发发生在网络交换矩阵边缘节点之间，所以流量无须发送到边界节点。

其他的附加优点是，根据需求，可以为所需的常用资源（共享服务、互联网和数据中心等）分别构建一个单独的虚拟网络。

软件定义访问外联网（如图 6-9 所示）的一个重要概念是将服务提供虚拟网络和服务订阅虚拟网络分离。服务提供虚拟网络包括通用的共享服务（其他虚拟网络需要）；服务订阅虚拟网络是客户端（需要网络服务）所在的位置。

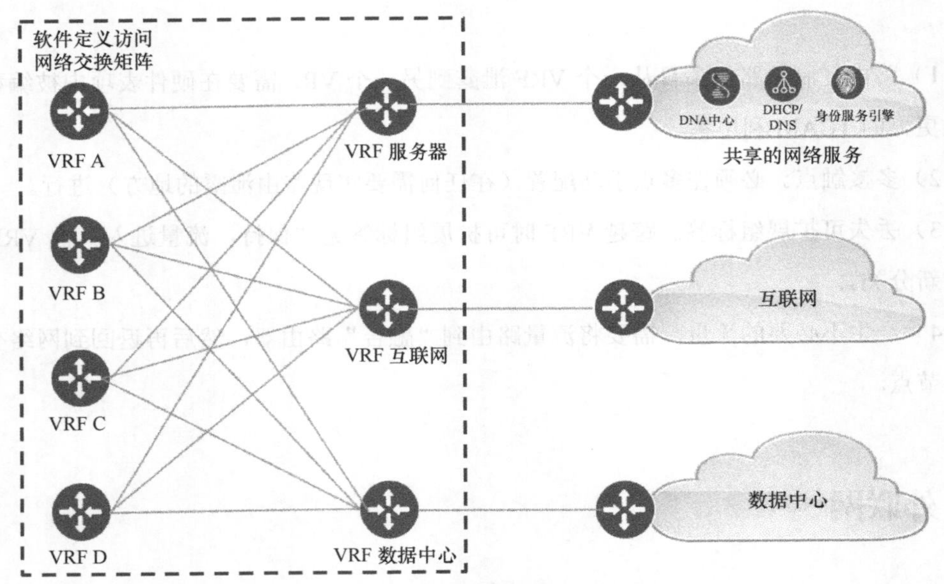

图 6-9 软件定义访问外联网虚拟网络设计

要了解如何使用服务提供虚拟网络和服务订阅虚拟网络，请参考下面的说明（如图 6-10 所示）。VRF RED 是一个服务提供虚拟网络，VRF BLUE 和 VRF GREEN 是服务订阅虚拟网络。

（1）主机 C1 连接到 S1，属于 VRF BLUE。

（2）主机 C2 连接到 S3，属于 VRF GREEN。

（3）DHCP 服务器连接到 S2，属于 VRF RED。

（4）控制平面节点在其数据库中注册终端项。

（5）虚拟网络之间的策略规定：

① VRF BLUE和VRF GREEN可以访问 VRF RED的资源；

② VRF BLUE和VRF GREEN无法访问彼此的资源。

（6）客户端 C1 现在要访问 DHCP 服务器。

（7）S1 接收数据分组并将查询请求发送到控制平面节点。

① 控制平面节点在其数据库中查找DHCP服务器表项，在VRF BLUE中没有找到该条目。

② 根据外联网策略，指示检查VRF RED的条目。

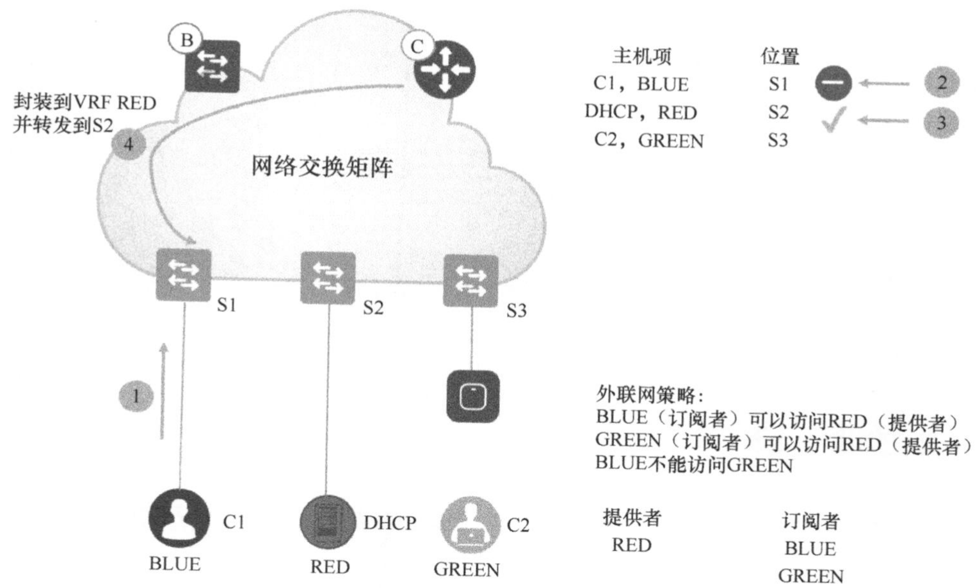

图 6–10　软件定义访问外联网操作

（8）控制平面节点在 VRF RED 中查找到 DHCP 服务器的条目。

（9）控制平面节点指示 S1 将数据分组封装在 VRF RED 中并转发到 S2。

查询结果被S1缓存，用于将来可能的与DHCP服务器的任何通信。

对于 VRF GREEN 中的客户端 C2，也采用类似的流程来访问 VRF RED 的资源。

第 7 章

如何设计软件定义访问

基于网络交换矩阵的软件定义访问设计需要考虑所有的组网情况。网络交换矩阵的规模可以小到只是一个接入层——分布层区块，也可以大到支持核心—汇聚—接入的三层次园区部署。在一个网络中可以部署多个网络交换矩阵，也可以部署单一网络交换矩阵。

7.1 平台角色和建议

思科软件定义访问支持的平台如图 7-1 所示。

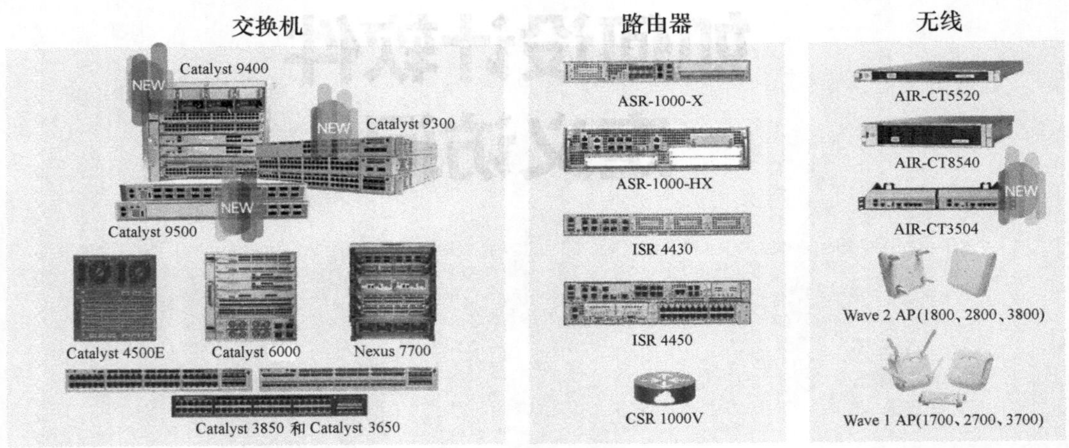

图 7-1　思科软件定义访问支持的平台

建议根据网络所需的容量和能力，并结合考虑推荐的功能角色来构建软件定义访问网络平台（见表 7-1、表 7-2 和表 7-3）。

表 7-1 软件定义访问 1.2 版本解决方案的交换平台和部署功能建议

平台	支持的管理引擎	支持的面向网络交换矩阵的接口	是否用作边缘节点	是否用作边界节点	是否用作控制平面节点
Catalyst 9500 系列		板载端口和网络模块端口	否	是，且经思科设计部署验证	是，且经思科设计部署验证
Catalyst 9400 系列	管理引擎 1	管理引擎和线卡端口	是，且经思科设计部署验证	否	否
Catalyst 9400 系列	管理引擎 1XL	管理引擎和线卡端口	是	是	是
Catalyst 9300 系列		板载端口和网络模块端口	是，且经思科设计部署验证	否	否
Catalyst 3850 系列		板载端口和 10G/40G 网络模块端口	是，且经思科设计部署验证	是，3850XS 10G 光纤版本经 CVD 验证，可用于小规模部署	是，3850XS 10G 光纤版本经 CVD 验证，可用于小规模部署
Catalyst 3650 系列		板载端口和上连端口	是，且经思科设计部署验证	否	否
Catalyst 4500-E 系列	管理引擎 8-E	管理引擎上行链路端口	是，且经思科设计部署验证	否	否
Catalyst 4500-E 系列	管理引擎 9-E	管理引擎上行链路端口	是	否	否
Catalyst 6807 XL 交换机和 Catalyst 6500-E 系列	管理引擎 6T 和管理引擎 2T	管理引擎上行链路端口（仅管理引擎 6T）C6800 10G 系列 WS-X6900 系列	否	是，且经思科设计部署验证	是，仅有线，无线网络是否支持视版本而定
Catalyst 6880-X 和 6840-X 系列		板载端口和端口卡端口	否	是，且经思科设计部署验证	是，仅有线，无线网络是否支持视版本而定
Nexus 7700 系列	管理引擎 2E	M3 系列	否	是，且经思科设计部署验证用于大规模 40G/100G 部署	否（需要手动添加并配置专用的外部控制平面节点）

表 7-2　软件定义访问 1.2 版本解决方案的路由 / 无线平台和部署功能建议

平台	支持的面向网络交换矩阵的接口	是否推荐用作边缘节点	是否推荐用作边界节点	是否推荐用作控制平面节点
云服务路由器 1000V 系列				是，且经思科设计部署验证
思科 4000 系列集成多业务路由器	板载局域网端口，以及路由局域网网络接口模块和增强服务模块端口	否	是，且经思科设计部署验证	是，且经思科设计部署验证
思科 ASR 1000-X 和 1000-HX 系列汇聚多业务路由器	板载局域网端口、以太网线卡和以太网共享端口适配器	否	是	是，且经思科设计部署验证用于大规模部署
思科 8540、5520 和 3504 系列无线控制器	通过与之关联的第二代和第一代 802.11ac 交换矩阵模式无线接入点的网络端口	否	否	可用于无线客户端的控制平面代理，经思科设计部署验证

表 7-3　分布式多站点网络交换矩阵边界节点能力支持

边界节点	基于软件定义访问的中转过渡区域	基于 IP 的中转过渡区域
思科 Catalyst 9000	支持	支持
思科 ASR 1000 或 ISR 4000	支持	支持
思科 Catalyst 6800	不支持	支持
思科 Nexus 7000	不支持	支持

注意：要实现相关的功能，必须满足最低软件版本要求。有些平台即便包含相应的功能，也未被作为思科设计部署验证的一部分进行测试验证且未作为特定角色的推荐平台。

软件定义访问解决方案对于使用思科 Catalyst 6500 和 Catalyst 6800 系列设备作为无线局域网控制平面时需要特定软件版本。有关的最新信息请参阅相关平台的软件发行说明。

7.2　物理拓扑结构

软件定义访问拓扑应遵循与层次化网络设计相同的设计原则和最佳实践，可以使用模块化设计方法在整个网络中创建可复制的设计元素，即将网络划分为模块化的分组来进行设计。图 7-2 展示了一个三层园区网设计的物理拓扑，其中的所有节点均为双宿节点，以等价链路提供负载均衡、冗余和快速收敛等功能。虽然该拓扑中所绘的网络边界位于园区核心节点，但该边界也可在园区中任何一个汇聚节点上实现。每个汇聚层的交叉链路用于在上行链路出现故障时实现最佳路由。

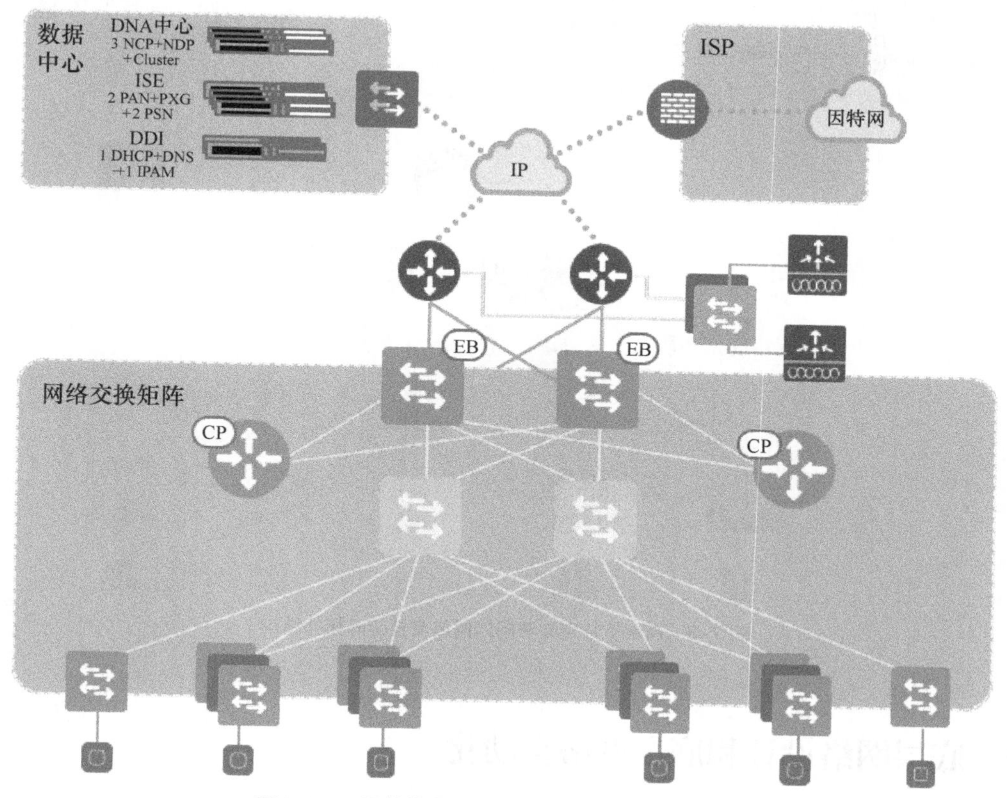

图 7-2　三层软件定义访问的网络交换矩阵拓扑结构

对于规模较小的部署，可以使用两层设计来实现软件定义访问的网络交换矩阵（如图 7-3 所示）。应用同样的设计原则但不需要由中间节点实现网络聚合。

通常意义上，软件定义访问拓扑把边缘节点作为分支点部署，将流量进出网络交换矩阵的边界节点作为集中点部署。尽管也可以使用其他物理拓扑，但是为了确保最佳的转发，应该仔细规划网络交换矩阵的网络拓扑。例如，如果边界节点不是在流量进出网络交换矩阵的聚合节点上实现，则当流量在边界节点进出网络交换矩阵后，会循原路径折回实际的流量汇聚点，这将导致次优路由的转发结果。

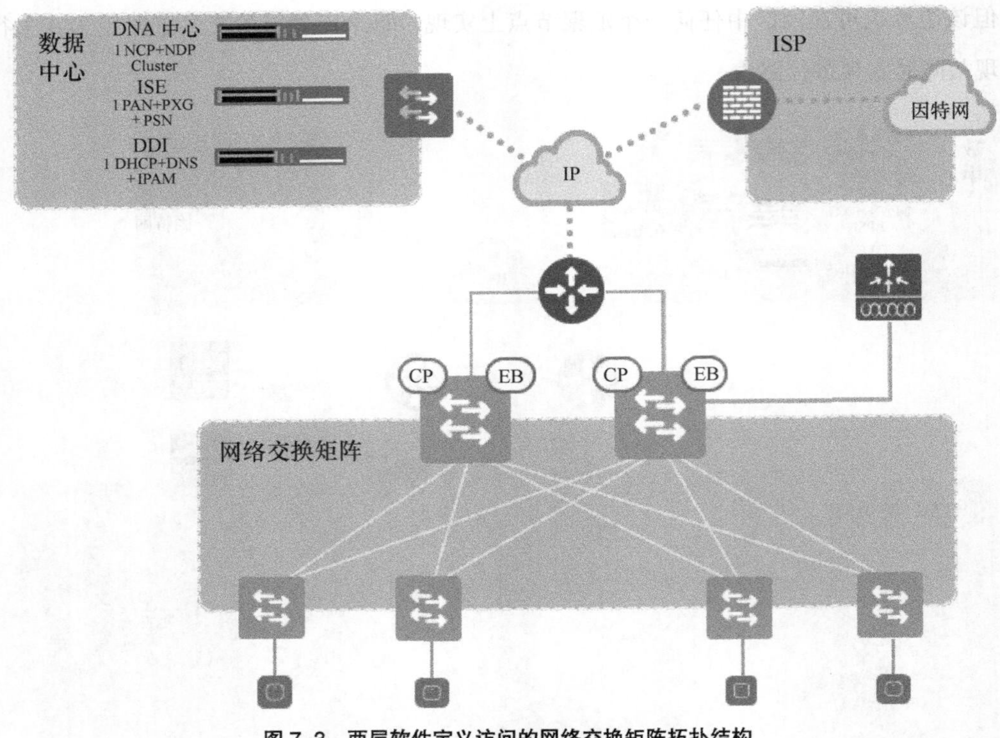

图 7-3　两层软件定义访问的网络交换矩阵拓扑结构

7.3　底层网络设计和底层网络自动化

7.3.1　底层网络设计

拥有一个精心设计的底层网络将能够确保软件定义访问网络的稳定性、高性能和高效率。使用 DNA 中心可以实现底层网络的自动化部署工作。

网络交换矩阵的底层网络应具备以下设计要求。

（1）三层路由接入设计。使用三层路由网络为网络交换矩阵提供最高级别的可用性，而不需要使用环路避免协议或接口捆绑技术。

（2）增加默认 MTU 值。VXLAN 报头会额外添加 50 Byte 封装开销和可选的 54 Byte 封装开销。一些以太网交换机支持的最大传输单元（MTU）为 9216 Byte，而另外一些以太网交换机的 MTU 值可能为 9196 Byte 或更小值。考虑到典型的服务器支持的 MTU 值通常高于 9000 Byte，在底层网络中广泛启用 9100 Byte MTU 值可确保以太网巨型帧得以传输而无须在交换矩阵内部和外部对其进行任何分片。

（3）使用点对点链接。点对点链接提供最快的收敛时间，因为它们无须等待具有典型复杂拓扑的上层协议超时就可以进行收敛。将点对点链接与建议的物理拓扑设计相结合，可以在链接失败后实现快速收敛。快速收敛从快速检测链路故障中获益，一旦链路发生故障，则可以立即触发使用预先存在于路由和转发表中的备用拓扑条目。建议使用光纤技术实施点对点链接，而不要使用铜缆，因为光纤接口可以提供最快的故障检测时间，从而缩短收敛时间。双向转发检测（Bidirectional Forwarding Detection）应用于提高故障检测和收敛特性。

（4）网络交换矩阵专用的 IGP 处理方法。网络交换矩阵的底层网络只需要建立从网络交换矩阵边缘节点到边界节点的 IP 可达性。在网络交换矩阵部署中，可以通过专用的 IGP 处理方法在网络交换矩阵内部实施单区域 IGP 设计。用于网络交换矩阵内部链路的地址空间不需要通告到网络交换矩阵外部，以便该地址空间可以在多个网络交换矩阵中重复使用。

（5）环回传播。分配给底层设备的环回地址需要通告到网络交换矩阵外部，以便与网络交换矩阵控制平面节点、DNS、DHCP 和 AAA 服务等网络基础设施服务建立连接。作为最佳实践，须使用 32 位主机掩码。使用路由标记来重新分发和传播环回主机路由，以便实现只重新分发环回地址的简便机制，避免维护前缀列表。

7.3.2　底层网络自动化

通过使用 DNA 中心的局域网自动化功能实现底层网络配置的完全自动化。在底层网络已有配置的情况下，需要手动创建底层网络。手动创建的底层网络与自动化部署的底层网络有所不同（例如，可以选择不同的 IGP），但在前面列出的底层网络设计原则仍然适用。

要自动部署底层网络，DNA 中心需要使用 IP 直接访问连接到新底层网络设备的种子设备，其余底层网络设备则使用逐跳 CDP 发现和调配进行访问。

7.4 叠加网络设计

在软件定义访问的网络交换矩阵中，叠加网络用于传输用户流量。网络交换矩阵在封装流量时还将携带可扩展组信息，该标签信息可以用于对网络进行微分段。在部署叠加的虚拟网络时，应注意以下设计事项。

（1）根据网络需求进行虚拟化。使用可扩展组标签进行网络分段，允许以简便的方式管理基于组的策略，并能在虚拟网络内部的终端组之间实现精细的数据平面隔离，从而满足诸多网络策略要求。使用可扩展组标签还可以实现伸缩自如的策略部署，而不必对效率低的、极其烦琐且易于失误的基于 IP 地址的策略进行烦琐的更新。既可以在默认的网络交换矩阵中实施网络微分段，又可以创建一组自己特有的虚拟网络（VN），采用可扩展组标签对虚拟网内部进行分段。当业务要求需要在数据平面和控制平面都进行隔离时，应使用虚拟网络。如果不同虚拟网络间需要进行通信，则需要使用外部防火墙或其他设备来实现 VN 之间的通信。

（2）减少子网并简化 DHCP 管理。在叠加网络中，单一 IP 子网可以跨网络交换矩阵扩展而不会出现大型二层网络中可能发生的泛洪问题。软件定义访问推荐使用较少的子网和 DHCP 作用域来简化 IP 寻址和 DHCP 作用域管理。

（3）避免重叠的 IP 子网。不同的叠加网络可以支持重叠的地址空间，但是需要注意的是，大多数部署都需要在叠加网络与网络共享服务之间实现通信，虚拟网络之间有时也需要进行通信。设计时请避免地址空间重叠，这样就不需要为虚拟网络与共享服务之间的通信以及虚拟网络之间的通信添加网络地址转换设备，从而避免了增加网络运营的额外复杂性。

7.5 网络交换矩阵控制平面设计

网络交换矩阵控制平面包括用于标识终端位置的数据库，这是网络交换矩阵赖以正常工作的、集中由控制平面来完成的一项关键功能。控制平面过载或响应缓慢将会导致应用流量初始数据分组发生丢失。如果网络交换矩阵控制平面出现故障，网络交换矩阵内的终端就无法与尚未在控制平面本地数据库中产生条目记录的远端终端建立通信。

DNA 中心自动配置控制平面的功能。为实现冗余，应该部署两个控制平面节点，每个节点都包含控制平面信息的副本来确保网络交换矩阵的高可用性。在选择支持控制平面功能的具体设备时，应按照网络终端规模对应的数据库需求来选择 CPU 和内存匹配的网络设备。

如果所选的边界节点可以满足网络交换矩阵的预期接入端点规模，则将控制平面功能与边界节点功能集成搭配在一起部署使用也是合乎逻辑的。但是，如果边界节点设备无法配置控制平面功能选项（例如，Nexus 7700 交换机缺少控制平面节点功能或网络接入客户端端点比例要求超过平台自身的容量），则只能在网络交换矩阵中添加专用于控制平面功能的设备，如物理路由器或虚拟路由器。

7.6　网络交换矩阵边界设计

网络交换矩阵边界节点设计取决于网络交换矩阵与外部网络的连接方式。网络交换矩阵内部的虚拟网络应该映射到外部的 VRF-Lite 实例。根据共享服务在网络中的位置，边界设计需要调整，有关的详细信息请参阅 7.11 节。

当采用中转过渡区域进行控制平面互联时，软件定义访问可以实现具有本地站点服务的更大规模的分布式园区部署。

7.7　网络基础设施服务

软件定义访问不需要对现有网络基础设施服务进行任何更改，当然，网络交换矩阵边界设备需要具备与以往不同的 DHCP 中继处理能力。在典型的 DHCP 中继设计中，除了 DHCP 服务器应该将提供的地址定向到所需位置以外，唯一的网关 IP 地址还决定了为终端分配的子网地址。在网络交换矩阵叠加网络中，该网关并不唯一，叠加网络内部的所有网络交换矩阵边缘节点设备上都存在相同的任播 IP 地址。如果不在边界节点上进行特殊处理或未由 DHCP 服务器本身进行特殊处理，通过边界从 DHCP 服务器返回的 DHCP 提议报文可能无法被正确地中继到发出 DHCP 请求的网络交换矩阵边缘交换机。

为了识别特定的 DHCP 中继源，DNA 中心通过 DHCP 选项 82 中的回路 ID 信息选项来完成网络交换矩阵边缘节点的中继代理的配置。这一子选项信息提供了用于标识特定中继源的源中继代理。无论是通过具有高级 DHCP 边界中继功能的网络交换矩阵边缘节点，还是通过 DHCP 服务器本身，在 DHCP 中继信息中嵌入的回路 ID 均用作 DHCP 提议报文的目标信息。

如果使用具有高级 DHCP 边界中继功能的边界节点设备，与网络交换矩阵交互的 DHCP 服务器作用域配置可以与标准的、与非网络交换矩阵交互的配置保持一致。当使用具有此功能的边界节点时，边界节点将检查从 DHCP 服务器返回的 DHCP 提议报文。收到 DHCP 提议报文的边界节点引用报文中嵌入的回路 ID 并将 DHCP 提议报文定向到正确的中继目的地。

7.8 无线网络与网络交换矩阵融合

如前所述，将交换矩阵模式的无线控制器和交换矩阵模式的无线接入点集成到软件定义访问架构中时，交换矩阵模式的无线控制器并非主动参与数据平面的流量转发，而是由交换矩阵模式的无线接入点负责将无线客户端流量传入和传出有线交换矩阵。无线控制器的控制平面仍然保留了很多集中模式无线控制器的功能特征，包括需要在无线控制器与无线接入点之间建立低延迟连接（建议小于 20 ms）的要求。这一要求使交换矩阵模式的无线控制器不可能跨越典型广域网成为远程站点上的交换矩阵模式的无线接入点的控制器。因此，远程站点如果也要将无线网络集成到软件定义访问，则需要在该站点本地部署本地的无线控制器来完成。

将无线局域网集成到软件定义访问的另一个注意事项是交换矩阵模式的无线控制器的部署位置和连接方式。在规模较大的部署中，无线控制器通常连接到属于底层网络一部分的共享服务分布层功能块。理想的分布层功能块应该具备机箱冗余能力，并且还能支持与无线控制器进行二层多机箱以太网通道（Ether Channel）连接，确保实现链路和平台冗余。通常，我们使用虚拟交换系统（Virtual Switching System）或交换机堆叠来实现这些目标。

交换矩阵模式的无线接入点连接到预定义的名为 INFRA_VRF 的 VRF 中。该 VRF 连接到全局路由表，允许交换矩阵模式的无线控制器连接网络的方式保持不变，同时仍能够管理位于网络交换矩阵边缘的无线接入点。

对于交换矩阵模式的无线网络与非交换矩阵模式的集中式转发无线网络混合部署，如果无法将需要实现无缝漫游覆盖区域的专门的无线控制器和无线接入点加入网络交换矩阵，则可以选择传统的思科统一的无线网络设计模型，也称为集中转发模式模型。软件定义访问网络交换矩阵可以作为思科统一无线网络的传输通道，后者作为架构于网络交换矩阵上的一项服务选项。当然，此时无线网络无法享受到与网络交换矩阵融合的各种收益。

这种设计方法仍然可以提供客户端 IP 地址集中管理、简化配置和故障排除，以及大规模漫游等优势。在集中式转发模型中，无线控制器和无线接入点均位于同一个站点内，可以将无线控制器连接到数据中心服务区域或与园区核心邻接的区域。无线局域网客户端和有线局域网之间的流量将在无线接入点和无线控制器之间采用无线接入点控制和调配协议（CAPWAP）进行隧道传输。无线接入点可位于交换矩阵内部或外部，无须对集中式无线局域网设计最佳实践进行任何更改。此时无线网络构建于网络交换矩阵之上，网络交换矩阵只是作为透明传输通道使用。有关园区无线设计的其他信息，请参阅思科的《园区有线网络和无线局域网设计指南》。需要注意的是，软件定义访问网络交换矩阵不支持融合访问（Converged Access）。

在将无线集成到软件定义访问的网络交换矩阵之前，可以将传统的集中式转发无线网络部署在网络交换矩阵上，作为第一个过渡步骤。对于这种情况，应该专门为软件定义访问设置一台无线控制器，以便允许在网络交换矩阵和非网络交换矩阵中使用相同的 SSID，而无须变更、修改（如更新软件版本和无线接入点组配置）现有的集中式转发部署。如果希望将传统的，集中式转发的无线网络作为软件定义访问无线网络的迁移，且不要求保持现有的集中式无线网络的软件版本和配置不变，则 DNA 中心可以自动在同一无线控制器上完成新的安装并同时支持两种场景。在这种情况下，来自 DNA 中心的新安装不考虑现有的运行配置，而是自动创建新的配置。

7.9 网络安全和安全策略设计

安全策略因企业而异，想要定义一种放之四海而皆准的安全设计根本不可能。安全设计必须以信息安全策略和法律合规性为导向。安全设计的规划阶段对于确保安全和用户体验之间达到恰到好处的平衡具有重要作用。为软件定义访问网络设计安全策略时，应该考虑以下几个方面。

（1）网络的开放性。有些企业只允许网络中存在企业发放的设备，而另一些企业则支持“自带设备”。或者，也可以部署“自选设备”模型，即向用户提供列表中的IT核准终端供业务使用，以此平衡用户选择并实现更易于管理的终端安全防护。此外，还可以采用基于身份的方法，根据设备的所有权部署网络安全策略。例如，企业发放的设备可以获得基于用户组的访问权限，而个人设备只能接入互联网。

（2）身份管理。最简单的身份管理形式是使用用户名和密码对用户进行身份验证。网络设备添加嵌入式安全功能和应用可视性后，可以为高级策略定义提供遥感勘测数据，包括附加的情境信息，如物理位置、使用的设备、接入网络的类型、使用的应用以及时间。

（3）身份验证、授权和记账策略。身份验证是建立并确认请求接入网络的客户端身份的过程。授权是授权终端访问某组网络资源的过程。网络分段策略不一定非要在接入层实施，而是可以部署在多个位置。策略通过在虚拟网络中使用SGACL进行微分段，以及将终端映射到交换矩阵边缘节点的动态VLAN去执行。事件日志、ACL命中计数器以及类似的标准记账工具用于增强可视化。

（4）终端安全性。终端可能会感染恶意软件、导致数据受损并造成网络中断。通过恶意软件检测、终端管理和从网络设备导出数据可以帮助用户洞察终端的行为，将网络与安全设备和分析平台紧密集成，可为网络提供隔离并帮助修复受感染设备所需的必要智能。

（5）数据完整性和机密性。可以使用虚拟网络来实现网络分段以便控制对应用的访问。在交换环境中使用IEEE 802.1AE对数据路径进行加密，则可在第二层提供加密功能，用于防止窃听并确保数据无法被修改。

（6）网络设备安全。增强网络设备的安全性至关重要，因为它们通常是被攻击的目标。使用最安全的设备管理选项（例如，使用 TACACS+ 对访问设备的用户进行身份验证和禁用不必要的服务）是确保网络设备得到保护的最佳实践。

在每个虚拟网络内启用基于组的分段可以简化分层的网络策略。使用虚拟网络可以实现多个数据平面的隔离，实现网络级别的策略实施；同时，在虚拟网络内部进一步使用可扩展组标签可以实现组级别的策略实施，从而实现跨越有线和无线网络交换矩阵的通用策略。

可扩展组标签能够根据角色或功能在网络内标记终端流量，并遵守基于角色的策略或在 ISE 上集中定义的 SGACL。在大多数部署中，微软活动目录 Active Directory 用作存储用户账户、凭证和组成员身份信息的身份库，成功获得授权后，可以根据上述信息对终端分类并将终端分配到相应的可扩展组。使用可扩展组可以创建网络分段策略和虚拟网络分配规则。

可扩展组标签信息以多种形式在网络中传输。

（1）在软件定义访问网络中，软件定义访问交换矩阵在报头中传输可扩展组标签信息。交换矩阵边缘节点和边界节点执行 SGACL 来实施安全策略。

（2）在网络交换矩阵之外的 TrustSec 设备上，内联的具备 TrustSec 能力的设备在第二层帧的 CMD 报头中传输 SGT 信息，这是思科推荐的软件定义访问网络外部的传输模式。

（3）在网络交换矩阵之外的不具备 TrustSec 能力的设备上，思科 SXP 允许在 TCP 连接上传输可扩展组标签，使用此方法可以绕过不支持 SGT 内联的网络设备。

7.10　网络规模设计考虑事项

除表 7-1 和表 7-2 中列出的平台角色建议外，设计网络时还要考虑表 7-4、表 7-5 和表 7-6 中的思科验证测试值以及部署的硬件和软件发行说明。如果需要在网络交换矩阵中管理更多的终端，可能需要额外部署数量更多的 DNA 中心。

表 7-4、表 7-5 和表 7-6 列出的数字为软件定义访问 1.2 版本解决方案中思科验证的测试值。当没有其他约束时，实际的数量往往会更高。请检查下面单平台规模限制，以及硬件和软件发行说明中有关特定组件的附加限制。

表 7-4　思科 DNA 中心管理的软件定义访问的验证测试值

软件定义访问组件	单个 DNA 中心集群的验证测试值（最大值可能更高）
客户端，跨所有网络交换矩阵（有线客户端和无线客户端）	25000
边缘、边界和控制平面节点，跨所有网络交换矩阵（交换机 / 交换机堆叠、路由器、无线控制器）	500
网络交换矩阵中的所有节点类型，包括中间节点和边缘节点、边界节点和控制平面节点	1000
无线接入点，跨所有网络交换矩阵（每个无线接入点按照客户端计数）	1500
IP 地址池，跨所有网络交换矩阵	125 个地址池跨越 500 个边缘节点
站点，DNA 中心站点层次结构中的每个项目（站点、建筑物、楼层）	200
网络交换矩阵域	10
可扩展组标签，跨所有网络交换矩阵	4000
策略，跨所有网络交换矩阵	1000
合同，跨所有网络交换矩阵	500

表 7-5　思科 DNA 中心的软件定义访问的验证测试值（每个网络交换矩阵）

软件定义访问组件	每个网络交换矩阵的验证测试值
控制平面节点	2
默认边界节点	4

表 7-6　按平台和角色对软件定义访问虚拟网络进行验证测试的数值

	网络交换矩阵边缘节点平台验证	网络交换矩阵边界节点验证
Catalyst 3850 和 Catalyst 3650 系列	40	
Catalyst 3850XS（10G 光纤）		40
Catalyst 9300 系列	40	40
Catalyst 9400 系列与引擎 Engine-1	40	
Catalyst 4500 系列与引擎 8-E	40	
Catalyst 9500 系列		40
Catalyst 6807XL 与引擎 6T		40
Nexus7700 引擎 2E		40
ASR 1000 系列和 ISR 4000 系列		40

除了端到端网络验证之外，还要考虑在部署企业网络之前隔离系统中单个平台的规模约束，在规划当前网络和将来的网络增长时请使用此部分数据。下面的 DNA 中心的数据按照每个实例列出（见表 7-7、表 7-8 和表 7-9），可以是单服务器 DNA 中心或三服务器群集 DNA 中心。支持的最大数字是平台绝对限制或基于单个平台最新测试的建议限制。

表 7-7　思科 DNA 中心单平台最大规模建议

软件定义访问组件	最大限制数值
网络交换矩阵域	10
单网络交换矩阵域站点数量或跨多域站点数量	200
连接到网络交换矩阵边缘节点的无线接入点	4000
连接到结构边缘的有线端点（包括无线接入点）	25000
网络交换矩阵节点，包括边界、边缘（交换机 / 交换机堆叠）和无线控制器	500
非网络交换矩阵节点，包括中间节点和路由器	1000
每个网络交换矩阵站点的控制平面节点	2
每个网络交换矩阵站点的默认边界节点	4
跨所有网络交换矩阵域的 IP 地址池	125
跨所有网络交换矩阵域的站点	200
可扩展组	4000
策略	1000
合同	500

表 7-8　单平台最大规模建议（软件定义访问边缘节点）

	虚拟网络	有线	SGT/DGT 表项	SGACL，安全 ACE
Catalyst 3650 系列	64	2000	4000	1500
Catalyst 3850 系列	64	4000	4000	1500
Catalyst 9300 系列	256	4000	8000	5000
Catalyst 4500 系列与引擎 8-E	64	4000	2000	1350
Catalyst 9400 系列与引擎 Engine-1	256	4000	8000	18000
Catalyst 9500 系列	256	4000	8000	18000

表 7-9　单平台最大规模建议（软件定义访问边界节点）

	虚拟网络	SGT/DGT 表项	SGACL，安全 ACE	网络交换矩阵控制平面条目，带控制平面的边界节点	IPv4 路由	IPv4 主机条目
Catalyst 3850XS（10 G 光纤）	64	4000	1500	3000	8000	16000
Catalyst 9300 系列	256	8000	18000	80000	20000	80000
Catalyst 9400 系列引擎 1XL	256	8000	18000	80000	20000	80000
Catalyst 9500 系列	256	8000	18000	80000	48000	96000
Catalyst 6800 系列引擎 6T	512 单播 100 多播	12000	30000	25000	256000	256000
Catalyst 6800 系列引擎 6T（XL）	512 多播 100 多播	30000	30000	25000	1000000	1000000
Nexus7700 引擎 2E	256	64000	64000		320000 LISP 映射	320000 LISP 映射
ASR 1000 系列（8 GB 内存）	4000	64000	64000	200000	1000000	1000000
ASR 1000 系列（16 GB 内存）	4000	64000	64000	200000	4000000	4000000
ISR 4000 系列（8 GB 内存）	4000	64000	64000	100000	1000000	1000000
ISR 4000 系列（16 GB 内存）	4000	64000	64000	100000	4000000	4000000
CSR1000v 系列				200000		

7.11　网络端到端设计注意事项

在被虚拟化的网络中，数据平面和控制平面在共享的网络基础设施上完全隔离。在软件定义访问组网的情况下，位于一个虚拟网络中的用户与另外的虚拟网络完全隔离，即它不能与位于不同虚拟网络中的用户进行通信。网络交换矩阵边界节点负责将网络虚拟化扩展到软件定义访问网络交换矩阵的外部。很多场景都可能存在需要此类隔离的业务要求。网络虚拟化在某些垂直行业的特定使用案例中非常实用，部分示例如下：

（1）教育，大学园区网络分为行政办公网络和学生宿舍网络，互相隔离；

（2）零售，用于隔离支持支付卡行业合规性的销售终端机；

（3）制造，隔离制造车间中的机器间流量；

（4）医疗，隔离医疗设备专用网络，保证病患无线访客接入网络并符合 HIPAA 合规性；

（5）企业，并购期间的网络集成，在此情况下可能存在重叠的地址空间。分离楼宇控制系统和视频监控设备。

端到端网络虚拟化的设计需要详细规划以确保虚拟网络的完整性。在大多数情况下，需要有某种形式的共享服务可以在多个虚拟网络中重用。必须正确地部署这些共享服务，以便将共享这些服务的不同虚拟网络相互隔离。使用直接连接到网络交换矩阵边界节点的“融合”路由器提供一种用于在多个网络之间进行共享服务前缀路由泄露的机制，防火墙的使用提供了额外的安全性，还能监视虚拟网络之间的流量。共享服务的示例如下。

（1）无线网络基础设施。与以前使用多个 SSID 分离终端通信的低效策略相比，使用通用的无线局域网（单 SSID）能够提高射频性能和成本效率。在无线控制器上使用动态 VLAN 分配来分配专用的 VLAN，使用 802.1x 身份验证将无线终端映射到相应的虚拟网络中，从而实现流量隔离。

（2）DHCP、DNS 和 IP 地址管理。只要虚拟网络没有特殊要求，多个虚拟网络可以重复使用同一组网络基础设施服务。高级 DHCP 作用域选择条件、多个作用域和支持重叠地址空间等特殊功能是将服务扩展到单个网络外所需的功能。

（3）互联网接入。可将同一组互联网防火墙用于多个虚拟网络。如果需要防火墙策略对每个虚拟网络是唯一的，建议使用多情境防火墙。

（4）语音 / 视频协作服务。当多个虚拟网络中连接了 IP 电话和其他统一通信设备时，发往通信管理器的呼叫控制信号和这些设备之间的 IP 流量需要能够流经网络基础设施中的多个虚拟网络。

使用多 VRF 配置，可将软件定义访问虚拟化扩展到网络交换矩阵边界节点之外。软件定义访问虚拟网络可以按 1:1 或 *N*:1 映射到网络交换矩阵外部的 VRF。本节将简要介绍在虚拟化网络时常用的技术。

1. 设备及虚拟化

在同一台物理设备中，可以使用第二层和三层逻辑分离功能来扩展虚拟网络。

（1）主机池通信和虚拟局域网。

设备级虚拟化最基本的形式是使用不同的虚拟局域网（VLAN）隔离网络流量。这种形式的虚拟化应用于二层设备，而且可以跨交换域扩展。VLAN 还可用于虚拟化路由器与需要通过同一物理接口连接到多个网络安全设备之间的点对点链路。

（2）虚拟网络通信和虚拟路由与转发。

VRF 是用于在同一设备上创建多个三层路由表的设备级虚拟化技术。VRF 可与现有二层域绑定，为多个 VLAN 提供三层边缘功能，也可在三层路由接口之间绑定，以便扩展同一组接口上的多个虚拟化控制平面。虚拟网络到 VRF 的映射可以用于将虚拟网络扩展到网络交换矩阵边界以外。

2. 路径隔离

有许多技术选择可以在设备间提供网络虚拟化，用于将互联设备的路径保持隔离。对于软件定义访问，建议使用的路径隔离技术是 VRF-Lite 和 MPLS VPN。具体设计通常取决于所需的虚拟网络数量。如果预计所需 VRF 数量众多，则部署 MPLS VPN 可简化配置和管理。

（1）VRF-Lite 端到端。

在园区网络中，VRF-Lite 是逐跳部署的，在设备间使用 802.1Q 中继为每个虚拟网络隔离数据平面和控制平面。为便于操作，应该在每一跳上使用同一组 VLAN，并通过每个虚拟网络的地址族使用 BGP，提供可用于简化共享服务路由泄露的属性。

（2）MPLS。

虽然 MPLS 通常被视为运营商使用的技术，但在需要大量虚拟网络的大型企业中也比较常用。它主要见于广域网中，但也可扩展到园区网络。VRF-Lite 为大多数路由平台所通用，而 MPLS 则并非受到所有平台的支持。在边缘节点配合使用 VRF-Lite 和 MPLS VPN 是另外一种可以考虑的设计选择。

7.12　如何迁移到软件定义访问

可以通过添加网络基础设施组件并将其相互连接和使用带有思科即插即用功能的 DNA 中心来轻松地创建软件定义访问网络，自动地进行网络资源调配。然而，迁移现有网络到软件定义访问则需要额外的规划，以下是相关的注意事项。

（1）迁移通常意味着使用手动方法创建底层网络。那么底层网络是否已经包括“底层网络”部分所述的元素？或者，是否必须将网络重新配置为三层接入模型？

（2）网络中的软件定义访问组件是否支持目标拓扑所需的规模，或者是否需要增加附加的硬件和软件平台？

（3）是否已经为 IP 寻址和 DHCP 作用域的更改做好准备？

（4）如果计划启用多个虚拟网络，那么将这些虚拟网络与公共服务（如互联网、DNS/DHCP、数据中心应用）集成的策略是什么？

（5）可扩展组标签是否已经实施？策略执行点在哪里？如果在网络交换矩阵内使用 SGT 和多个虚拟网络进行分段和虚拟化，存在哪些将其扩展到网络交换矩阵外的要求？是否具备必要的基础设施可以支持 TrustSec、VRF-Lite、MPLS、“融合”路由器或者其他必要的技术来扩展和支持分段和虚拟化？

（6）漫游域中的无线覆盖能否在某个时间点升级，或者只是把无线网络构建在网络交换矩阵之上而不与之集成？

将现有网络迁移到软件定义访问时，有两种主要的方法。如果要更换许多现有平台，而且有充足的电源、空间和冷却能力，那么选择构建并行的软件定义访问网络可以方便用户进行转换。构建与现有网络集成的并行网络实际上是新建软件定义访问网络的一种变通形式。另一种方法是将接入交换机增量迁移到软件定义访问的网络交换矩阵中。这种战略适用于已经安装了能够支持软件定义访问能力的设备或存在环境限制的网络环境。有关迁移主题的详细介绍，请参见思科网站《软件定义访问迁移指南》文档。

第 8 章

软件定义访问安全分段设计

企业每天都会面临各式各样的网络攻击，这些攻击由个人或有组织的集团赞助的黑客进行。无论是以获取信用卡数据、敲诈勒索、身份数据窃取为目的，还是以中断服务为目的，这些攻击在频率、技巧和复杂性上都在不断增加。此外，随着开源代码库的增多和工具的便捷性，这些攻击不再需要高水平的技能就能完成，一般威胁者即可发动攻击。

企业不仅要努力明确能够保护它们的技术和产品，还要确定获取、实施和运行这些技术和产品所需的预算。诸如思科 Firepower 下一代防火墙和入侵防御系统、思科 Web 安全装置（WSA）、思科高级恶意软件防护和思科 StealthWatch 等产品提供网络可视性，思科身份服务引擎为授权用户、访客和物联网设备提供策略和安全的网络访问，这些设备都能有效地提供“深度防御”策略以保护企业。一旦开启防护，网络安全的焦点将转向如何定义实施策略，通过强制授权访问网络来保护企业的关键资产和数据，同时监控从端点到数据中心的网络通信异常行为。

除了底层网络中的安全产品，另一个非常有效的策略是使用网络分段来减少攻击的影响范围。网络分段可以描述为将一个单一路由表的大规模网络分解为多个逻辑的、虚拟的小规模网络或区域的过程。通过网络分段和安全控制来执行进出该分段的流量策略，通过网络分段可以实现的功能：

（1）不同分段之间进行隔离，支持合规性；

（2）最小化攻击影响范围，将其限制在一个网络分段内，从而限制恶意软件的东西向传播；

（3）在不同分段之间引入基于状态的数据分组检查的策略执行点；

（4）提供一个可以进一步对网络进行细分的环境。

本章的目的是让你熟悉思科软件定义访问及其在网络中可以实施的独特的网络微分段功能，协助你更好地理解该架构，并进一步协助制定安全策略。

如果你不熟悉网络分段，请继续阅读后面章节的内容。我们还建议你阅读《使用 TrustSec 设计指南之用户到数据中心访问控制》文档，以了解思科 TrustSec 软件定义的微分段架构。了解思科 TrustSec 解决方案非常重要，因为它是在软件定义访问中使用可扩展组标签（SGT）及其基于组的访问控制策略的基础。当然，下面也提供了 TrustSec 的概述。

8.1 网络分段简史

本节适用于不熟悉网络分段的读者，不仅包括 VLAN 和 VRF，还包括思科 TrustSec®。如果你熟悉所有这些概念，可以跳到下一节关于思科创新的网络分段技术的描述。

网络分段的概念并不新鲜，但在过去 20 多年里发生了显著变化。最初，网络分段被定义为通过使用虚拟局域网（VLAN）将一个“扁平”网络 / 广播域分成更小的网段的过程。最初的意图是通过减少设备处理的广播数量，不仅能提高网络本身的整体性能，还能提高终端的整体性能。

但是，随着时间的推移，使用 VLAN 进行网络分段还被用于安全原因以及通过使用访问控制列表（ACL）执行业务相关策略来限制网络分段之间的通信。VLAN 最初提供了将一个网段（VLAN）及其设备与另一网段进行隔离的非常基本的手段。随后，私有 VLAN 通过进一步限制 VLAN 内的通信提供了一种微分段形式。

最终，由于需要在整个企业范围内扩展网段而不考虑位置的要求，因此，使用虚拟路由和转发（VRF）实例的概念来提供网段之间的第三层隔离。创建一个虚拟网络，隔离是固有的，因为每个 VRF 都维护自己的路由表。隔离是通过设置一个 VRF 中包含的路由不在另一个 VRF 中出现来实现的，从而达到限制 VRF 之间通信的目的。

在过去的 10 年里，思科开发了一项名为 TrustSec 的新技术，最终重新定义了术语“网络分段”。使用思科 TrustSec，不再需要基于具有 IP 寻址和路由的 VLAN 或 VRF 执行网络分段。相反，思科 TrustSec 无须考虑 IP 寻址，使用基于角色或组的成员身份来创建允许网络分段的策略。

8.1.1 VLAN 和私有 VLAN

在联网的早期阶段，“网络分段”一词被用来描述将大的、扁平的、开放式系统互联（OSI）的第二层网络或广播域分成较小的网段或 OSI 第三层子网，最终达到限制子网内连接终端的广播范围，从而提高整体网络性能，同时提供了隔离终端的方法。显然，这些单独的第二层分段的概念最终被纳入 IEEE 802.1Q 标准，并且这些分段被称为 VLAN。

VLAN 提供了将一个网段与另一个网段隔离的方法，因为 VLAN 之间的所有通信都必须通过第三层接口进行路由。在第三层接口上，ACL 可用于根据 IP 地址或由 TCP、UDP 端口号标识的应用来控制可以转发或丢弃的流量。最初，路由器 ACL 或 RACL 的访问控制列表只能应用于三层边界。但是，随着交换产品的发展，可以将称为 VLAN ACL（或 VACL）的访问控制列表应用于 VLAN，并最终将端口 ACL（称为 PACL）应用于物理接口。尽管目前的标准还不成熟，但它为保护 VLAN 内或 VLAN 间设备之间的连接提供了有效的手段，而对于当今的许多企业而言，这一策略仍在使用，只不过很多时候辅以防火墙来使用。

通过引入私有 VLAN，进一步增强了 VLAN，以提供额外的网络分段手段。私有 VLAN 由 3 种不同的 VLAN 类型组成：带有混合（P）端口的主 VLAN、带有隔离（I）端口的隔离 VLAN 以及带有社区（C）端口的社区 VLAN。主 VLAN 的（P）端口与交换虚拟接口（SVI）或连接了路由器的端口相连接。（I）端口分配给隔离的 VLAN，只能与混合（P）端口进行上行通信。（C）端口分配给社区 VLAN，可以互相通信或与（P）端口通信。这可以提供隔离端口之间、隔离端口与社区 VLAN 之间或社区 VLAN 之间的分段。隔离端口和社区端口之间的任何通信都必须通过（P）端口，在此端口上 ACL 可用于执行策略。

无论是使用 VLAN 还是私有 VLAN，都需要在整个网络中扩展，广播域也是如此，因此，需要对生成树进行策略配置，以确保无环路和稳定的网络拓扑。

8.1.2 虚拟路由和转发实例

正如我们所讨论的，VLAN 是网络第二层的最基本的路径隔离技术。然而，对于每个坚固的网络设计的目标是最小化广播域范围和避免生成树环路，所以将第二层 VLAN 转换到三层虚拟网络或 VPN 是必需的。三层虚拟网络必须能够支持其自己的独特控制平面，并具有自己的寻址结构和用于数据转发的路由表，并将该设备和网络中的任何其他第三层虚拟网络完全隔离。基于这种功能的技术被称为虚拟路由和转发（VRF）技术（如图 8-1 所示）。

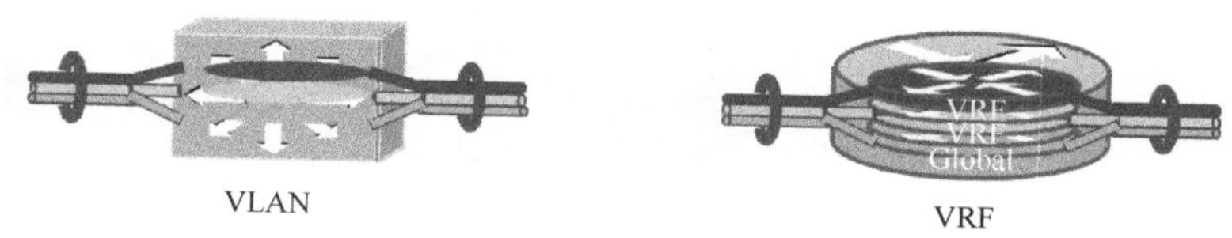

图 8–1　VLAN 与 VRF 实例的比较

VRF 在第二层客户端 VLAN 和第三层网络边界的网络设备上定义。每个 VRF 实例由 IP 路由表、转发表以及分配给它的一个或多个接口组成。可以使用诸如开放式最短路径优先（OSPF）、增强型内部网关路由协议（EIGRP）、边界网关协议（BGP）和路由信息协议（RIP）v2 的通用路由协议，通过使用地址族来通告和学习路由以填充每个虚拟网络特有的路由表。此路由信息随后与接口一起被用于填充思科快速转发表，这些接口可以是逻辑型（SVI），也可以是通过设备配置专门分配给该 VRF 的接口和子接口。 VRF 存在于全局路由表之外，全局路由表为由包含 IPv4 前缀的网络设备和尚未分配给 VRF 的接口提供所需的第三层连接。

从安全的角度来看，当用于网络分段时，会定义一个虚拟网络或 VRF，终端通过其分配的在该 VRF 内可路由的 IP 地址与 VRF 关联。VRF 之间流量的隔离通过为每个默认 VRF 维护单独的、不共享的路由表来实现。在实践中有可能在虚拟网络之间“泄露”路由，同时也授予对其他虚拟网络或全局路由表中的特定资源进行访问。处理这些任务的网络设备称为“融合”路由器或防火墙，可以创建 ACL 来定义策略和在 VRF 与全局路由表之间进行通信所要泄露的路由。

网络设备上的 VRF 实例只是一个隔离的对象，组网时必须将其扩展到整个网络中其他设备上同一 VRF 的其他实例。有几种方法可以实现这一点。如果要在多个站点之间实现任意连接，多协议标签交换（MPLS）提供了最佳选择。 MPLS 通过结合使用多协议路由和标签分发协议，在每个 VRF 内使用单个路由进程通告路由来提供端到端的连接。另外，如果采用逐跳、多跳或集中星形的方法，则可以使用 MPLS 中的一部分功能，通常称为 VRF-Lite。VRF-Lite 结合使用 802.1Q 或通用路由封装（GRE）或多点 GRE（mGRE），将驻留在各种网络设备上的 VRF 连接在一起，如图 8-2 所示。

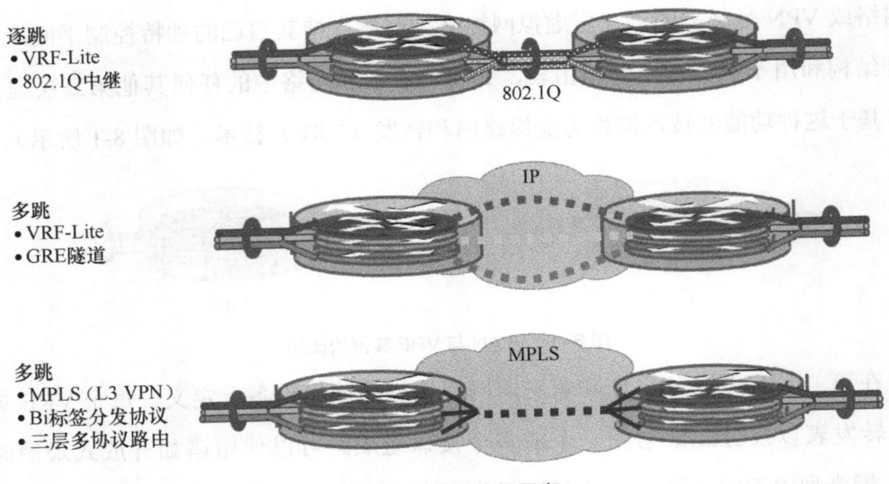

图 8–2　VRF 路径隔离

8.1.3　思科 TrustSec——软件定义网络分段

尽管 VRF-Lite 和 MPLS 开始被非服务提供商采用，以提供网络分段作为实施安全策略的手段，但思科开发了另外一种替代方法，即使用逻辑或软件定义的结构来实现网络分段，称为思科 TrustSec。与 VRF-Lite 或 MPLS 不同，思科 TrustSec 架构不依赖 IP 寻址和独特的路由实例来提供隔离。思科 TrustSec 可以在不需要 VRF 的情况下实施，与拓扑无关。

思科 TrustSec 架构的核心是安全组标签（SGT）。SGT 允许被分配给预定义的封闭用户组来抽象主机的 IP 地址。通常，这些组与通过微软 Active Directory 或轻量级目录访问协议（LDAP）创建的组一致。当然，就 IoT 而言，这些终端通常与这些数据库没有任何关联，并且将根据设备的目的或类型独立组织。

有趣的是，在软件定义访问之前，SGT 是指安全组标签。在软件定义访问中，SGT 引申为可扩展组标签，因为将来 SGT 可用于其他目的。QoS 和基于策略的路由就是两个这样的例子，在软件定义访问出现之前已经在 TrustSec 中实现。

为了集中管理思科 TrustSec 部署，思科身份服务引擎（ISE）对于基于 RADIUS 的身份服务和基于可扩展组标签的策略创建都是必需的。SGT 由思科 ISE 创建并集中管理。终端通过 802.1x、MAC 身份验证旁路（MAB）、Web 认证或通过使用微软活动目录（Active

Directory）和 WMI（Windows Management Instrumentation）成功进行身份验证和授权时，SGT 被分配。一旦授权完成，ISE 通过 RADIUS 将与该终端设备关联的 SGT 传达给它们所连接的网络设备，在网络设备上将 IP 地址映射到 SGT，该映射随后用于设备通信和策略实施。SGT 也可以在具有思科 TrustSec 功能的交换机和路由器上手动定义端口、VLAN、子网或单独 IP 地址，以适用于动态认证不可行的设备，例如，传统数据中心使用思科 Nexus7000 系列交换机连接的服务器。

SGT 可以采用基于 TCP 的协议（称为可扩展组标签交换协议（SXP）），通过 pxGrid 通告 IP 地址到可扩展组标签的映射，也可以作为 16 位数值以思科专有域中称为思科元数据（CMD）的形式插入以太网帧头，如图 8-3 所示，这被称为内联标记。

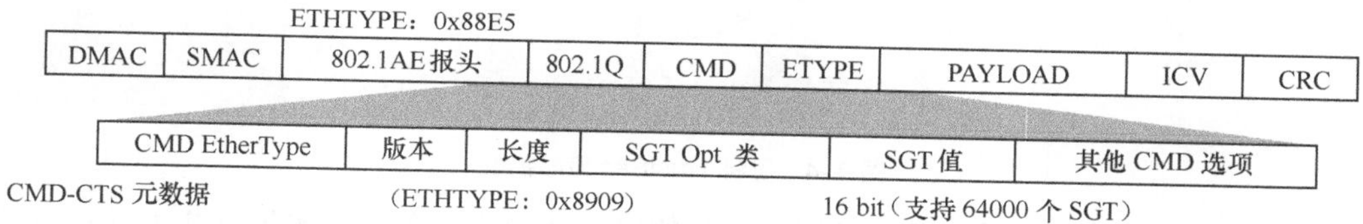

图 8–3　可扩展组在思科元数据中

内联标记在思科 TrustSec 交换机和线卡上逐跳执行。一旦交换机从 ISE、静态配置，甚至通过 SXP 获知 IP 到可扩展组标签的映射，它就会将图 8-3 所示的 CMD 插入以太网帧，并将该终端的流量从启用了思科 TrustSec 的接口转发出去。流量到达上游交换机后，CMD 将被提取并导出 SGT。此时，它可以随着相同的标签一起转发到目的地，也可以基于标签实施安全策略。

基于这些 SGT，可以在 ISE 上创建基于组的策略并动态分发，以便通过使用可扩展组访问控制列表（SGACL），在支持的路由器和交换机上实施策略，如图 8-4 所示，基于源和目标的模型用于 ISE 的策略创建。此外，可扩展组防火墙（SGFW），如思科自适应安全设备（ASA）或 Firepower 下一代防火墙以及思科 IOS 集成多业务路由器（ISR）或 ASR 路由器上的基于区域的防火墙（ZBFW），可以利用本地创建的基于可扩展组标签的防火墙规则来进行策略决策。在路由器和交换机上配置时，SGACL 是无状态的，并且在使用防火墙时不提供状态检查。

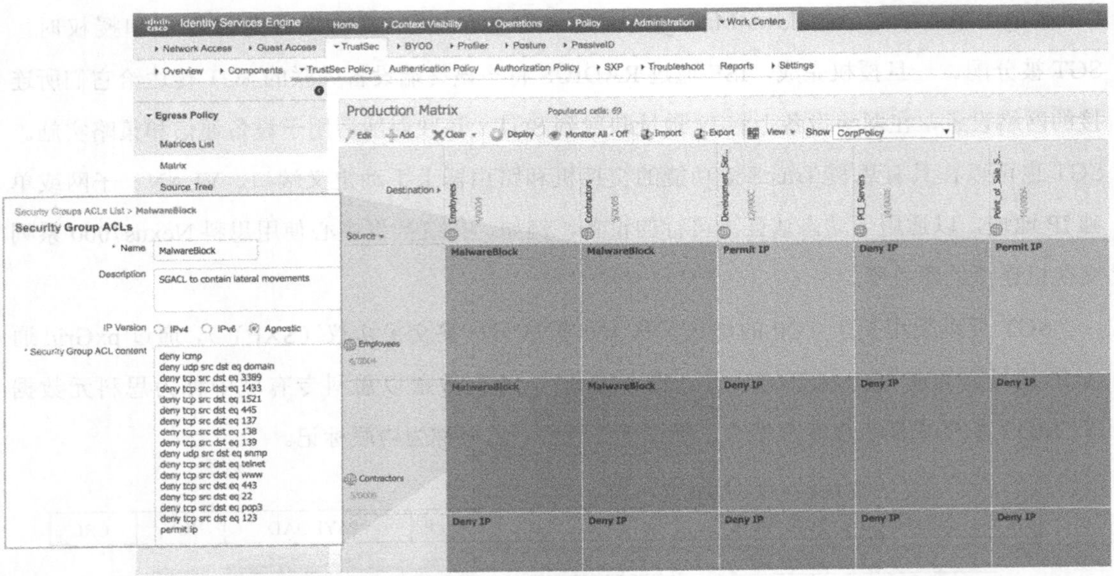

图 8–4　思科 TrustSec 策略模型

策略执行发生在可以派生源可扩展组标签的第一个网络设备处，派生方法可以是通过以太网帧中存在的信息或者由 SXP 通告的信息，以及已经存在目的地的 IP 到可扩展组标签的映射，这将在目的地设备所连接的网络设备上完成，但如果 SXP 或静态映射已被用来创建所述中间设备上的 IP 到可扩展组标签映射，那么策略执行也可以在源和目的地之间的路径中的网络设备上完成。

要进行策略强制实施，必须将 ISE 上配置的 SGACL 下载到网络设备。考虑到用于存储这些 SGACL 的本地资源限制（TCAM 和内存），只有那些在网络设备上映射的可扩展组标签的策略才会从 ISE 下载。这将导致只有目标终端具有 SGT 映射的策略才会被下载，从而节省本地资源。这也是为什么思科 TrustSec 能够在网络出口实施安全策略的原因。

与 VRF-Lite 或 MPLS 不同，思科 TrustSec 不依赖多个 VLAN 或路由表来提供隔离和控制。相反，只需要一个用于所有转发的路由表，通过组成员身份来实现隔离，由思科 ISE 集中管理和分发基于组的策略。

思科 TrustSec 和 VRF 可以一起使用，并且不是互斥的。同时使用思科 TrustSec 和 VRF 时，可通过 VRF 之间的隔离进行宏分段，而通过在 VRF 内使用思科 TrustSec 进一步实现微分段。

虽然当 VRF-Lite 用于网络连接时，可以支持思科 TrustSec 的内联标记，但在 MPLS 环境中不支持，无法在接口上同时启用标签分发协议和思科 TrustSec。这不是一个配置限制，而是一个架构限制，与标准标签转发信息库（FIB）不同，FIB 用于下一跳处理，因此，无法学习 SGT 及其 IP 关联。在 MPLS 网络中，有必要使用 SXP 在网络的 MPLS 部分“传播”或传送 IP 到可扩展组标签的映射。

8.2　基于意图的网络和分段

最初，网络分段与提高网络稳定性和性能的策略是一致的。随着时间的推移，它已经发展到能够反映一种安全策略，网络被分段，通过实施安全策略以实现分段内和分段之间的安全控制。

如今，虽然 VLAN 和私有 VLAN 仍为一些企业提供三层 IP 子网的基本二层微分段，但许多公司已选择通过思科 TrustSec 使用 VRF 或软件定义微分段作为网络分段的主要手段。VRF 提供对路由和交换环境的完全隔离，使 VRF 成为众多企业使用的通用网络分段技术，借助 802.1Q 中继或 GRE 使用 VRF-Lite，甚至在许多情况下将 MPLS 作为底层传输网络。然而，除了 VRF 之外，越来越多的客户正在使用思科 TrustSec 提供逻辑的基于组的微分段，而无须支持数据平面隔离以及 VRF 固有的路由 / 控制平面考虑。正如本书后面“定义网络分段”部分所讨论的，这两种方法都有其独特的优势。VRF 和思科 TrustSec 软件定义的微分段在现在和可预见的将来都将继续成为网络分段的非常有效的方式，并且通过这种分段方式，无论是虚拟的还是逻辑的方法都可以实现扩展的安全策略。

为支持企业的业务需求而制定的执行安全策略的网络分段方式通常不仅限于单个位置。它可能需要跨越由数千个设备组成的多个建筑物的园区网络或跨远程站点，如商店或分支机构，每个站点有少数几台设备。给定的网络分段及其代表的策略可以在业务相关的应用或功能需要驻留的企业内的任何地方扩展。 从历史上看，在实施 VRF 或思科 TrustSec 时，网络基础架构的手动配置是不可缺少的。无论是通过 VRF-Lite 或 MPLS 扩展 VRF，还是启用思科 TrustSec 可扩展组标签的传播，配置通常以逐跳为基础且必须手动完成配置。

随着思科软件定义访问以及更广泛的思科全数字化网络架构（DNA）的引入，可以实现网络微分段的实施手段再次得到发展。引用《思科意图网络白皮书》的原文："基于意图的网络解决方案实现了将传统实践中需要手动派生的单独网络元素的配置方法替代为基于控制器的和基于策略的抽象方法，使网络操作人员可以轻松地表达业务意图（期望结果），并随后验证网络是否满足了他们的要求。"

思科基于意图的网络（IBN）和相关的软件定义访问等技术所带来的主要优势之一就是能够确保整个企业内部对于安全策略的遵循。因此，IBN 的范围从数据中心和云环境一直延伸到园区网络和远程位置，甚至包括对员工、承包商或供应商的远程网络访问。控制器提供组成 IBN 的自动化和控制能力，通过确保安全策略在整个网络中统一应用，降低风险，并帮助确保安全策略符合业务要求。控制器捕获业务意图并将其转化为网络策略，并在整个网络基础架构中激活这些策略。

一个类似的示例是在数据中心由思科应用策略基础架构控制器（APIC）提供支持的思科应用中心基础设施（思科 ACI），该架构可以将业务需求转化为安全区域或飞地。通过部署思科 ACI，可以创建安全合同或策略，无论是应用程序还是用户，只允许分层应用程序之间的特定通信，以及访问外部资源，同时阻止所有其他未经授权的访问。在思科 ACI 策略模型中，VRF 和基于组的终端组（EPG）在许多方面与可扩展组标签（SGT）非常类似，甚至在一定范围内可以互相转化且用于提供微分段。安全合同通过使用 EPG 安全策略和应用程序网络配置文件来控制进出数据中心的通信，也适用于应用程序和数据存储库之间的通信。

在软件定义访问架构中，思科 DNA 中心和思科 ISE 协同工作，为网络规划、配置、微分段、认证和策略服务提供自动化帮助。思科 ISE 负责终端设备类型分析、身份服务和策略服务，动态地与 DNA 中心交换信息。DNA 中心由网络自动化和网络保障组件组成，它们协调工作以形成一个闭环的自动系统，支持在园区网络环境中实现思科 IBN 所需的配置、监控和报告功能。

DNA 中心实施时，ISE 仍作为单独的设备部署，为软件定义访问园区网络交换矩阵提供身份和策略服务。当通过思科 DNA 中心用户界面创建可扩展组标签时，ISE 用户界面与其交叉启动并完成任务。ISE负责维护需要在思科DNA中心用于策略创建的所有可扩展组信息。虽然是在思科DNA图形界面中创建策略和相应的合同，但是它们最终都通过调用代表性状态转移应用程序编程接口（REST API）同步到ISE中。ISE作为可扩展组标签、策略和合同（SGACLS）的唯一参考点，这些安全相关的配置后续会动态地分配给网络基础设施。

通过结合使用与VRF同义的虚拟网络（VN）和思科TrustSec SGT，可实现软件定义访问内的微分段。网络宏分段可以通过单独使用意图驱动或专用的虚拟网络来完成，而思科TrustSec SGT则根据组成员身份提供逻辑微分段。思科TrustSec提供了额外的网络分段粒度，允许在单个虚拟网络内使用多个SGT，从而在虚拟网络内部进一步提供微分段的能力。

在软件定义访问之前，SGT被称为“安全组标记”，之后它被改为“可扩展组标签”，因为未来SGT可能被用于其他目的。服务质量（QoS）和基于策略的路由就是两个例子，在软件定义访问之前已经在TrustSec中实现。

尽管本书专门关注软件定义访问中的分段和策略构建，但了解软件定义访问和其他技术（如SD-WAN）如何与基于思科ACI的数据中心以及已经实施了思科TrustSec或VRF的网络基础架构互相影响同样也很重要。在企业开始向IBN模型迁移的过程中，理解这些技术如何相互影响以及如何在不同环境之间转换策略的重要性不容忽视，因为无论是思科ACI、VRF，还是思科TrustSec，现有的网络分段策略（宏分段级别的虚拟网络和微分段级别的可扩展组）都会影响企业和构成软件定义访问网络交换矩阵的决策。

8.2.1　软件定义访问中的虚拟网络和可扩展组标签

1. 虚拟网络

如前面描述的VRF一样，虚拟网络可以为某个虚拟网络中的流量和设备与其他虚拟网络中的流量和设备之间提供完全的隔离。在软件定义访问网络交换矩阵中，标识虚拟网络的信息在VXLAN报头中的VXLAN网络标识符（VNI）字段中携带，如图8-5所示。

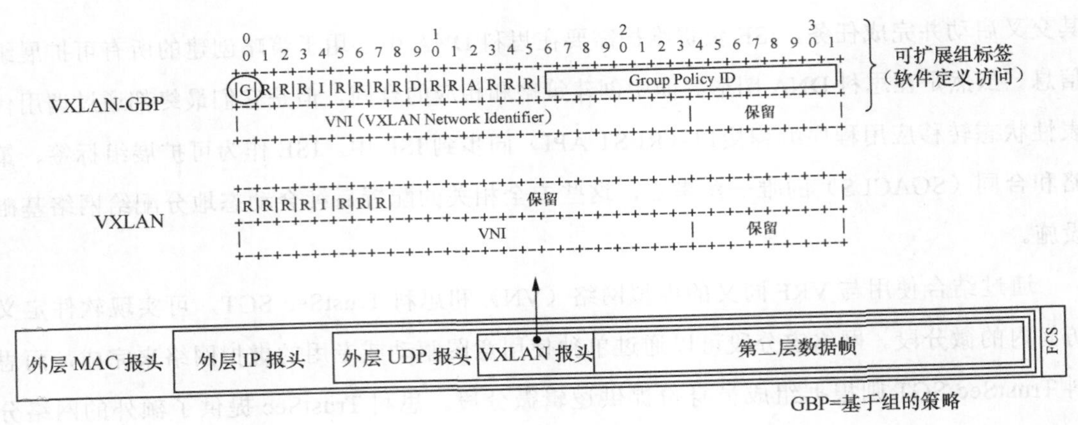

图 8–5 VXLAN GBP 报头

与传统的 VRF 相比，软件定义访问网络交换矩阵不需要为每个虚拟网络建立独立的路由表，因为 LISP 用于提供控制平面的转发信息。软件定义访问网络交换矩阵外部，在软件定义访问边界处，虚拟网络直接映射到 VRF 实例，VRF 实例可能会扩展到网络交换矩阵之外。可以使用诸如 VRF-Lite 或 MPLS 之类的路径隔离技术来维持 VRF 之间的隔离。另外，由网络交换矩阵终端标识符（EID）表示的 IP 寻址信息可以被重新分配到诸如 BGP、EIGRP 或 OSPF 的路由协议中，用于扩展虚拟网络。

默认情况下，DNA 中心具有一个虚拟网络 DEFAULT_VN，即所有用户和端点所属的虚拟网络。在 DNA 中心与 ISE 集成后，默认的虚拟网络将由 ISE 的可扩展组填充。这些可扩展组可以在 DEFAULT_VN 中使用，也可以在新定义的虚拟网络中使用。

由于网络交换矩阵外部的 VRF 通过为每个 VRF 使用单独的路由表来隔离它们之间的通信，因此，如果需要它们之间互相通信，则有必要将流量转发到外部网络设备以启用通信。可以使用防火墙、三层交换机或路由器“泄露”每个 VRF 中维护的路由信息，从而实现虚拟网络之间的通信，同时提供控制点以执行已建立的安全策略。如前所述，这些网络设备通常被称为“融合”防火墙或路由器。如今，这些“融合”路由器和防火墙必须部署在网络交换矩阵外部。

2. 可扩展组标签

如前所述，SGT 由与可扩展组关联的 16 位组标识符表示，标识符内容由业务角色或功能决定。默认情况下，有多个预定义的可扩展组以及相关联的 16 进制标记 ID，还可以定义新的可扩展组以及选择的标签 ID。如果我们将医疗环境中的用户角色作为例子，则可以将用户分组为医生、护士、影像技术人员、药剂师、患者和访客。同样，我们可以将唯一的 SGT 分配给不同的设备，如 IP 摄像机、HVAC 控制设备、键盘 / 电子刷卡器和数字标牌。与非网络交换矩阵中的思科 TrustSec 相比，软件定义访问中可扩展组标签的使用方式几乎没有什么变化，SGT 继续提供设备或用户在逻辑上相互分离的手段。未来的发展可能会改变 SGT 可传递的信息或意图。

SGT 在软件定义访问中创建和使用的主要区别在于，定义 SGT 的过程始于 DNA 中心，然后在企业建立的虚拟网络中使用。全局路由表保留，用于软件定义访问网络交换矩阵的底层网络中，SGT 和它们所表示的逻辑微分段将在默认虚拟网络中创建和使用，也可以分配给其他用户自己创建的虚拟网络。目前，一个可扩展组只能在一个虚拟网络中使用。

软件定义访问网络中可扩展组标签的传播不再像 TrustSec 内联式标签一样需要逐跳执行，而是放在 VXLAN 头中携带，如图 8-5 所示。从图中可以看出，SGT 和 VNI 信息都在 VXLAN 报头中维护，用于软件定义访问网络交换矩阵中 VXLAN 隧道端点之间的通信。

正如我们已经讨论过的，软件定义访问中的分段方式分别通过虚拟网络和 SGT 在宏观和微观两个层次上进行。虚拟网络在软件定义访问网络交换矩阵内完全隔离，在不同虚拟网络内的终端之间提供宏分段。默认情况下，虚拟网络中的所有终端都可以相互通信。由于每个虚拟网络都有其自己的路由实例，因此，需要“融合”路由器或防火墙的外部非网络交换矩阵设备来提供虚拟网络之间通信所需的 VRF 之间的转发。在该融合设备中，可以通过标准的基于 IP 的 ACL、可扩展组标签或两者的组合来实施策略，还可以根据终端分配的 SGT 在 DNA 中心为虚拟网络中的流量实施已定义的策略。这些策略或 SGACL 可以像允许 / 拒绝一样简单，也可以是基于允许 / 拒绝特定 TCP/UDP 端口的第四层访问控制条目，它们在 DNA 中心都被称为合同。这些策略和相关联的合同在 DNA 中心进行配置，然后通过 REST API 传递给 ISE。ISE 只需要在相关的边缘节点更新与所连接的终端设备 SGT 相关联的策略即可，策略执行在目的地所在的出口处完成。

本章讨论的“融合”防火墙被认为是与软件定义访问边界节点相邻的第三层以及外部网络基础设施，“融合”防火墙用于虚拟网络之间的通信。通过使用标准 ACL 或基于组策略的 SGT，在“融合”防火墙中定义的防火墙规则控制终端之间的流量。在防火墙上启用 TrustSec 的好处是双重的。第一，可以基于 SGT 而不是所有 IP 地址来强制执行外部绑定或跨虚拟网络流量的策略。第二，将已标记的流量传播到软件定义访问网络交换矩阵之外，即如果已在网络中启用内联标记，那么通过将其传播到局域网或广域网中的其他非交换矩阵区域，从而实现在整个网络中扩展基于组的策略。图 8-6 中的防火墙不需要使用 SGT 信息，也可以简单地使用标准的基于 IP 的访问列表。

在防火墙规则中使用的 SGT 称为可扩展组防火墙（SGFW）。SGFW 仅接收来自 ISE 的名称和可扩展组标签值，它们不会收到实际的策略 / 规则。与 SGACL 在 DNA 中心配置并由 ISE 部署的交换机不同，基于可扩展组标签的规则定义是通过 CLI 或其他管理工具在 SGFW 本地执行的。

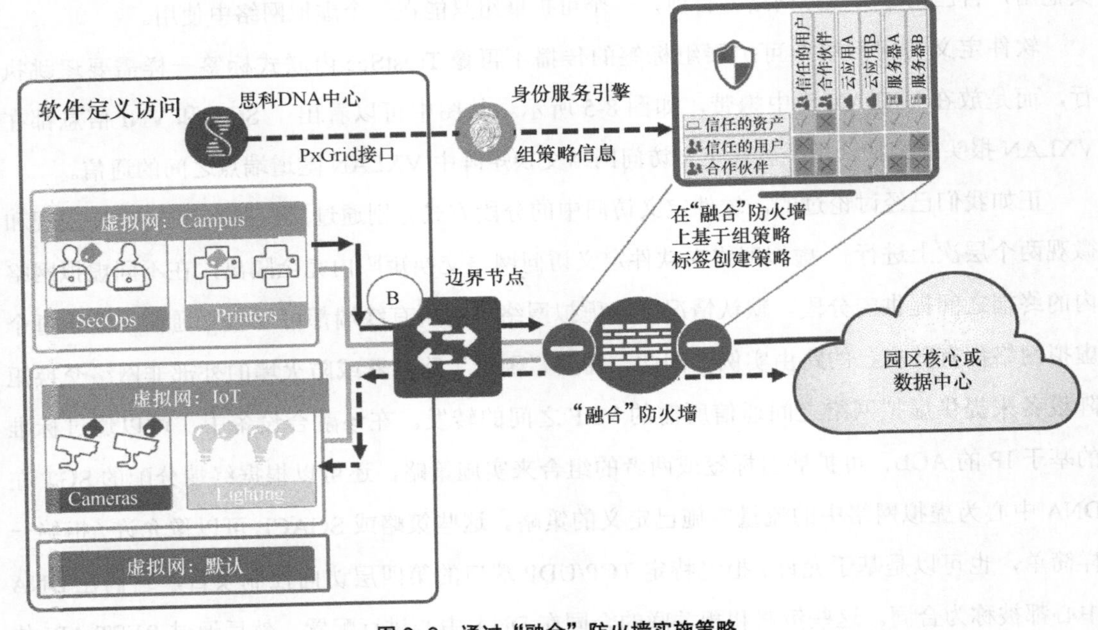

图 8–6　通过“融合”防火墙实施策略

在图 8-6 中，根据可扩展组，以及基于在防火墙上实施的策略，可以转发或丢弃从 Compus VN 发出并发往 IoT VN 或网络交换矩阵外部的流量。

当使用基于可扩展组和 IP 地址或网络对象的防火墙规则时，除了确保每个虚拟网络都有专用接口或子接口之外，没有其他的注意事项。但是，在防火墙规则中使用 IP 地址的主要缺点是，如果终端寻址发生更改，则必须更新防火墙规则以更新这些新地址。

如果决定使用 SGFW 来执行基于可扩展组标签的策略，除了专用于每个虚拟网络的接口之外，还需要确保与每个终端节点的流量相关联的可扩展组信息被传播到 SGFW，并可使用规则创建。此外，我们在下一节中将讨论，如果希望仅使用可扩展组标签在 SGFW 上执行策略，那么也将需要将目的 IP 地址和可扩展组标签进行映射。

SGFW 可以是运行 ASA OS 的 ASA 防火墙，也可以是运行 ASA OS 或 Firepower 威胁防御（FTD）软件的思科 Firepower 下一代防火墙（NGFW）设备。对于 ASA OS，可以在防火墙规则中使用源 / 目标可扩展组标签或 IP 地址的任意组合。如果使用 NGFW FTD 软件，则仅需指定源可扩展组标签，目标将是基于 IP 地址的对象。当防火墙运行 ASA OS 时，使用的是基于 TCP 的可扩展组标签交换协议（SXP）。

3. 传播可扩展组标签的实现

为了在“融合”防火墙上实现 SGFW，可扩展的组信息必须进入防火墙的流量，且可选的目的地执行动作都在 SGFW 中发生。与思科 TrustSec 在非软件定义访问网络上的实施过程一样，强制执行动作将发生在能够派生源可扩展组标签的第一个网络设备上，该设备同时也具有目的地的 IP 到可扩展组的标签映射信息。然而，在讨论 SGFW 强制执行的考虑因素之前，我们将首先讨论可扩展组标签的传播过程。

可以使用思科 ISE 通过 SXP 或 pxGrid 向 SGFW 发布 IP 到可扩展组标签的映射来传播可扩展组标签信息，需要配置思科 ISE 与防火墙交换可扩展组名和关联的 16 位 SGT ID。当使用 SXP 或 pxGrid 时，由于未标记的流量到达 SGFW，将检查可扩展组映射数据库并检查从 ISE 获悉的与 SGT ID 关联的源流量。

对于软件定义访问，只能在 ISE 和“融合”防火墙之间使用 SXP 或 pxGrid 来支持将网络交换矩阵终端的可扩展组标签信息传播到“融合”防火墙。软件定义访问边界节点和“融合”防火墙以及此时与边界节点相邻的三层的其他设备之间不支持内联标记。

此外，当防火墙运行 ASA OS 时，ISE 将使用 SXP 来公布 IP 到可扩展组标签的映射，对于运行 FTD 操作系统的思科 Firepower NGF，思科 ISE 将使用 pxGrid 发布 IP 到可扩展组标签的映射。

使用 SXP 或 pxGrid 发布 IP 到可扩展组标签映射取决于 SGFW 操作系统。如果在 ASA 或思科 Firepower 设备上运行 ASA OS，则使用 SXP 通告连接到网络交换矩阵的终端的 IP 到可扩展组标签的映射。如果在 Firepower NGFW 上使用 FTD 软件，则使用 pxGrid 将映射发布到 Firepower NGFW。然后，可以配置 ISE 在 RADIUS 授权期间学习并通告连接到网络交换矩阵边缘节点的终端设备的映射，然后，此配置将连接到网络交换矩阵的终端设备的 IP 地址，并关联 SGT 信息，填充到 SGFW，如图 8-7 所示。

在 ISE 中，在 TrustSec> Settings 页面上，可以将 RADIUS 会话映射添加为 SXP 通告的 IP 到可扩展组标签映射，以及在 pxGrid 上发布它们。此映射适用于所有支持 dot1x / MAB 身份验证的思科交换机以及任何使用 ISE 作为 RADIUS 服务器的第三方交换机。对于思科交换机，无论该交换机是部署为交换矩阵边缘节点还是部署在非网络交换矩阵部分，该映射都可实现。

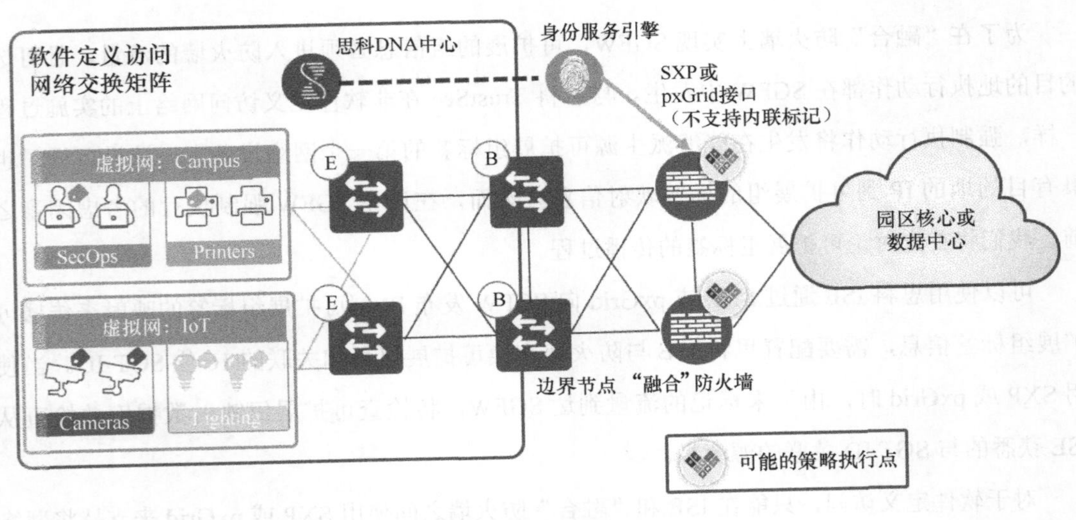

图 8-7 启用 SXP 的“融合”防火墙

另外，可以为在 ISE 上手动创建的服务器或其他非网络交换矩阵终端的 IP 到可扩展组标签映射进行通告，或者当应用策略基础架构控制器（APIC）控制的 ACI 网络交换矩阵存在时，通过 ACI 集成动态地学习，从而在与网络交换矩阵外部通信时强制执行相关的策略。在

ISE 手动创建 IP 到可扩展组标签映射显然不限于软件定义访问网络交换矩阵之外的终端，也适用于可能不在网络交换矩阵内使用 dot1x 或 MAB 认证的终端和那些必须为其手动创建映射的终端。

如果希望能够将 SGT 传播到 SGFW 之外的网络其他区域，而不在 SGFW 上强制执行，则在防火墙的出口接口处启用内联标记将是最有效的，因为 SGFW 简单地将内嵌可扩展组标签的数据帧转发，此转发行为在任何防火墙操作系统都是一致的。当流量到达 SGFW 时，它将执行 IP 到可扩展组标签的查找，检查策略，策略如果允许并且 SGFW 的出口接口启用了内联标记，则会将关联可扩展组标签的流量封装到以太网报头的 CMD 字段。这种情况的前提假设是思科 TrustSec 内联标签已经在 SGFW/“融合”防火墙之外的基础设施上启用，如图 8-8 所示。

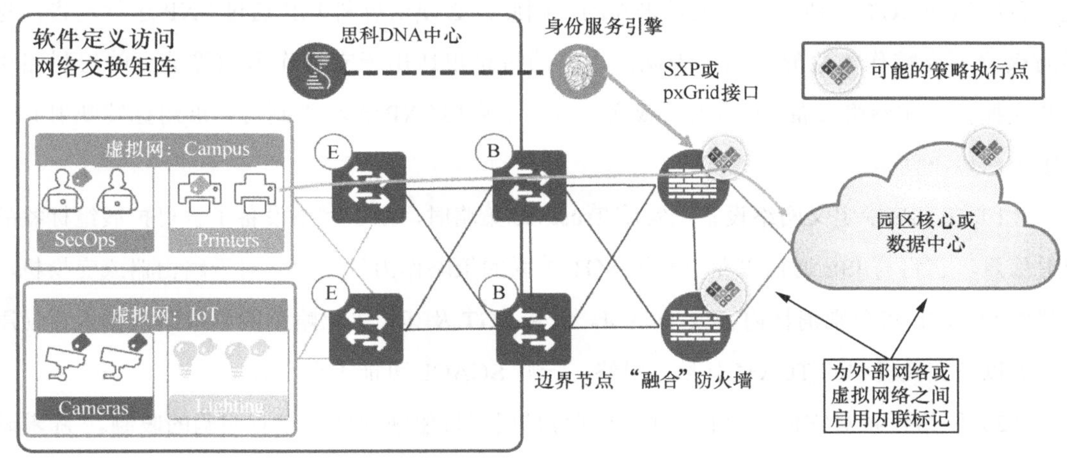

图 8-8 从“融合”防火墙出口启用内联标记

有关思科 TrustSec 内联标记的更多信息，请参阅《使用 TrustSec 设计指南之用户到数据中心访问控制》文档。

通过 SXP 将可扩展组标签通告到网络的其他区域是另一种可能性，下面将对此进行更详细的讨论。

8.2.2 对流向网络交换矩阵外部流量的强制策略

有以下 3 个选项用于对流向软件定义访问网络交换矩阵之外的流量执行基于可扩展组标

签的策略：

（1）在作为“融合”防火墙的 SGFW 上强制执行；

（2）在目的地或路径的其他地方执行；

（3）在边界节点强制执行。

软件定义访问边界节点在基于可扩展组标签的实施中仅适用于目标地址为网络交换矩阵外部的通信业务。根据出向流量的类型和规模，可能需要考虑边界节点上的软件和/或硬件资源是否满足要求。对于各种平台在支持的 IP 到可扩展组标签映射和 SGACL 数量方面的可扩展性内容请参见第 7 章。

正如所讨论的那样，基于可扩展组标签的执行，需要执行设备能够提取源和目标可扩展组标签的能力。网络交换矩阵终端的 SGT 信息在 VXLAN 报头中传播到达边界节点。但是，目的地的 SGT 在边界节点上是未知的，因此，必须由思科 ISE 通过 SXP 进行通告，思科防火墙不支持作为边界节点，因此，本书的讨论仅适用于支持作为边界节点的思科路由器和交换机。在网络设备（如路由器或交换机）上启用 SXP 学习 IP 到可扩展组标签映射时，必须考虑以下两点。

（1）在 ISE 中定义网络设备以实施 TrustSec 策略时，由于网络设备了解可扩展组标签的映射信息，它将与 ISE 通信以获取与该 SGT 关联的策略作为目的地。对于路由器或交换机，下载的 SGACL 将分别消耗内存或 TCAM。大量 SGT 及其相关策略可能导致路由器内存使用量过大以及交换机中的 TCAM 耗尽。最终，一些 SGACL 可能不会安装。

（2）网络设备对它们可以存储的 IP 到可扩展组标签映射的数量有明确的限制。随着映射数量的增加，这些映射将消耗内存。如果超过支持的数量，则映射将不会安装在内存中，因此，不会强制执行特定于这些映射的策略。

边界节点支持的各种平台以及支持的 IP 到可扩展组标签的映射和 SGACL 数量的可扩展性方面的内容请参见第 7 章。

1. 在作为“融合”防火墙的 SGFW 上执行策略

第一个选项允许在“融合”防火墙上对离开软件定义访问网络交换矩阵的所有流量实施

基于组的策略。没有必要将网络交换矩阵里终端的可扩展组标签信息传播到 SGFW 之外。如上所述，通过第一种选择，ISE 将向 SGFW 通告经过身份验证的网络交换矩阵中的终端的 IP 到可扩展组标签的映射，然后，需要确定 SGFW 上的策略是否将可扩展组标签用于目标地址或 IP 地址。

根据是否在“融合”防火墙或 FTD 上使用 ASA OS，可以使用不同的选项来识别规则中的目的地。使用 ASA OS 时，请记住可以使用 SGT 或 IP 地址的任意组合，而不考虑源和目标。FTD 只支持目的地 SGT。

如果希望创建的策略由 SGFW 上的源 SGT 和目标 IP 地址组成，而不考虑操作系统，并且通过 SXP 或 pxGrid 在 ISE 和 SGFW 之间建立源 SGT 信息的传播，则可以继续创建规则并执行。

如果在 SGFW 上运行 ASA 操作系统，并且决定要将可扩展组标签信息用于规则中的源和目标，无论是在外部网络还是在另一个虚拟网络中，都需要使用 SXP 向 SGFW 公布目的地的 IP 到可扩展组标签映射信息。请记住，基于可扩展组标签的强制执行的基本规则将发生在具有目标 IP 到可扩展组标签映射的第一个网络设备上。

对思科防火墙（无论运行何种操作系统）上 IP 到可扩展组标签的扩展规模和基于可扩展组标签的策略执行的担忧完全没有必要。目前，大多数思科 ASA 防火墙和所有基于 FTD 的 Firepower 设备型号通常可以支持 750 000～2 000 000 个 IP 到可扩展组标签映射的规模。与基于 IP 地址和 / 或网络对象的规则相比，基于可扩展组标签的规则实际上可以消耗更少的内存。

使用目标 IP 到可扩展组标签映射来填充运行 ASA OS 的 SGFW 的两种方法是创建静态映射或使用 SXP。推荐的方法是在 ISE 集中配置，可以手动创建这些映射（可以是主机地址或子网）并将它们通告给 SGFW。此外，正如前面所讨论的，如果有一个基于 ACI 架构的数据中心，可以将 ISE 与 APIC 集成，从而为 ACI 网络交换矩阵中的服务器动态创建 IP 到可扩展组标签的映射。然后，这些映射也可以自动通知到 SGFW。图 8-9 描述了此部署。

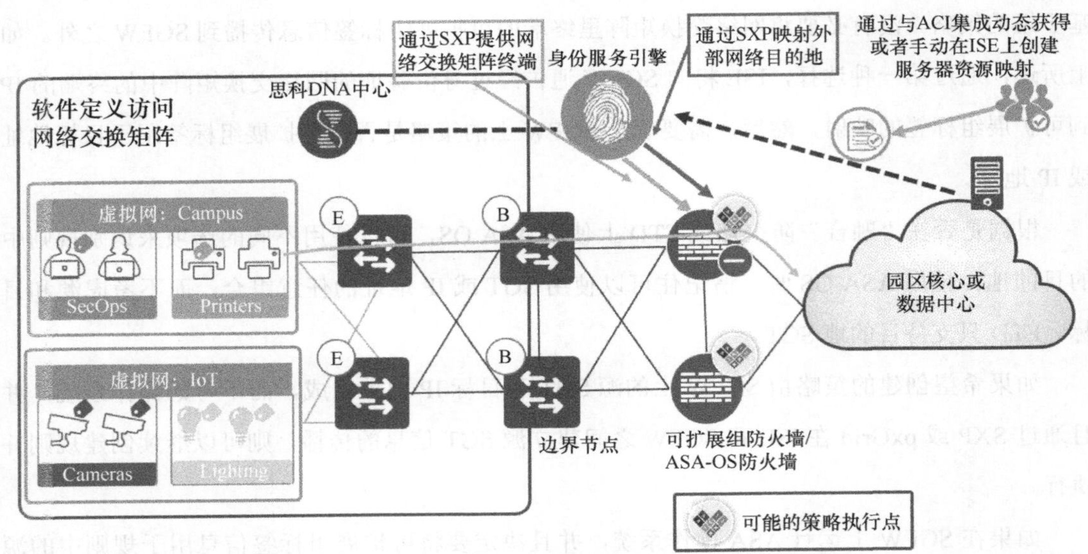

图 8–9　可扩展组防火墙对外部流量的强制策略

2. 在目的地或到目的地的路径中执行策略

为了实现在目的地或到目的地的路径中的设备执行策略，该目标终端的 IP 到可扩展组标签映射必须存在于执行设备上。如果策略执行点在目标终端设备所连接的网络设备上，则该终端必须“被分类”或与可扩展组标签相关联。IP 到可扩展组标签映射的分类或创建可以通过 802.1x 或 MAB 动态地在网络设备本地执行；或基于设备平台的功能通过设备 CLI 静态地通过 IP 到 SGT、子网到 SGT、VLAN 到 SGT 或端口到 SGT 进行配置，也可以在 ISE 上创建目标映射并通过 SXP 将目标映射发布到目标交换机。如果需要在到目的地路径上的网络设备执行，则需要在中间设备使用 SXP 或静态分类。

除了目标 IP 到可扩展组标签的映射之外，第二个选项假定软件定义访问网络交换矩阵终端的 SGT 将传播到策略执行点。需要在“融合”防火墙的出口处启用思科 TrustSec 内联标记，或使用 SXP 将源可扩展组标签传播到目标或策略执行点。

内联标记始终是最具可扩展性的方法，因为可扩展组标签将嵌入去往目标的流量的以太网报头中。与 SXP 不同，可扩展组标签的所有处理都通过硬件执行，而 SXP 将使用内存和处理器来存储和更新映射。为了支持内联标记，“融合”防火墙和目标策略执行点之间的所有链接都必须手动启用 TrustSec，该启用在逐跳的基础上在链路的每个设备上执行。

启用内嵌标记需要注意的另外一点是，不仅可以针对从网络交换矩阵内部到外部的流量实施基于 TrustSec 的组策略，还可以在“融合”防火墙实施从服务器到网络交换矩阵内部终端的入向流量的策略。如前所述，只要服务器或其他外部目的地在防火墙本地被分类为可扩展组标签，就可以远程标记流量，并通过启用了内联标记的非网络交换矩阵基础设施将结果传播回网络交换矩阵，如图 8-10 所示。

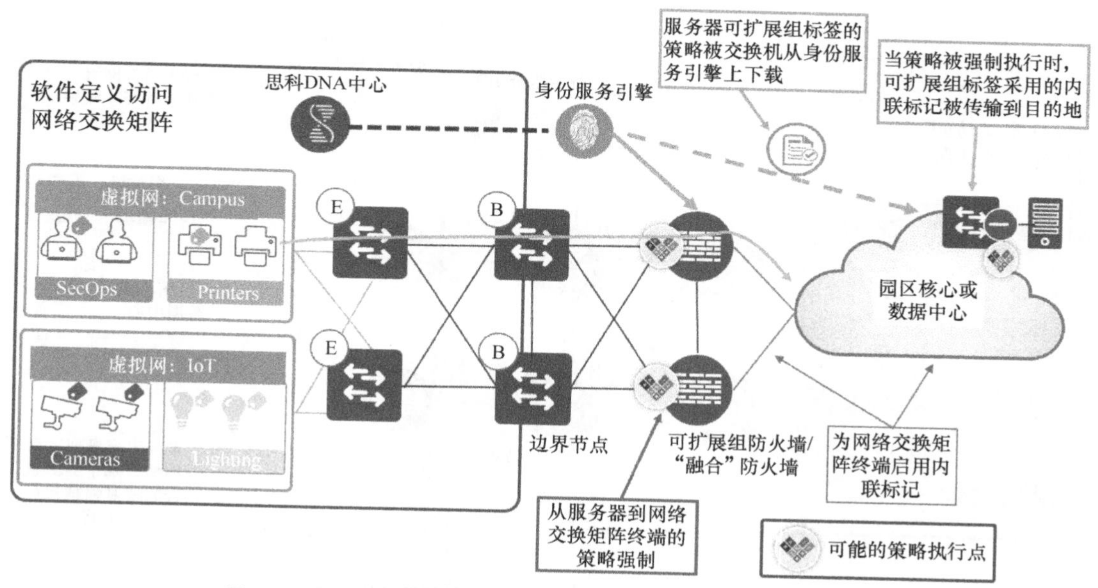

图 8-10 在非软件定义访问网络基础设施中启用 TrustSec 内联标记

如果决定使用 ISE 和 SXP 而不是“融合”防火墙的内联标记，则需要配置 ISE 向网络发布在网络交换矩阵终端 AAA 授权期间创建的 IP 到可扩展组标签映射，然后需要在 ISE 和选择执行策略的网络设备之间配置 SXP。

（1）在 ISE 中定义网络设备以实施 TrustSec 策略时，由于网络设备了解可扩展组标签的映射信息，它将与 ISE 通信以获取与该可扩展组标签相关联的策略作为目的地。对于路由器或交换机，下载的 SGACL 将分别消耗内存或 TCAM。许多可扩展组标签及其相关策略可能导致路由器内存使用量过大以及交换机中的 TCAM 耗尽。最终，一些 SGACL 可能不会被安装。

（2）网络设备对其可以存储的 IP 到可扩展组标签映射的数量有明确的限制。随着映射数量的增加，这些映射将不断消耗网络设备的内存。如果超过支持的数量，则映射将不会安装在内存中，因此，不会强制执行特定于这些映射的策略。

在选择那些需要 SXP 映射以用于执行目的的设备时，应该牢记这些注意事项。此外，如前所述，思科防火墙在被选为执行点时具有极高的可扩展性。图 8-11 描绘了 SXP 到网络交换矩阵外部的策略执行点。

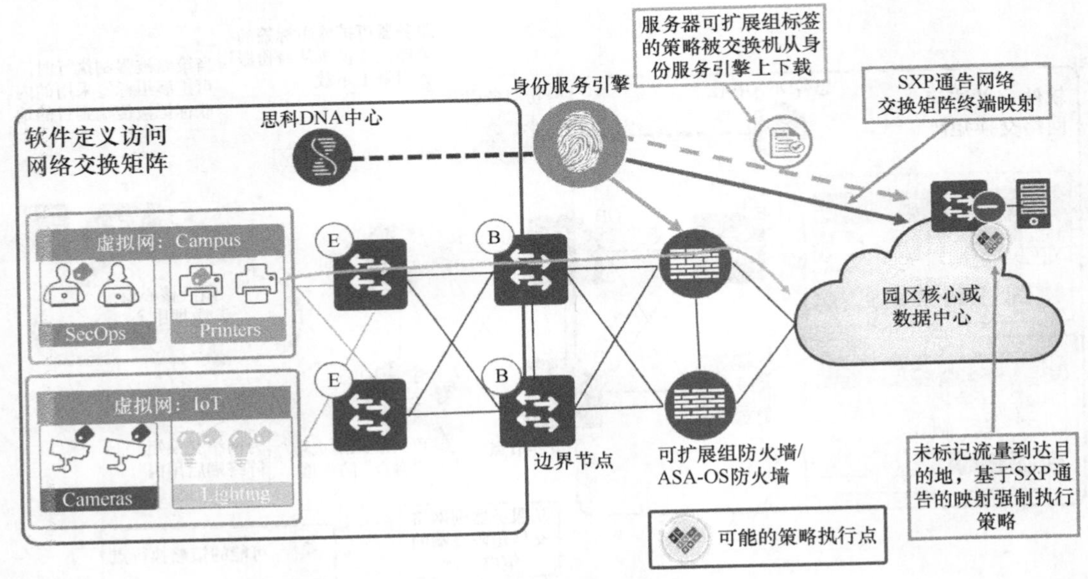

图 8–11　SXP 到网络交换矩阵外部的策略执行点

选择使用 SXP 而不是内联标记的一个不同之处在于，如果除前面介绍的配置外没有其他配置，则基于可扩展组标签对服务器流量或其他外部终端到网络交换矩阵终端执行策略是不可能的，额外的配置是必需的，因为外部流量将在没有可扩展组标签的情况下到达“融合”防火墙，因此，在基于可扩展组标签的策略中不可用。

要配置此功能，必须将外部设备 IP 到可扩展组标签的映射传播到“融合”防火墙以用作源 SGT。其中，源在网络交换矩阵外部，目标是网络交换矩阵内部的终端，如图 8-12 所示。

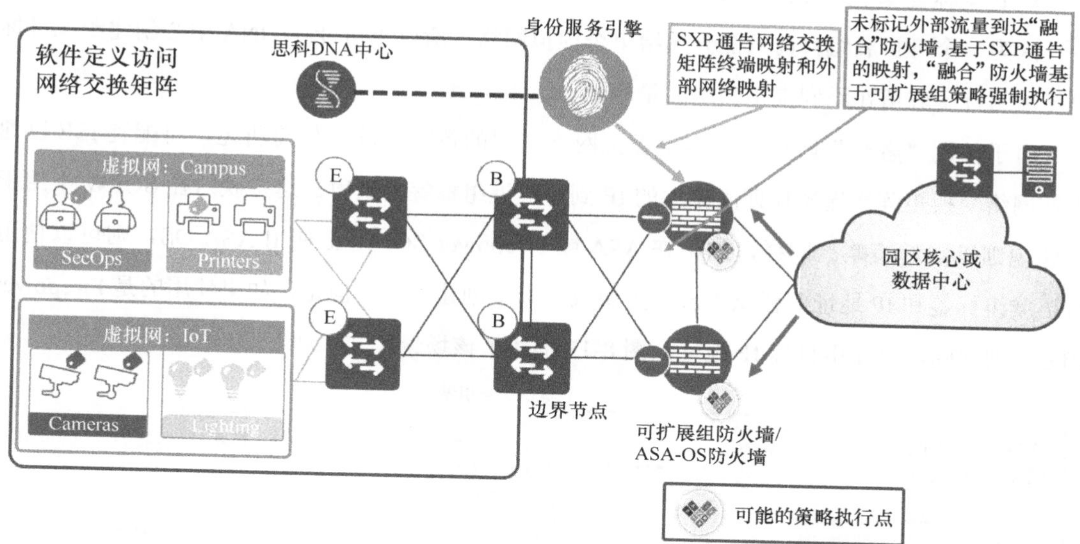

图 8-12　对从外部网络到网络交换矩阵的流量执行策略

8.2.3　虚拟网络内和虚拟网络之间的策略执行

在每个虚拟网络内，可以定义一个或多个可扩展组，从而在该虚拟网络内提供基于可扩展组标签的微分段。每个虚拟网络内可扩展组标签之间的通信策略在思科 DNA 中心上定义，并通过 REST API 传送给 ISE，随后由 ISE 分发到软件定义访问网络交换矩阵的边缘节点。当终端连接到边缘节点时，如果可扩展组标签尚未存在或并未安装在 TCAM 中，边缘节点将向 ISE 请求适用的策略。对于虚拟网络内的策略执行，唯一的要求是为虚拟网络创建策略和相关合同，然后定义可扩展组标签之间是否允许通信。

也可以使用可扩展组标签执行策略，允许或拒绝虚拟网络之间的通信。当创建虚拟网络时，可以选择将哪些可扩展组分配给该虚拟网络。当在 DNA 中心构建策略时，将指定源和目标可扩展组标签。如果正在创建的策略将使用另一个虚拟网络中的可扩展组标签，则需要将该可扩展组标签定义为虚拟网络不可知标签。

与网络交换矩阵内部终端和外部目标之间的策略执行一样，对于虚拟网络之间的通信，有两种策略实施选项：

- 在作为SGFW的"融合"防火墙上执行策略；

- 在目标边缘节点处执行策略。

因为一个可扩展组目前只能分配给单个虚拟网络，所以不可能在DNA中心创建源或目标可扩展组标签驻留在不同虚拟网络的策略。

对于使用“融合”防火墙来实现虚拟网络之间的策略实施，如前所述，将配置ISE以通告在网络交换矩阵终端授权期间派生的IP到可扩展组标签的映射。这些映射在SGFW中用于创建规则以实施策略。同样，如果在ASA或Firepower SGFW上使用ASA OS，则可以使用可扩展组标签和IP地址的任意组合作为源或目标来创建规则。但是，如果使用的是Firepower FTD，则规则需要使用目标IP地址，图8-13描述了该场景。

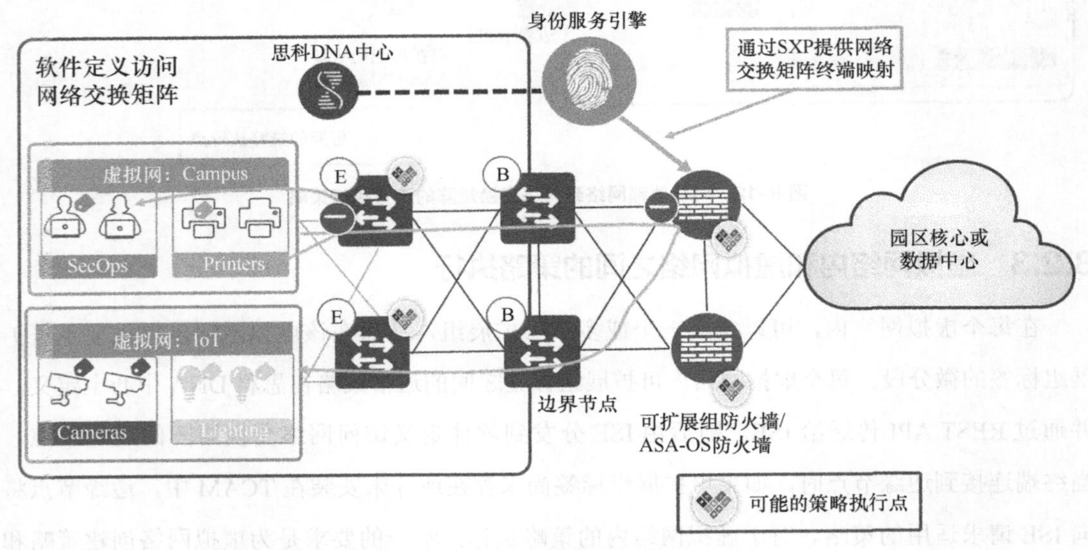

图8-13 虚拟网络内和虚拟网络之间的策略执行

8.2.4 定义网络分段

是虚拟还是逻辑创建网络分段，应该由企业的业务需求来驱动。首先要了解网络分段的目标是什么？

通过实施网络分段，可以通过虚拟方式（虚拟网络）和逻辑方式（可扩展组标签）划定分段，这些分段出于安全原因专用于特定业务应用程序或功能。这些网络分段可以有明确的策略来管理对其他分段的访问，并可以限制它们之间的通信。在实施网络分段时，可以将网络攻击影响最小化，同时在虚拟网络内外定义安全策略，或者在虚拟网络内部使用可扩展组标签的情况下为逻辑微分段定义安全策略。

如前所述，软件定义访问通过使用虚拟网络提供网络分段以及通过在每个虚拟网络内使用可扩展组标签进行“逻辑”微分段。实际上，可以在每个虚拟网络中使用单个可扩展组，也可以使用具有多个可扩展组的虚拟网络。

所采取的方法在很大程度上取决于是否需要完全隔离应用程序或业务功能。在诸如支付卡行业（PCI）和访客网络等情况下，通过虚拟网络实现完全隔离可能是最佳的选择。在使用虚拟网络时，合规性的范围仅限于访问虚拟网络及其内部的通信。可扩展组和组之间通信的策略可以为销售机器（POS）和读卡器“逻辑地”提供必要的微分段。对于PCI规范的合规性，如果不使用虚拟网络而使用可扩展组进行隔离，则需要证明不同组标签之间是隔离的。大多数客户可能会选择通过组合的方式来实现网络分段。

可能使用虚拟网络的一些示例如下。

（1）PCI：POS 机、读卡器和支付卡网关。

（2）电力：分离发电、传输和办公网络。

（3）楼宇控制：热力、制冷、照明和安全系统。

（4）制造车间：隔离生产网络和办公网络。

（5）交易楼层。

（6）网络基础设施的管理。

（7）研究与开发：将研究环境与企业网络隔离开来。

（8）大学宿舍：将它们与校园网络和应用程序隔离。

（9）医疗临床环境：床边监护仪、输液泵、MRI、超声波和 X 射线。

（10）访客网络。

可以使用可扩展组标签的一些示例如下。

（1）PCI：库存扫描仪、读卡器、POS 机。

（2）医疗临床环境：床边监护仪、输液泵、MRI、超声波、X 光、医生、护士、楼宇控制。

（3）大学：学生、教授、楼宇控制和安全监视系统。

（4）业务职能，如人力资源或财务。

（5）安全系统和其他业务控制。

（6）来宾访问。

（7）承包商访问。

（8）商业合作伙伴。

（9）隔离和补救。

（10）网络管理。

从上面的例子可以看出，虚拟网络、可扩展组标签或它们的组合都可能被用来实现网络分段。因此，当讨论网络分段问题时，需要能够区分哪些方法可以满足业务安全需求而不会产生不必要的设计复杂性。

8.2.5 定义虚拟网络或可扩展组标签

在前面的章节中，我们探讨了使用和不使用软件定义访问的各种网络分段技术，以及驱动网络分段的业务需求是什么。

1. 虚拟网络

无论是虚拟网络还是VRF，迫使企业隔离网络不同部分的需求通常显而易见。通常情况下，此要求是为了通过维护各种类型的业务通信之间的安全控制来达到合规性。在评估特定业务功能或应用是否需要自己的虚拟网络时，请考虑以下标准：

（1）应用程序或业务功能以及访问它的设备是否从网络边缘延伸到核心；

（2）用户和设备通信是否主要限于该虚拟网络内部，只需要有限的虚拟网络内外访问权限；

（3）在虚拟网络中，是否允许设备之间的通信；

（4）通过虚拟网络或VRF启用隔离，网络审计的合规范围是否会降低。

一般来说，如果对上述问题的所有回答都是肯定的，这可能会影响为这些应用程序和业务功能定义虚拟网络或VRF的决定。软件定义访问部署完成后，通过叠加网络的VXLAN数据平面和LISP控制平面消除网络交换矩阵内的路由复杂性。在网络交换矩阵的边界仍然需要使用“融合”路由器或防火墙来处理软件定义访问虚拟网络和外部网络之间的任何必要的路由泄露。

一个何时采用单独的虚拟网络的例子是，PCI 数据安全标准（PCI-DSS）的合规性，它要求必须实施安全控制，限制所有对持卡人信息和交易数据的访问。将所有收集、存储或传输信用卡交易的设备都放在一个虚拟网络中，提供对该环境的有限访问并提供适当的策略实施日志功能将大大减少 PCI 审计的范围。

同样，可以在电力行业找到使用虚拟网络的第二个例子。在该行业中需要保持被确定为支持关键基础设施的网络（发电和传输）与正常的企业运营网络之间的完全隔离。在这个例子中，网络之间需要的极其有限的通信只能通过状态防火墙来实现。

在制造业车间、建筑系统和访客网络中可以找到使用虚拟网络的其他例子。从制造业的角度来看，知识产权失窃是主要威胁之一，但同样关切的是需要隔离工厂车间，因为物联网（IoT）越来越容易受到恶意软件的影响。HVAC、安全入口监视和视频监控等建筑系统也应该与企业网络的其他部分隔离开来，为维护人员或安全人员提供有限的访问权限。最后，访客网络是一个完美的例子，网络隔离通过虚拟网络实现，访客网络只能被授予互联网访问权限。

在所有这些示例中，显而易见的是，使用虚拟网络战略性地将访问限定在那些需要特定应用的地方可以大大降低执行安全策略的复杂性，同时当防火墙被用作融合设备来控制虚拟网络之间的通信，或者目标是网络交换矩阵之外的设备时，还能提供丰富的日志记录功能。

考虑需要定义的虚拟网络的数量时，最重要的考虑因素是构成软件定义访问网络交换矩阵的网络设备所支持的虚拟网络的数量。虚拟网络是网络交换矩阵范畴的概念。因此，假如定义了 15 个虚拟网络，则无论是边缘节点还是边界节点，所有网络交换矩阵内的网络设备都必须能够支持 15 个虚拟网络。这一限制因素通常需要在边缘节点考虑，因为边缘节点可能是 Catalyst 3850 或 Catalyst 3650 的组合。Catalyst 3850 和 Catalyst 3650 交换机最多支持 32 个虚拟网络，而 DNA 中心 1.x 版本支持多达 64 个虚拟网络，Catalyst 9300 交换机支持更多数量的虚拟网络。因此，在运行 DNA 中心 1.x 版本的网络交换矩阵中安装 Catalyst 3850 时，整个网络交换矩阵将被限制只支持 32 个虚拟网络。

另外，当考虑需要定义的虚拟网络的数量时，另一个重要因素是如果需要虚拟网络之间建立通信，则需要某种形式的路由泄露。例如，如果一个虚拟网络仅用于员工设备，而第二个虚拟网络仅为协作设备建立，则有必要为员工设备上的协作应用程序（如 Jabber 或 Spark）提供路由通告方法以便与 IP 电话、思科 Spark Board 或视频终端进行通信。实质上，不仅需要确保为适当的地址范围启用路由泄露，还要从策略的角度来确保允许所有必要的 UDP 端口之间可以通信。同样，对于基于人力资源、财务和会计等业务功能创建的单独的虚拟网络，以及基于学生、教职员工和管理人员等用户类型创建的单独的虚拟网络，相关的路由泄露需求会变得非常难以实现。在这些例子中，应该考虑使用可扩展组来对单个虚拟网络中的用户进行分段。

作为软件定义访问路由设计考虑的一部分，还需要了解创建底层网络需要实施新的 IP 寻址策略，以及在创建的每个虚拟网络内如何使用。创建专用虚拟网络的最佳方法是从小规模开始并逐渐发展壮大。从前面强调的示例中可以看出，只需要进出该网络分段的最小访问权限即可实现严格的隔离。

2. 可扩展组标签

在处理需要安全策略控制的其他应用程序或业务需求的同时，仍允许同一虚拟网络内的设备之间进行通信，但不需要网络层的隔离时，使用可扩展组标签可提供有效的细分策略。使用可扩展组标签而不是单独使用虚拟网络的主要好处之一是能够对网络进行微分段。例如，可以创建策略和合同来限制在具有不同可扩展组标签或具有相同可扩展组标签的终端设备之间是否允许进行某种通信。此能力不仅可以限制恶意软件在可扩展组之间的横向扩散，还可以基于安全策略合同或可扩展组访问控制列表以及安全策略中第四层访问控制项限制恶意软件在同一组成员之间的横向传播，减少攻击受害范围。

作为使用可扩展组标签进行微分段的一个例子，考虑在大学环境中有不同类型的用户和设备，例如，教师、学生、打印机，甚至校园设施和安全监控设备，在它们均处于同一虚拟网络的情况下，在学生、校园设施或安全监控设备之间进行网络微分段可以通过可扩展组提供的隔离性来实现。

另一个例子可以在企业的网络中找到，通过使用可扩展组标签来分段雇员、实习生、承包商、供应商、财务和管理层人员。微分段方法很容易通过可扩展组标签识别普通员工，并将他们的数据与公司会计或人事数据隔离开来。

在企业兼并和收购过程中，通过使用可扩展组可以轻松地满足新员工增加而带来的安全需求，甚至可以达到在公司部分业务剥离期间或之后转移员工的目的。在此期间可以创建相关策略，授予受影响的员工访问他们仍然需要的应用程序和资源的能力，同时将他们与未受影响的员工隔离，提供必要的基于策略的控制，以限制他们对专有信息的访问。

从这些例子中可以看出，隔离功能只是很小的一部分。在所有这些示例中，基于可扩展组的策略可以实现安全可控的微分段要求。事实上，正如前面所讨论的，只有在虚拟网络或传统 VRF 中使用可扩展组才能最大限度地减少同一虚拟网络或可扩展组成员之间的横向攻击受损范围。

在评估软件定义访问架构中的分段策略时，是采用创建虚拟网络的分段策略，还是采用给虚拟网络分配可扩展组的策略？是创建具有指定的单个可扩展组的虚拟网络，还是所有可扩展的组被分配到单个虚拟网络？这一决定显然会受到目前已部署的分段策略的影响。

在软件定义访问虚拟网络中使用可扩展组时需要考虑以下 3 个因素。

（1）对于应用到源 / 目标的安全策略合同，实施数量众多的基于四层的访问控制条目是例外的情况，不能作为常态存在。

（2）目前无法在软件定义访问网络交换矩阵的单一虚拟网络中实施防火墙，所以在可扩展组标签之间进行状态数据分组检查是不可能的，可以使用基于可扩展组标签的策略和相关合同完成。

（3）应仔细考虑需要独特的可扩展组标签的标准，以及要支持的可扩展组标签的总数。

了解这些策略和合同（或可扩展组访问控制列表）以及它们的组合将会消耗交换机的 TCAM 这一点很重要。使用具有数量众多访问控制条目的合同或可扩展组访问控制列表可能会导致 TCAM 用尽，TCAM 用尽之后将不会对新策略进行编排，请保持策略尽可能的简单。此外，还需要了解基于组的策略不会提供防火墙提供的状态数据分组检查和详细的日志记录功能。

在大多数情况下，通过使用可扩展组提供的微分段可在同一虚拟网络中的用户和设备之间提供出色的安全控制。如今，许多企业和政府机构已经在实施思科 TrustSec，将其作为网络分段战略的唯一或是主要的技术。

许多被评估者为专用的 PCI 设备使用特定的可扩展组标签，这被视为对 POS 机和读卡器的有效安全的控制手段，从而缩小了网络中的审计范围。这再次强调了在创建安全微分段策略时使用虚拟网络或可扩展组标签技术都是可行的。

尽管可以在不使用可扩展组的情况下部署软件定义访问网络交换矩阵中的虚拟网络，但必须至少存在一个驻留可扩展组的虚拟网络。默认情况下，这个虚拟网络是 DEFAULT_VN。

在虚拟网络中实施可扩展组时，使用可扩展组标签创建基于组的策略将仅限于软件定义访问网络交换矩阵及其边界。当流量在边界节点处流出虚拟网络时，基于组的策略可针对外部目的地实施，策略执行点是在边界上还是在与边界节点相邻的设备上取决于设备平台。如果希望在网络中的其他地方使用可扩展组标签和思科 TrustSec，则需要使用思科 TrustSec 内联标记和 / 或 SXP 将标记信息传播到外部非网络交换矩阵的网络。

实施软件定义访问分布式园区网络需要中转过渡区域（Transitsite）部署，可扩展组标签将无缝地通信，而无须使用思科 TrustSec 内嵌标记或 SXP，因为可扩展组标签将在不同的网络交换矩阵的边界节点之间的 VXLAN 报头中携带。

最后需要考虑的一点是，必须评估要创建的可扩展组的数量。尽管为企业内的每个主要部门分配一个可扩展组标签是非常正常和可以接受的，但不应该试图将这些部门再细分。

以大学环境为例，可以为“教授”定义一个可扩展组标签。然后可能会进一步将其分解为数学、物理、生物学和语言学等部门。此时应该问自己的问题是，是否真的需要为“教授”创建多个基于部门的可扩展组标签，每个部门的“教授”都有自己独特的策略，或者所有这些部门其实都可以共享一个共同的可扩展组标签，并且具有相同的服务器访问权限和其他数据访问权限。

定义可扩展组的最佳方法不是为每个可能的角色、功能、设备类型等都分别创建一个组。这样做不仅会导致大范围和大规模的策略被创建，还需要交换机和路由器上更多的 TCAM 和内存资源用于可扩展组访问控制列表存储。在大多数情况下，过于详细的群体定义和随后的策略创建将严重减缓网络分段的速度，因为所有参与者都在讨论哪种策略更适合自己，从而造成所谓的“分析瘫痪”。即使参与者足够幸运地快速就用户组和相关策略达成一致，但是随着策略的实施，不可避免地需要进行变更以解决以前忽视的问题，从而导致可能的拒绝服务和政策变化的连锁反应。

与评估虚拟网络类似，从小处着手并慢慢开始。通过限制对特定应用程序和数据的访问能力，识别那些可以立即获得切实收益的群组。一旦确定了初始策略的有效性，就可以根据需要轻松修改它们，同时确定是否需要额外的组定义。

3. 用例

以下案例旨在展示虚拟网络和可扩展组如何在软件定义访问网络交换矩阵中实现微分

段。如前所述，虚拟网络提供了网络分段的第一层或宏观层面，实现了不同虚拟网络流量的完全隔离。然后可以将基于可扩展组的微分段作为第二层或微观层面应用于虚拟网络内的通信。在虚拟网络中使用可扩展组是可选的，但它确实提供了额外的安全性，不仅能够限制不同可扩展组中终端之间的通信，还可以通过使用组策略来限制同一组成员之间的通信。

请注意，下面的例子不代表经过验证的、在所描述的场景内进行网络分段的唯一方法。每个企业在实施网络分段时都会有自己的要求和目标，这些案例只供参考。

（1）大学校园。

大学校园可能是最具挑战性的环境之一。随着大量个人设备进入校园，校园网络中充斥着流媒体和游戏应用程序，学生可能访问的互联网网站数量激增，甚至有些学生可能会故意发布恶意软件，确保这种环境的安全性颇具挑战。

将网络分段引入大学园区，将通过流量隔离的能力提供额外的安全性。部署特定的虚拟网络分隔校园内的宿舍、教室和实验室，可以让管理员将这些环境隔离。此外，在每个虚拟网络中使用可扩展组进行微分段，通过使用可扩展组策略可以进一步限制各虚拟网络内部各个组之间的通信。图 8-14 提供了一个在大学校园实施软件定义访问时如何进行网络分段的例子。

组标签	组名称
HV	HVAC暖通空调
CA	Campus Security（园区安全）
ID	IT Dorm（IT 服务）
ED	Employee Dorm（职工宿舍）
SD	Student Dorm（学生宿舍）
DS	Dorm Services（宿舍服务）
FA	Faculty（教职员工）
IT	Information Technology（IT 人员）
EM	Employee（管理人员）
SE	Service（服务）
ST	Student（学生）

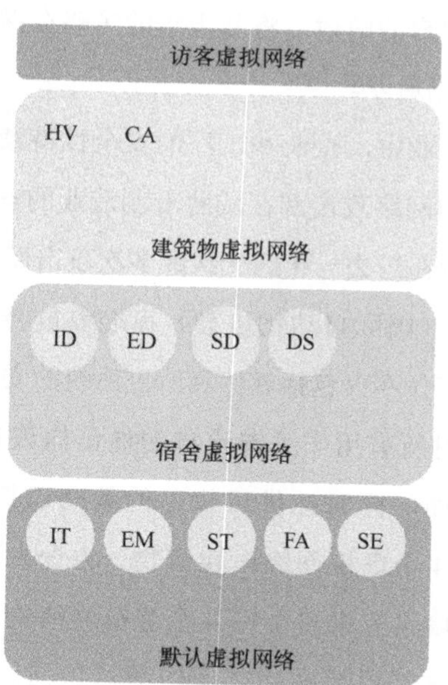

图 8-14　网络分段技术在大学校园的使用

在该例子中，我们建立了 4 个虚拟网络。校园环境中的大多数可扩展组使用默认虚拟网。在这里可以找到学生（ST）、教职员工（FA）和管理人员（EM）的可扩展组。此外，我们还为 IT 人员提供 IT 人员可扩展组，以及可用于数字标牌、智能白板、打印机等设备的服务组（SE）。

在宿舍虚拟网络中，将看到一些使用的可扩展组，尽管名称不同但与默认虚拟网中的组功能重叠，这将需要使用不可知虚拟网络进行更新。在设备授权期间，终端所连接的网络设备的位置可以在策略中使用，以分配唯一的可扩展组。因此，如果终端设备在宿舍，则学生与 SD 可扩展组标签相关联，而如果在其他地方认证，则学生将接收 ST 可扩展组标签。

最后，我们建立了建筑物虚拟网络和访客虚拟网络。建筑物虚拟网络专门服务于标准的建筑控制以及视频监视和入口的安全管理。

在本例中，完全有可能使虚拟网络之间不允许通信。如果是这样，防火墙就可以提供与外部非网络交换矩阵网络的任何必要的互联。但是，如果需要，它仍然可以在虚拟网络之间作为 SGFW 执行组策略。该防火墙还可以与思科 ISE 进行通信，以通过 SXP 或 pxGrid 接收授权用户的映射，将基于组的策略在网络中的其他位置传播。

（2）制造业。

在制造业中，企业和工厂的安全性持续受到关注。企业间谍活动、知识资产流失，以及破坏生产的网络攻击都在威胁着制造业的安全。2017 年，思科安全能力基准研究发现，28%的制造企业在过去一年因一次或多次攻击而导致收入产生损失。

ISA99（国际自动化协会）标准委员会不断致力于工业自动化和控制系统安全性的新标准。这项工作不仅包括软件和监控系统的安全保护，还包括制造操作和控制的安全保护。

除了对所有用于关键流程的通信协议进行安全性加固以外，网络分段还可以提供额外的安全层面，同时提供可执行的策略以控制对各种业务系统的访问。通过分段策略，我们建立了 4 个虚拟网络：建筑物、办公、IDMZ 和工厂，它们之间只有通过防火墙才能互通，防火墙具有来自全部 4 个虚拟网络的可扩展组信息。可扩展组标签可用于策略创建，从而限制这些虚拟网络之间的通信访问。图 8-15 描述了制造业网络可能遵循的网络分段策略。

组标签	组名称
HV	HVAC（暖通空调）
SE	Security（安全监控）
PL	Plant Operation（运营人员）
EM	Employee（管理人员）
AC	Accounting（财务人员）
CO	Contractor（合同工）
SU	Supplier（供应链员工）
HR	Human Resources（人事部门）
JU	Jumper Boxes（跳转平台）
AP	Industrial Application（工业应用）
IS	Industrial Services（工业服务）
OP	Site Operation（站点运营）
SC	Supervisory Control（管理控制）
BA	Basic Control（基本控制）
PR	Process（制造过程）

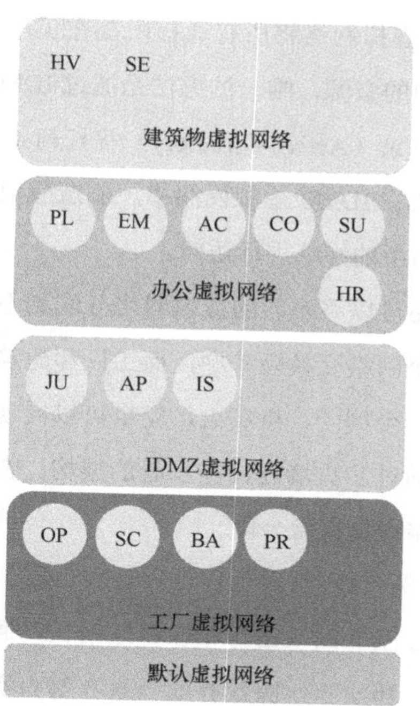

图 8-15 网络微分段应用于制造业

办公虚拟网络可以为各种类型的用户定义可扩展组。每个组只能访问数据中心或其他地方的资源，同时只能受限访问其他可扩展组中的用户和设备。在虚拟网络中，可以建立策略来识别组之间的任何允许的通信或者拒绝所有的访问。

建筑物虚拟网络的作用非常明了，所有和建筑控制相关的设备都包含在其中。在这个例子中包含了物理安全设备，如门锁和门卡读取器、视频监视、暖通空调以及潜在的其他设备（如建筑照明、数字标牌等）。唯一需要访问建筑物虚拟网络的人员是建筑物管理员或承包商，他们需要维护这些系统的权限。

工厂虚拟网络适用于所有的工厂车间操作，并且是安全要求最高的部分。在该虚拟网络中，我们通过可扩展组提供微分段来进一步进行策略控制。该虚拟网络内部定义的组通常用于监控和自动化的各种流程，或对工作单元之间的制造过程进行监控，而其他可扩展组标签用于数字控制、传送系统、机器人等。通常，网络操作人员唯一的访问途径是通过防火墙后面的 IDMZ 虚拟网络对工厂虚拟网络进行操作，而用户只能通过位于 IDMZ 虚拟网络的 VDI 服务器进行访问。

IDMZ 虚拟网络将所有通信限制在工厂车间。如果办公虚拟网络中的员工需要访问工厂虚拟网络中的资源，唯一的方法是通过 IDMZ 虚拟网络中的 VDI 跳转完成。诸如网络时间协议和活动目录（Active Directory）等任何工厂的操作所需的服务均驻留在工厂虚拟网络中，并且也驻留在 IDMZ 虚拟网络中。制造应用程序都将驻留在 IDMZ 虚拟网络中，并可通过工厂虚拟网络中的终端进行访问。

我们还可以将不同的虚拟网络分配到不同的网络交换矩阵中，例如，办公和建筑物虚拟网络在一个网络交换矩阵中，而工厂和建筑物虚拟网络在另一个网络交换矩阵中。上面的描述仅仅是一个例子，事实上，完全可以实现在单个网络交换矩阵中构建 4 个虚拟网络，各个虚拟网络通过防火墙连接在一起的架构。在每个虚拟网络内有两个或更多的可扩展组，以便在虚拟网络内提供微分段。

（3）医疗行业。

对医疗企业的攻击每年在持续增长，通过勒索软件和恶意软件进行犯罪攻击是最常见的攻击方式。历史上，医疗行业一直在努力实施安全控制策略以保护其网络环境。对于患者而言，其金融和信用卡数据以及研究数据等众多目标，令攻击者垂涎三尺，这个行业一直以来就是非常易于受到恶意攻击的目标。

网络分段已被大量医疗服务提供者所采用，作为额外的安全控制手段，通过使用精心定义的策略来管理对关键系统和患者数据的访问。医疗行业中的网络分段将各种系统或功能分解为更小的环境或分段，然后限制分段之间和分段内部的访问。

尽管一些企业已经部署了 VRF 甚至 MPLS，但是大多数医院或医疗机构通常只建立了离散的临床网络，仅服务于通过防火墙与管理网络分离的患者楼层环境。通常情况下，这是医院网络中除了服务器群或者大型园区数据中心之外唯一真正实现网络分段的地方。

我们可以设计两个独立的网络交换矩阵，一个用于管理功能，另一个用于临床医疗环境。它遵循为每个环境维护两个离散网络的惯例。

图 8-16 中每个网络交换矩阵中都定义了虚拟网络以实现分段，并将虚拟网络或临床虚拟网络中的设备和通信与用于建筑物管理、访客服务甚至财务的其他分段（虚拟网络）分开。如图 8-16 所示，建筑物、访客和财务虚拟网络在两个网络交换矩阵之间扩展，因为它们均适用于两种环境。

在具有两个网络交换矩阵的环境中，管理和临床医疗网络交换矩阵通过防火墙限制它们之间的互访，同时提供对每个网络交换矩阵中的 4 个虚拟网络的连接。这种情况虽然相当罕见，但虚拟网络之间的通信可能是必要的。在这种情况下，用户可能需要使用专用于该虚拟网络的 VDI，从而消除将驻留在用户设备上的恶意软件引入另一个虚拟网络的风险。

组标签	组名称
HV	HVAC（暖通空调）
SE	Security（安全监控）
DI	Digital Signage（数字标牌）
KI	Kiosk Information（咨询台）
CO	Contractor（合同工）
PL	Plant Operation（设备室）
RE	Research（科研）
EM	Employee（员工）
IT	IT Admin（信息部门）
DO	Doctor（医生）
HR	Human Resources（人事部门）
GE	General（总务）
CR	Vard Reader（读卡器）
PO	Point of Sales（收款机）
IM	Imaging（医疗影像）
IN	Infusion Pump（输液泵）
BE	Bedside Monitor（病床监护）
WO	Workstation/Carts（医疗移动终端）
VE	Vendor（供应商）

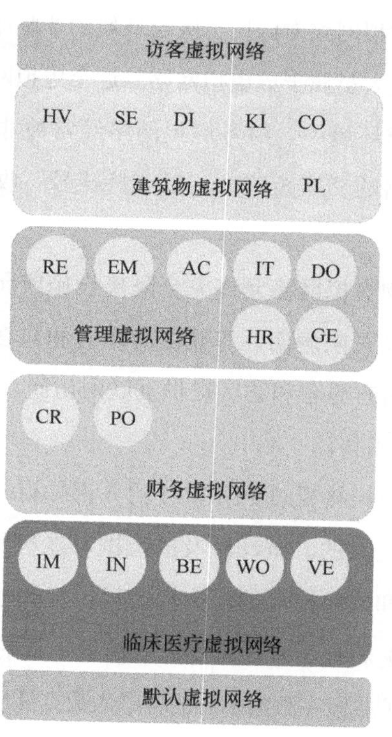

图 8-16　网络分段应用于医疗行业

在此示例中，每个虚拟网络中的可扩展组提供微分段，通过可扩展组策略限制可扩展组之间以及同一组成员之间的通信。这极大地减少了虚拟网络内的攻击次数，并最大限度地减少了恶意软件在用户之间的横向扩散。

在图 8-16 中实施的分段策略中，临床医疗虚拟网络代表需要最严格的安全控制的部分。临床环境包括实际的医院病房以及监测、成像和病人护理系统和设备。从任何设备访问这个虚拟网络的限制应该是最严格的，因为这个虚拟网络的任何安全问题都可能威胁生命安全。

可以看出，VE 可扩展组标签代表医疗设备供应商，它们可以来现场进行各种成像、监测和病人护理系统的维修或校准。

图 8-16 中未显示患者健康信息（PHI）和电子健康记录（EHR）系统。这些系统通常位于数据中心内的安全区域，在某些情况下位于云端。对这些系统的访问可能来自临床医疗虚拟网络（WO 可扩展组标签）或管理虚拟网络（DO 可扩展组标签）。

管理虚拟网络专门用于医疗环境的非临床操作。显然，医疗系统管理和 IT 人员以及医生、潜在的研究人员属于该虚拟网络。这个虚拟网络还可以包含医疗系统各个部门的办公网络。

在医疗环境中，财务虚拟网络经常被非医疗专业人员忽视。事实上，财务环境都会延伸到两个网络的交换矩阵中，以支持挂号、收费、礼品店、售货区和食堂，甚至是接待区的相关功能。

建筑物虚拟网络允许完全隔离设施或园区范围内的建筑、安全和信息系统。信息亭、数字标牌以及医院房间、等候区的患者和宾客娱乐视频流可位于该虚拟网络中。最后，访客虚拟网络为所有患者和访客提供互联网访问。

（4）零售。

任何曾经接受过 PCI 审计的人都知道，提供审计所需的相关信息和证据所花费的时间和工作量是巨大的。审计涉及的范围可能极其广泛。尽管持卡人数据的存储总是位于能够进行状态检查和威胁检测的防火墙之后，但其他未被网络分段隔离的组件（如遍布网络的 POS 机和读卡器）将处于审计范围之内给被审计的单位和人员带来超负荷的工作量。

在保护驻留在数据中心的持卡人数据环境（CDE）时，除了使用思科 ACI 甚至思科 TrustSec、租户和端点组等细分策略之外，还可以使用 NGFW 更轻松地识别和部署安全控制措施。

在分支机构乃至园区环境中，控制措施被证明具有更大的挑战性，并显著增加 PCI 审计的范围，尤其是 POS 机和读卡器所连接的网络。这是因为，如果没有网络分段，连接到同一网络的所有东西（无论是有线的还是无线的）以及 POS 机都将落入 PCI 审计的范围内。

通过实施基于虚拟网络和 VRF，以及可扩展组的分段策略，零售、财务甚至医疗等企业可以通过实施分段策略来限制 PCI 审计的范围。使用与其他所有人隔离的虚拟网络不仅可以缩小范围，还可以通过使用防火墙限制访问的详细记录功能，同时满足安全访问的要求。

第 9 章

思科 DNA 网络保障

9.1 思科 DNA 网络保障概述

如第 2 章所述，思科 DNA 中心是思科全数字化架构的关键元素，为网络设计、部署和持续运营提供基于控制器的解决方案。

思科 DNA 中心在单一集成系统中提供两组关键功能：自动化和网络保障。自动化用于支持通过应用程序策略框架部署服务质量（QoS）的用例；网络保障的重点则是从底层网络基础设施中提取数据并进行分析，采用诸如流式遥测、NetFlow 记录、SNMP 和 Syslog 等方式收集实时数据并将其与情境化关联在一起，提供关于网络运营的关键性见解，最终解决用户真正重点关注的问题：用户和应用的网络使用体验。

思科 DNA 网络保障对于了解网络的运行情况至关重要，它回答了下列困扰网络运维人员的问题。

（1）在整个网络中是否按预期处理关键业务应用程序并确定其优先级？

（2）是否存在影响用户和应用体验的问题或者网络性能自身存在问题？如果有，在何时、何地发生？

换句话说，网络保障可以帮助网络管理员了解他们的业务意图是否在网络中正确执行。通过利用基于机器学习方法的数据收集、关联和简化的问题报告，它还可以更快地响应可能发生的任何网络问题。

自动化和网络保障都是思科基于意图的网络愿景的关键部分。但是，网络保障是本章的焦点。了解思科 DNA 网络保障提供的功能，然后亲自动手并尝试 DNA 网络保障的实施，将有助于更好地了解意图网络是如何运作的以及如何部署意图网络。

因此，本章梳理了企业网络面临的挑战，以及思科 DNA 中心和网络保障如何帮助应对并解决这些挑战。在此之后，将简要讨论可能在企业内部利用思科 DNA 网络保障的一些 IT 客户角色，然后详细介绍构成思科 DNA 网络保障复杂功能集的多个组件和功能。最后，详细研究多个用例，以显示思科 DNA 网络保障的实际应用。

为什么需要网络保障?

希望深入了解网络保障的客户可能希望从一个简单的问题开始："我为什么需要在网络中实现保障"以及"网络保障解决了哪些问题？"本章将解决这两个问题中的一个："网络保障解决了哪些问题？"

网络保障为用户和应用提供可见性，帮助用户更深入地了解网络问题，我们首先考察一下当今的企业网络——它的重要性、问题以及面临的挑战。

1. 网络对于企业的重要性

如今的企业网络对于企业业务的正常运作至关重要。

让我们来回顾一下构成企业网络基础设施的内容是什么。各种应用程序、用户社区和连接到网络的多种类型的设备。在过去的几十年里，一切都变得与网络相关联，这种趋势不仅仅是在延续，而是在不断地加速。现在我们看到的不再只是个人计算机连接到网络访问业务应用程序、电子邮件和基于 Web 的应用程序，如今从 IP 电话、IP 摄像机到门锁和门禁读卡器等，都在使用网络进行连接，这其中的许多服务对于企业而言都是关键业务。

此外，每天都有更多的物联网设备连接到网络，包括从 HVAC（暖通空调）、POS 零售终端、照明、电梯控制等系统到网络的集成。所有这些服务都附加在企业网络基础架构上，并且变得越来越依赖于网络来运行。展望未来，联网应用的多样性和数量还会不断地增长。

这其中许多功能对企业的整体运作至关重要。企业网络是将所有这些功能联系在一起的关键要素。然而，作为一项关键的资产，如今的企业网络也面临着许多挑战。

（1）范围持续扩大。如今，许多企业正在将其网络扩展到"非传统"区域加以部署。企业网络已经远远超出了过去在传统的办公室里的部署范畴。随着企业网络部署范围的不断扩大，在各种部署方案中如何快速识别和解决网络问题的需求也在增长。

（2）复杂性日益增加。由于需要支持的功能越来越多，无论是集成 QoS 功能以增强应用程序体验、采用网络虚拟化来协助集成安全性，还是在许多非传统网络位置提供连接，企业网络都变得日趋复杂，网络管理员正面临着这种复杂性的巨大挑战。

（3）威胁级别越来越高。 企业网络面临来自内部和外部的众多威胁。基于网络的攻击可能会迅速出现并大范围传播，将对业务产生严重影响。快速提供对此类威胁的可视化展示，或者有先见地阻止其发生，是许多网络管理员首要考虑的因素。

简而言之，当今的企业网络对许多企业的业务来说是极其关键的，未来更会如此。鉴于此，许多企业希望能够更好地了解网络，更深入地了解应用的运行方式，以及更清晰地了解最终用户和客户的实际使用体验。

如今，IT 预算的很大一部分都被集中投入在网络运营上，这其中又有很大一部分用于提供更好的可视性和故障的排除。也就是说，如今许多企业仍然认为他们缺乏运营网络所希望具备的深刻的网络洞察力。

广泛分布的网络系统缺乏应有的大数据分析能力！网络管理者收集了太多的 Syslog 消息、SNMP 数据和 NetFlow 记录……这还只是沧海一粟。随着网络变得越来越复杂并集成了越来越多的用户、设备和应用，这个问题变得越来越严重。

如今，许多企业需要的网络可见性工具在可视化方面的要求远远高于传统的 NMS（网络管理系统）工具所提供的可见性。NMS 工具面临的挑战之一并不是它们提供太少的网络性能数据——在很多情况下，它们提供的数据太多了……来自太多不同来源的数据无法被网络管理员有效吸收、整合和依据它们采取行动。数据既没有被清晰地解释，互相之间又不相关，这使得数据在许多情况下无法被网络管理者所利用。

网络管理者所需要的不是更多的数据，而是对实际网络运营的深刻洞察力——可以帮助推动业务产生成果的洞察力。在这样的背景下，网络管理员要如何做才能既保持与技术的同步，又能改善企业网络的运营？从被动反应式的运维方法转变为积极主动的运维方法是最终的选择。

下面我们看一下传统 NMS 方法面临的挑战，然后了解下思科 DNA 网络保障如何改变这一窘境——为企业提供更高的可视性和对其关键网络环境的更强大的控制，以及更简单快速地为最终用户、客户、合作伙伴和应用提供更准确和有保障的服务。

2. 传统 NMS 面临的挑战

传统的网络管理系统（NMS）具有许多限制，使得它们不足以满足当今企业网络和业务方面的需求。

（1）NMS 通常依赖于传统的基于轮询机制的协议，如简单网络管理协议（SNMP）。这些协议需要占用设备的 CPU 周期和网络带宽以便收集运维数据，这会给网络带来沉重的负载。

（2）通常每次轮询整个 SNMP 管理信息库（MIB）只是为了获得个别的关键性能指标（KPI），这显然会降低效率。

（3）NMS 要求网络管理员应该知道哪些关键性能指标是其感兴趣的指标以及在哪里找到它们。此外，他们需要对获得的数据做出解释，以辨别具体的关键性能指标值是“好”还是“不好”。如果数值为“不好”，则要求网络管理员决定接下来要查询的内容，以便逐步手工定位问题的根本原因。

（4）最终问题的解决取决于网络管理员在进行故障排除时的实际情况，但此时故障可能根本无法复现，特别是无线客户端间歇性连接的问题。

通过 NMS 工具管理网络的操作对 IT 部门来说越来越难以维系。大量的不一致且不兼容的硬件和软件系统、设备又加剧了这一挑战。此外，对网络、客户端或应用程序问题进行故障排除是一个复杂的问题，通常会涉及用户和应用之间的几十个故障点。网络故障排除面临的挑战包括以下几个方面。

（1）数据收集。在不了解收集的数据在何时与被调查的问题相关的情况下，网络运维人员收集数据的时间是分析和排除故障时间的 4 倍。

（2）故障重现。网络运维人员很难对在开始故障排除时未显示出来的问题进行故障排除，可能要在故障事件报告发生后的几分钟、几小时或几天进行故障排除。当工程师无法检测或重现问题时，他们无法进一步有效地调查。

（3）解决问题花费的时间。某些网络质量问题需要花费几小时来确定根本原因以及实施解决方案。

（4）网络永远难辞其咎。在日常运维中，网络通常被认为是产生问题的首要原因，但在许多情况下问题和网络并不相关，而网络运维人员需要花费大量的时间来证明网络确实是没有问题的。

上述挑战都可以通过思科 DNA 网络保障来应对。

3. 思科 DNA 网络保障简介

思科 DNA 网络保障改变了企业应对网络维护、问题解决以及未来规划发展等棘手问题时所面临的窘境。

网络保障采用众多丰富的数据来源提供情境化数据，将这些数据有机地关联并做出摘要，为超负荷工作的网络管理员提供了简化而具有操作性的网络数据分析。如今，当网络管理员遇到问题时，他只能面对一个包含了许多数据点的屏幕，通过大海捞针的方式进行搜索以便确定问题的真正所在。利用时间序列数据库、精细的分析算法和人工智能、机器学习，思科 DNA 网络保障可以快速识别网络问题产生的根本原因，并提供指导性补救措施以准确解决问题。

使用思科 DNA 网络保障，网络管理员可以全方位地了解整个网络的当前运行状态。网络管理员关注的网络设备和应用的关键性能指标不再是以分散的方式提供，而是汇总成易于理解的以颜色编码区分的“健康状态评分”，这有助于网络管理员快速发现需要关注的区域、设备、客户端、应用，同时还能继续监控正常运行的网络区域。

网络保障为网络中的用户和应用实际体验提供端到端的可视化服务，这为企业的运营团队节省了大量的时间，他们可以更加专注于全局的发展，有助于推动通过整个企业网络实现更出色的业务目标。此外，思科 DNA 网络保障还充分利用思科与苹果公司的战略合作伙伴关系，通过 iOS 终端分析能力为苹果公司的客户端设备提供设备级的深度可视性。

思科 DNA 中心提供“闭环”系统，以简单、可预测的方式将新功能引入网络基础架构，而网络保障从网络中提取运行数据，以确定网络对应用、用户和设备的执行情况，如图 9-1 所示。

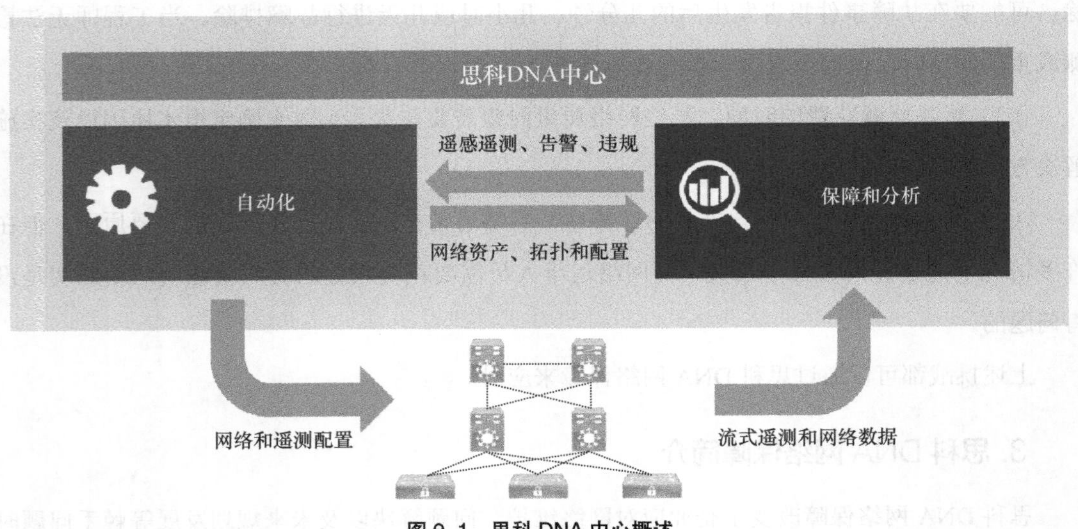

图 9-1　思科 DNA 中心概述

通过涵盖有线和无线网络、传统部署模型以及新的软件定义访问选项，思科 DNA 网络保障可以为行进在意图网络旅程中的企业提供立竿见影的效果。企业无论是处于旅程的起点还是中间的任何阶段，也无论类型和规模大小，均可立即受益。

需要注意的是，网络保障目前处于其生命周期的开始，未来思科 DNA 中心还将不断推出更多的功能。网络保障将在未来的一段时间内不断发展、创新和成熟。后面将概述网络保障已经交付的一些令人兴奋的创新。

4. 思科 DNA 网络保障的创新

思科 DNA 网络保障与传统的 NMS 不同，它通过将整体解决方案升级为更简单、更优雅、更强大的功能集来颠覆传统。网络保障包含以下先进的元素。

（1）大数据分析引擎。思科 DNA 网络保障具备先进的分析功能，能够进行极其复杂的网络问题处理，利用收集的海量数据进行情境化处理，使网络管理者可以更深入地了解网络运营。大数据分析引擎可并行处理多个数据源收集的大量数据，为网络管理者提供更全面的信息，使他们能够更快速、准确地评估任何需要关注、解决的问题或领域。

（2）丰富多样的数据来源。思科 DNA 网络保障从众多来源获取运维数据，不仅包括路由器、交换机、无线控制器、无线接入点和网络传感器等设备，还包括网络中的情境化数据，如客户端设备类型、IP 地址管理（IPAM）服务器、认证服务器、应用服务器等。这些外部数据源丰富了网络遥测数据的情境，为网络管理者提供了更深入的网络见解。

（3）复杂事件关联引擎。思科 DNA 网络保障通过映射关联数据点之间的关系来进行复杂事件的提取。例如，NetFlow 记录将包括源 IP 地址以及生成流量的应用程序，但就其本身而言，它并未回答以下问题："到底哪个用户产生了流量？"但是，IP 地址管理服务器可以将源 IP 地址映射到客户端设备的媒体控制访问（MAC）地址。然后，诸如思科身份服务引擎（ISE）之类的认证服务器则可以将 MAC 地址映射到单个用户。以这种方式，特定应用程序流可以关联到特定用户，并且 DNA 中心将这些关联好的信息以易于理解的、情境化的方式呈现给网络管理者。

（4）时间序列数据库。思科 DNA 网络保障基于独特的数据库方法收集来自网络的所有数据并以时间序列关联它们，使网络管理员能够按需"放大或缩小"需要关注的时间范围，从而使他们能够理解在关注的时间点其网络状况、用户和应用体验如何。能够通过“时间旅行”回到发生问题的时刻，网络管理者将摆脱故障排查时不得不进行的耗时并且经常令人沮丧的问题重现工作。他们可以更深入地了解用户和应用的体验。

（5）流式遥测。思科 DNA 网络保障从网络设备中提取基于模型的流式遥测，允许这些设备在给定关键性能指标超过阈值时“推送”警报，这样可以缩短事件响应时间，降低网络运维对设备 CPU 的影响和对网络带宽的要求，从而提高整体可扩展性。

（6）机器学习。机器学习的集成可以通过复杂的算法确定网络操作模式，绘制趋势基线，得出预估结论，将网络分析提升到新的水平。鉴于网络管理者会从大型企业网络中收集海量的信息（每天几千兆字节甚至太字节），机器学习能力在将使网络管理者迅速获得清晰的结果和可操作的洞察力方面具有非常重要的作用。

（7）健康状态评分。如此众多来源的海量数据被一股脑地提供给网络运维者，他们如何为自己关心的问题（网络 / 设备 / 应用 / 用户运行状态如何）找到答案？思科 DNA 网络保障引入了“健康状态评分”的概念，即简化各类指标，将各种相关的关键性能指标汇总成一个数字来表示所涉及的服务或终端的“健康”程度。例如，网络路径上的端到端延迟超过正常范围，在这种情况下，应用虽然还在继续运行，但其健康状况（它为最终用户提供适当服务的能力）将受到影响。此时，该应用的健康状态评分将被标记为应用正常工作分值范围中的低限（正常工作分值范围为 8 ～10 分，低限值为 8 分），以易于理解的方式指示存在超出正常状态的情况发生，提醒网络运维者可能需要采取的纠正措施。

（8）问题。通过将多个指标关联在一起，思科 DNA 网络保障向网络管理员指出问题所在，以指导他们进入可能需要关注的网络区域。根据对所涉及的企业、站点或网络设备的整体运营的影响，问题可以具有各种优先级。这可以更快速地确定首先需要解决哪些问题，而不会使网络管理者在细节上迷失。这使得网络管理者能够更好地响应业务，并更快、更准确地解决此类问题。

（9）引导式修复。有时解决问题的步骤不一定直截了当。可能存在若干步骤或选项的网络操作来确定根本原因或者确定如何修复问题并恢复正常。思科 DNA 网络保障为问题修复提供了集成的引导式功能，有助于指导网络管理者通过一系列经过验证的最佳实践步骤来解决常见问题。通过整合洞察力、问题、健康状态评分等，网络管理者可以更快地解决问题并使网络更快地恢复正常服务。这样，许多问题无须升级到下一级支持人员即可解决。在许多情况下，引导式修复也可以在不直接访问网络元素（如通过 CLI）的情况下完成，而是使用 API 将流程集成到正在使用的帮助工具中。

（10）主动监控。思科 DNA 网络保障还提供了几项关键功能，能够在问题发生之前就发现问题、解决问题，使网络管理者能够主动而不是被动地对网络进行监控。例如，在网络中部署无线传感器，传感器在无线网络状况发生变化或降级时向网络管理者发出警报，这些动作甚至先于用户观察到或报告任何问题之前就产生了。智能数据分组捕获允许网络管理者远程“嗅探”无线流量而无须亲赴现场等待瞬态问题重现。智能数据分组捕获还会分析捕获到的数据分组以解决常见的无线问题（如身份验证失败），并协助网络管理者诊断并确定此类问题产生的根本原因。

以上所有内容都展示了具备丰富功能集的思科 DNA 中心如何将网络保障和自动化结合到一个平台，使企业极大地获得了网络可视性和控制力度。下面让我们继续探讨思科 DNA 网络保障的一些关键概念，如问题、健康状态评分等。

9.2　思科 DNA 网络保障的核心概念

9.2.1　健康状态评分

传统的网络管理解决方案为网络管理者提供了许多异构的原始数据，工程师需要依据这些数据进行审核、分析、排除故障并进行修复。事实上，网络管理者通常还是会花费更多的时间来收集数据而不是在排除故障。思科 DNA 网络保障旨在通过将这种复杂性抽象为丰富且直观的综合指标（健康状态评分）来减轻这种负担。

思科 DNA 网络保障监控客户端、网络设备和应用的若干关键性能指标，并且根据算法计算每个客户端、网络设备和正在监视的应用的健康状态评分。健康状态评分的结果是将客户端、网络设备和应用性能相关的关键性能指标进行智能合并的结果。健康状态评分的颜色会反映出需要网络管理者注意的警报级别，如图 9-2 所示。

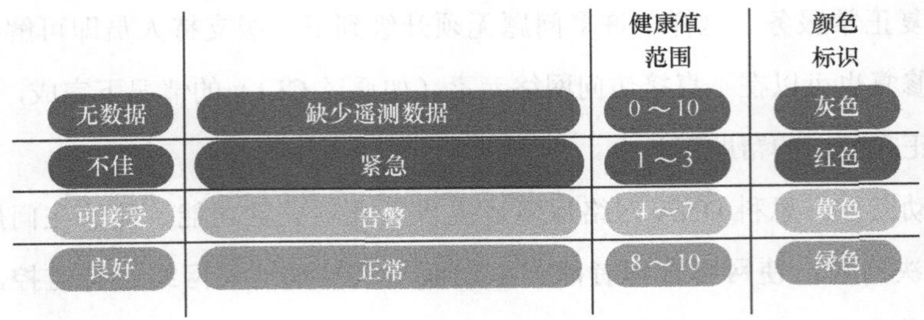

图 9-2　健康状态评分范围

基于原始数据将最重要的指标抽象为单个健康状态评分，思科 DNA 网络保障允许网络管理者专注于问题领域并通过直观的工作流程快速找到根本原因。健康状态评分在思科 DNA 网络保障的健康仪表板中以可操作的形式进行总结，如果网络管理者需要获取更多的相关信息，可以使用进一步的工作流程快速访问相关的网络、客户端、应用的全方位视图，深入探索详细信息。

1. 总体健康状态

总体健康状态仪表板提供了网络和客户端设备运行情况的高级别概述，以及需要网络管理者注意的前十个问题的视图。从这里开始，网络管理者可以进一步深入探索网络或客户端具体运行状况的更详细视图，如图 9-3 所示。

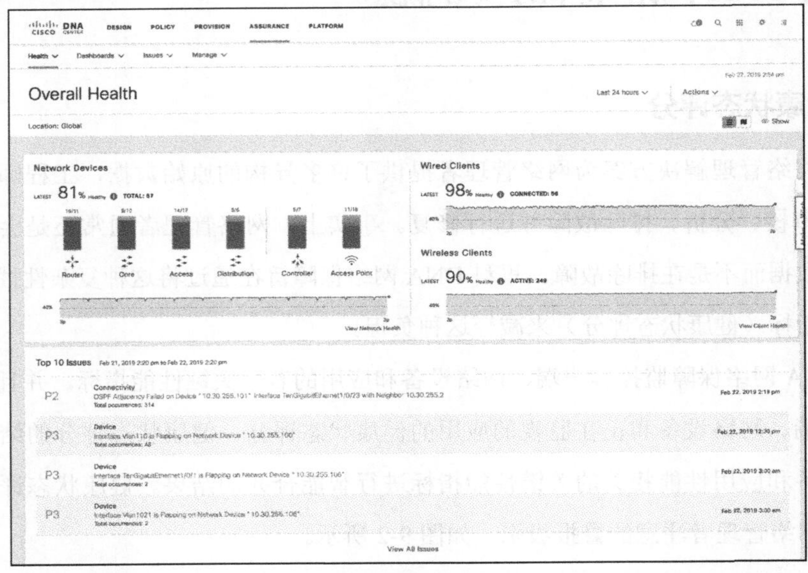

图 9-3　思科 DNA 网络保障——总体健康状态仪表板

2. 客户端健康状态

单独的客户端健康状态评分是根据客户初次登录和后续的持续连接体验来计算的。客户端健康状态仪表板提供了客户端联网的分析摘要以及后续的连接体验评估。

总体客户端健康状态评分由健康客户端数量除以基于客户端类型（有线或无线）的客户端总数得出。总体客户端健康状态仪表板如图 9-4 所示。

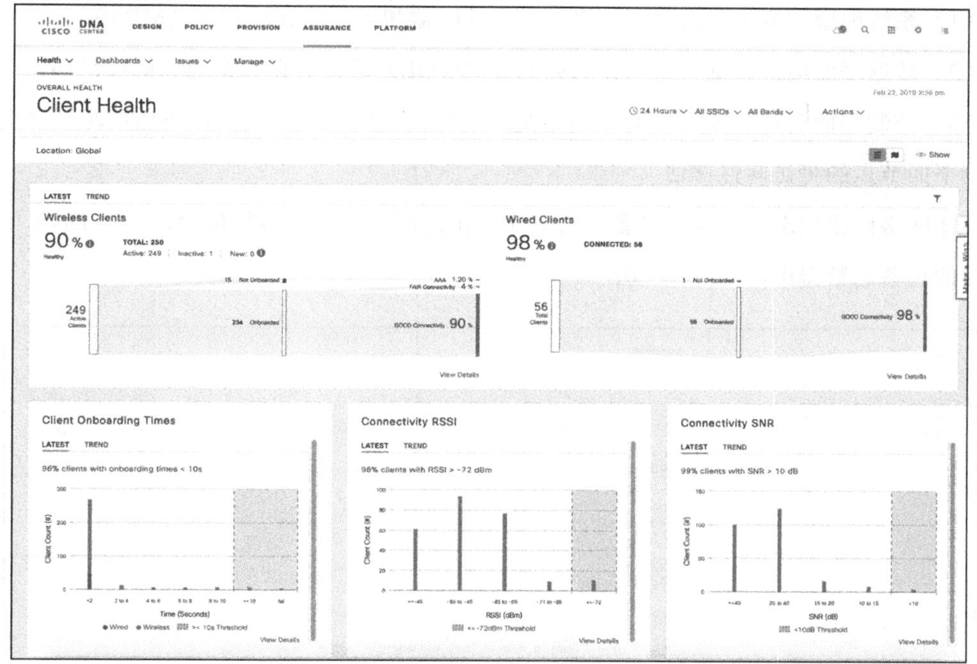

图 9-4　客户端健康状态仪表板显示已登录客户端和其连接分析

3. 网络健康状态

单独的网络健康状态评分基于系统自身、数据转发平面和控制平面的健康状态来计算。

交换机和路由器健康状态评分参考以下参数的最小值计算：

（1）系统健康程度——内存利用率和 CPU 利用率；

（2）数据平面运行状况——链接错误和链接状态；

（3）控制平面运行状况——对于网络交换矩阵设备，还包括对网络交换矩阵控制平面节点的可访问性评估。

无线接入点健康状态评分参考以下参数的最小值计算：

（1）系统健康程度——内存利用率和 CPU 利用率；

（2）数据转发平面运行状态——链接错误、无线信道利用率、干扰、噪声和空气介质质量。

无线控制器健康状态评分参考以下参数的最小值计算：

（1）系统健康程度——内存利用率、空闲计时器和可用内存缓冲区（MBufs）；

（2）数据平面运行状况——工作队列元素（WQE）池、数据分组池和链接错误；

（3）控制平面运行状况——对于网络交换矩阵模式的无线控制器，还包括对网络交换矩阵控制平面节点的可访问性评估。

整体网络健康状态显示健康设备的百分比，由健康运行的设备数量除以思科 DNA 中心正在监控的设备总数得出，如图 9-5 所示。

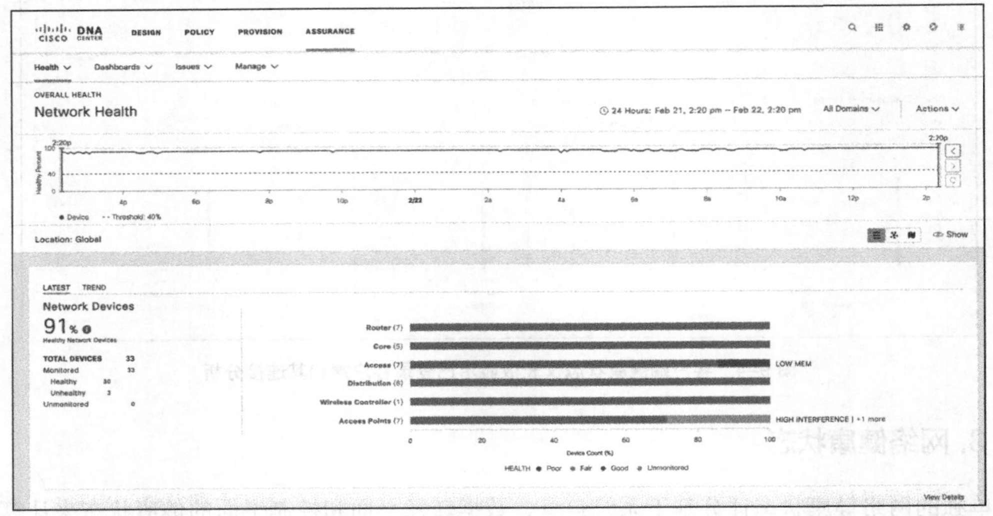

图 9–5　网络健康状态仪表板

4. 软件定义访问网络交换矩阵网络健康状态

思科 DNA 网络保障为软件定义访问网络交换矩阵部署提供网络健康评估，通过聚合各个网络交换矩阵站点的运行状况，以站点和域的级别提供精细的可视化服务，如图 9-6 所示。

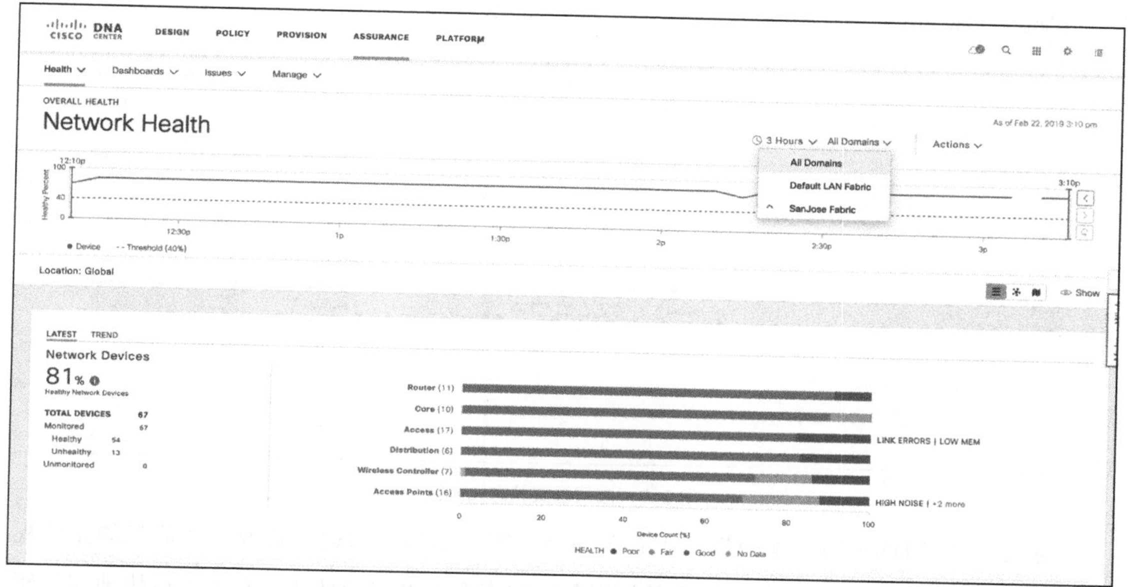

图 9–6　软件定义访问网络交换矩阵健康状态仪表板

5. 应用健康状态

思科 DNA 中心允许网络管理者监控应用的运行状况，从而评估应用体验。应用运行状况根据应用程序的定性指标，如数据分组丢失和网络延迟计算。

利用客户端和服务器监视应用响应时间（ART）计算指标，利用 ISR、ASR 和 CSR 路由器导出的 NetFlow 记录评估应用体验，根据应用的性质，它们被分类为业务相关、业务不相关或默认 3 个类别。分类基于在路由器中使用 NBAR2（基于网络的应用程序识别）功能完成。

应用健康状态评分为百分比形式，用健康运行的业务相关应用数量除以业务相关应用总数得出，并在 15 分钟的时间间隔内计算，如图 9-7 所示。

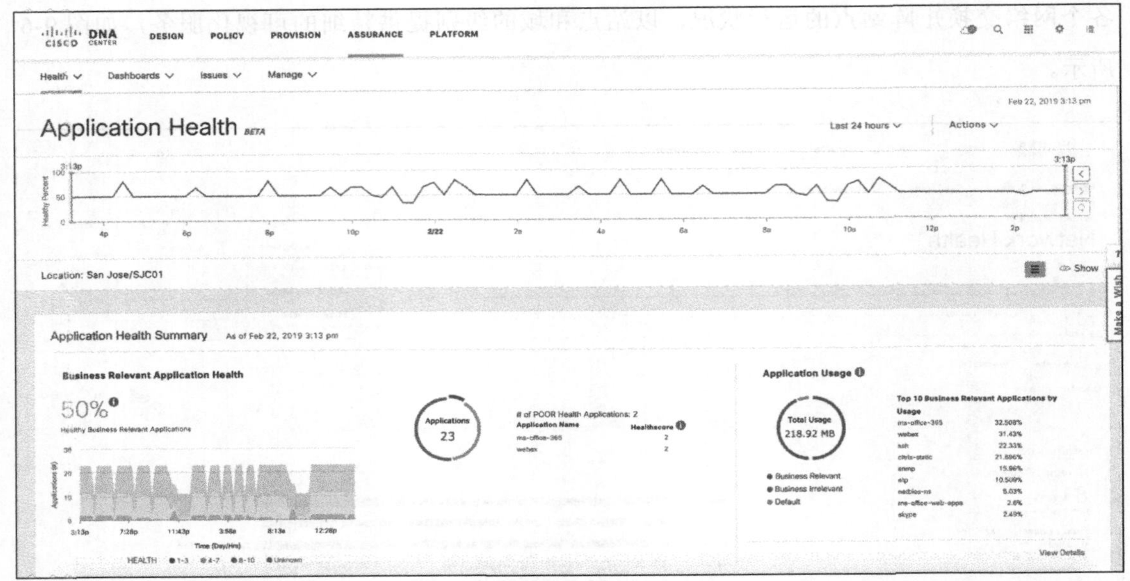

图 9–7　应用健康状态仪表板

总之，思科 DNA 网络保障提供了有关网络、客户端和应用运行状况统计信息的完整视图，这使网络管理者能够使用各种不同的视角来审查企业网络的性能，有助于更快地深入研究可能存在的任何问题。健康状态评分的使用允许网络管理者可以从海量的底层运维数据中提取与网络运行最相关的部分，以简化的、便于理解的方式显示出来。

9.2.2　问题

思科 DNA 网络保障提供系统引导和自我引导的故障排除，将多个关键性能指标相互关联以确定问题的根本原因，然后提供可能的操作来解决问题。这里的重点是确定问题而不是监控数据。

基于 30 多年的业界最佳实践和行业经验，思科 DNA 网络保障使用由思科无线和有线专家、客户技术支持工程师定义的阈值和规则来发现问题。随着机器学习的引入，思科 DNA 网络保障将允许从静态阈值演变为动态阈值，只有当相应的关键性能指标超出特定环境的正常基线时才会触发问题，问题分为以下三大类：

（1）客户端相关问题；

（2）网络相关问题；

（3）主动传感器发现的问题。

通常具有网络范围影响（当多个客户端或许多设备受到影响时）的问题会被标记为关键问题。问题优先级、问题类别、问题描述和发生次数显示在系统运行状态仪表板页面的前 10 个问题面板中。选择需要关注的一个问题后，问题面板将展开以提供其他详细信息，允许网络管理者查看和了解更多的数据信息、问题影响范围和建议的解决方案。

根据严重程度和影响范围，思科 DNA 中心以问题优先级标记问题的重要性：

（1）P1 是网络运营中的关键问题；

（2）P2 是影响多个客户端或设备的主要问题；

（3）P3 是次要问题，具有局部影响或影响较小；

（4）P4 是一个信息问题，不一定是一个造成影响的问题，但解决 P4 问题可以优化网络性能，并进一步防止问题产生。

所有优先级都可以升级到更高的优先级（如从 P3 到 P2），如果网络条件发生变化，影响会更大。这些优先级是动态的，也可由管理员修改。下面重点介绍客户端相关问题和网络相关问题，并逐步介绍每个类别中最常出现问题的一些示例。

1. 客户端相关问题

客户端问题分为几类，包括联网、连接、无线电射频、DHCP、AAA、苹果 iOS 客户端和移动性故障。常见的客户端相关问题：

（1）由于客户端超时造成客户端无法联网登录；

（2）客户端的无线电射频条件很差；

（3）客户端漫游连接速率缓慢。

以下基于问题的工作流程显示了网络管理者如何评估手头的问题，并使用思科 DNA 网络保障进行分析和采用建议的操作来解决问题。

问题工作流程：由于客户端超时导致无法联网。

步骤 1：在系统运行状态仪表板页面的前 10 个问题面板中确定该关键问题，如图 9-8 所示。

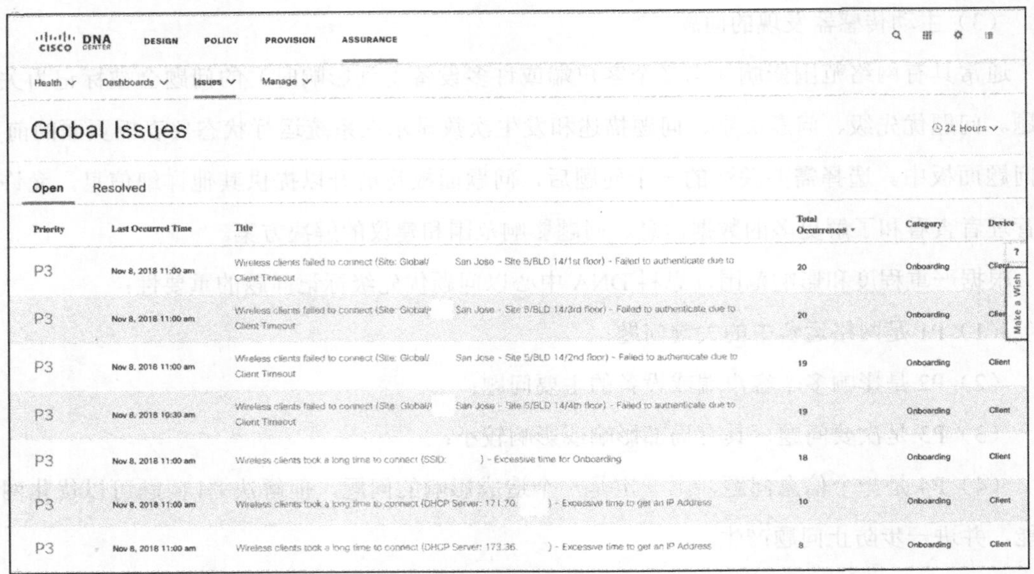

图 9-8　全局问题概览

步骤 2a：针对受影响的客户端的位置和性能指标的详细信息来分析该问题，如图 9-9 所示。

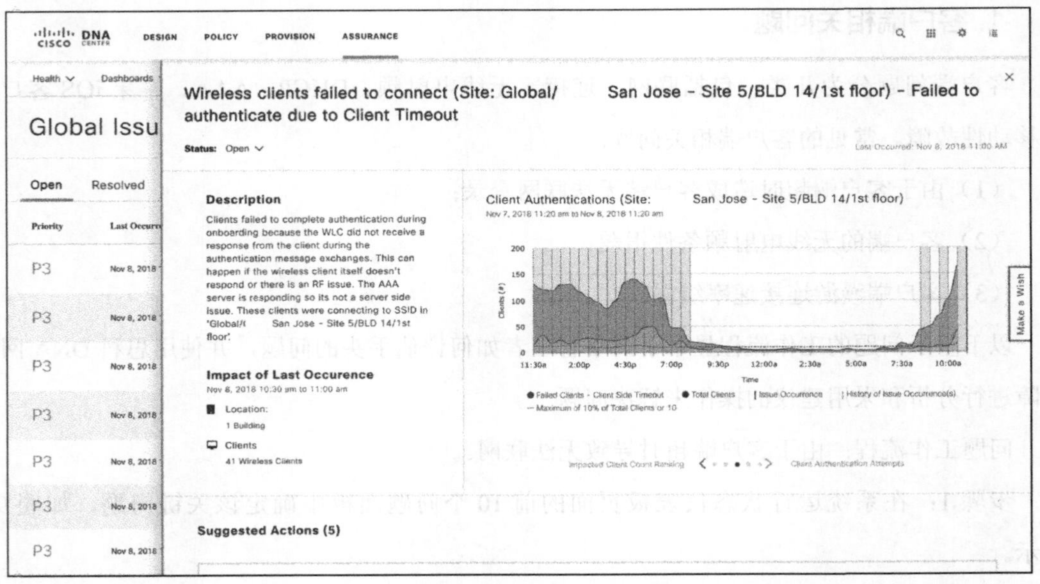

图 9-9　问题影响范围分析

步骤 2b：深入研究问题以获取更多的详细信息，如图 9-10 所示。

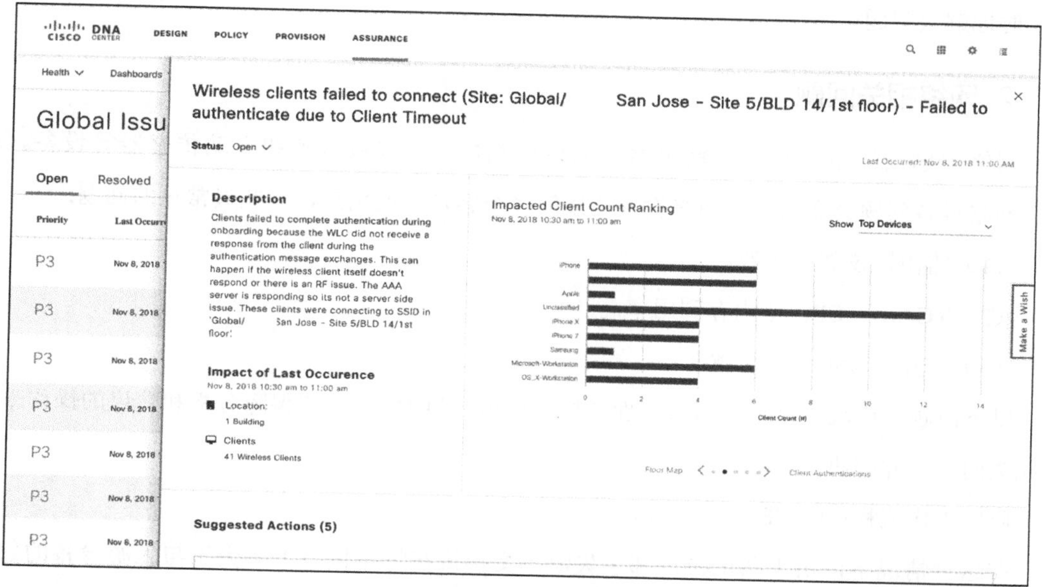

图 9–10　问题详细信息

步骤 3：按照建议的操作进行故障排除并解决该问题，如图 9-11 所示。

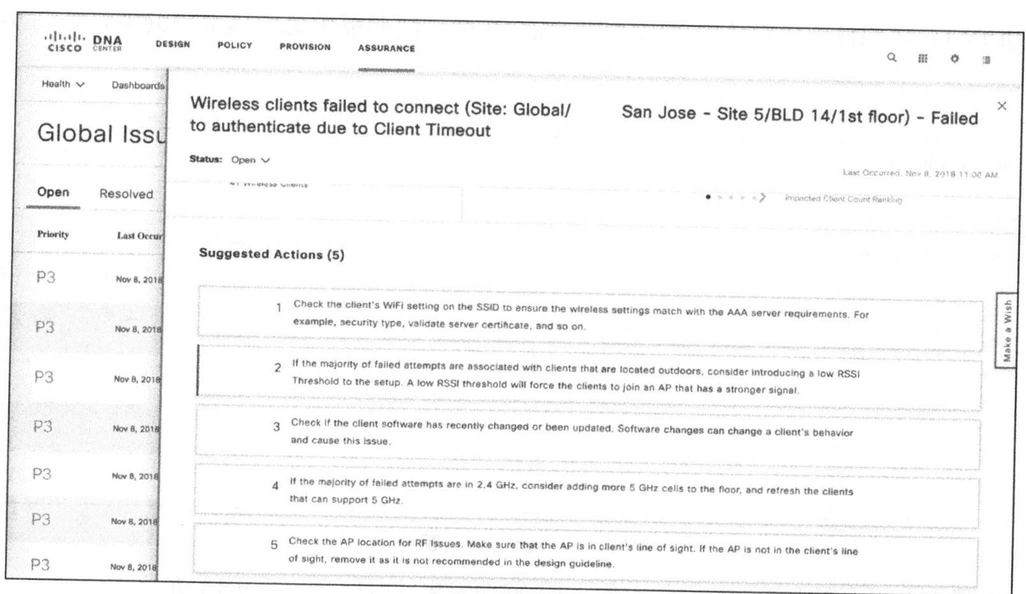

图 9–11　基于最佳实践解决客户端问题

通过上述客户端问题的工作流程，网络管理者能够更加轻松地识别问题，确定影响范围并及时地解决问题。

2. 网络相关问题

网络问题会影响交换机、路由器、无线控制器、无线接入点和主动传感器等设备。通常，网络设备问题会影响到该网络设备连接的多个客户端或用户，一些最常见的问题：

（1）路由协议邻接失败；

（2）TCAM、CPU 或内存利用率高；

（3）链路故障或射频干扰。

以下问题工作流程显示了网络管理者如何使用思科 DNA 网络保障分析和建议的操作来评估此类问题，并解决问题。

问题工作流程：OSPF 邻接失败。

在这种情况下，由于路由协议邻接失败，交换机在特定接口上丢失了与上游设备的邻居关系。该交换机为思科 DNA 网络保障提供流式遥测数据，因此，可以产生警报。此邻接故障问题会影响连接到该交换机的客户端。

步骤 1：在系统运行状态仪表板页面的前 10 个问题面板中确定该关键问题，如图 9-12 所示。

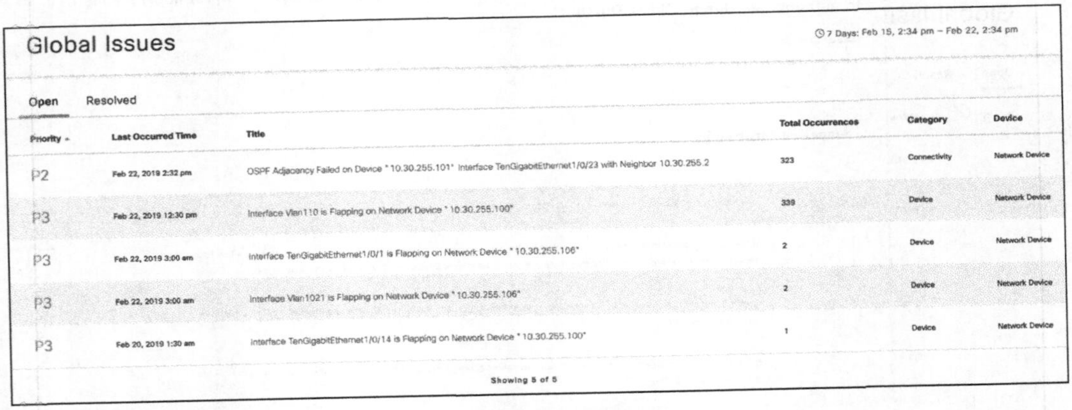

Global Issues

7 Days: Feb 15, 2:34 pm – Feb 22, 2:34 pm

Open　Resolved

Priority	Last Occurred Time	Title	Total Occurrences	Category	Device
P2	Feb 22, 2019 2:32 pm	OSPF Adjacency Failed on Device " 10.30.255.101" Interface TenGigabitEthernet1/0/23 with Neighbor 10.30.255.2	323	Connectivity	Network Device
P3	Feb 22, 2019 12:30 pm	Interface Vlan110 is Flapping on Network Device " 10.30.255.100"	339	Device	Network Device
P3	Feb 22, 2019 3:00 am	Interface TenGigabitEthernet1/0/1 is Flapping on Network Device " 10.30.255.106"	2	Device	Network Device
P3	Feb 22, 2019 3:00 am	Interface Vlan1021 is Flapping on Network Device " 10.30.255.106"	2	Device	Network Device
P3	Feb 20, 2019 1:30 am	Interface TenGigabitEthernet1/0/14 is Flapping on Network Device " 10.30.255.100"	1	Device	Network Device

Showing 5 of 5

图 9-12　网络全局问题概览

步骤 2：使用详细信息来分析问题，显示问题发生的时间，如图 9-13 所示。

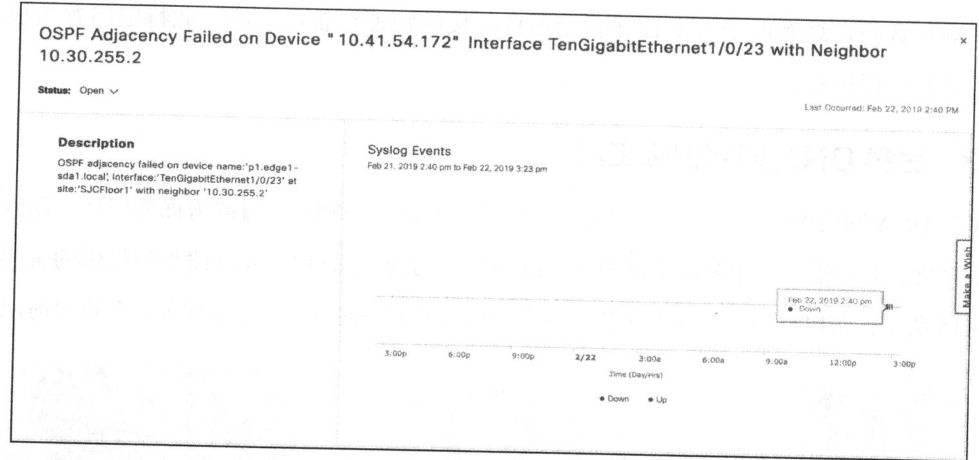

图 9-13　网络问题描述与影响评估

步骤 3：按照建议的操作进行故障排除并解决问题，如图 9-14 所示。

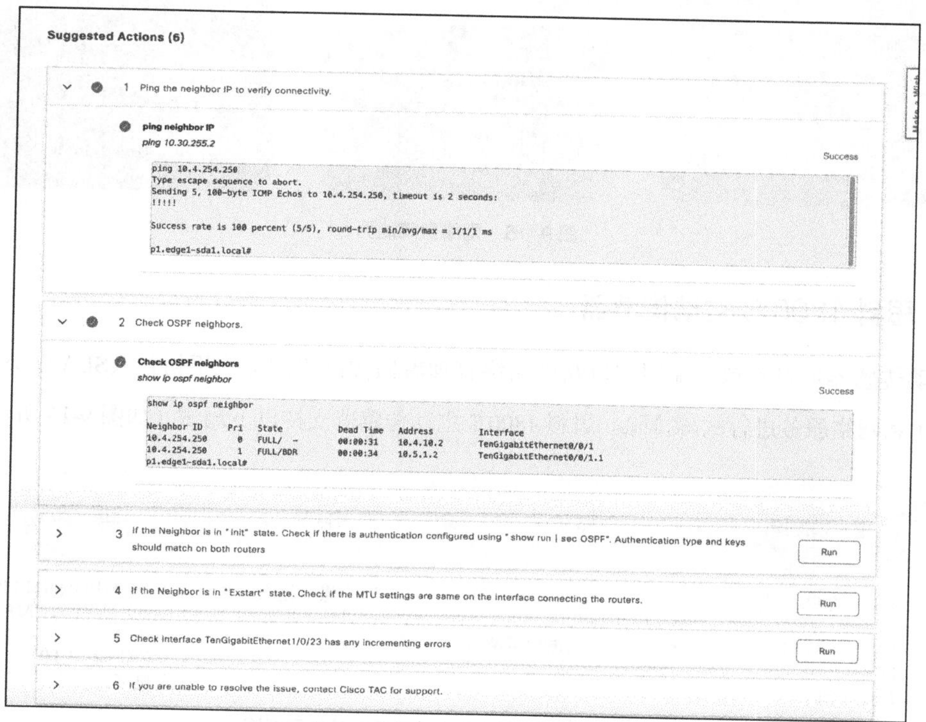

图 9-14　基于最佳实践解决网络问题

思科 DNA 网络保障显示了通过思科 DNA 中心在网络设备上运行 CLI 命令并返回输出

结果的额外选项，这有助于网络管理者无须直接接触物理设备就能确定此特定问题的根本原因，并对其进行修复。

9.2.3 思科 DNA 网络保障工具

思科 DNA 网络保障不仅可以解决被动反应式的网络监控和故障排除方面的问题，还可以主动解决网络、客户端、应用和服务的故障排除方面的问题。思科 DNA 网络保障提供的关键能力如图 9-15 所示，可以让网络管理者在整个网络中有效地解决问题并确保更快的业务恢复时间。

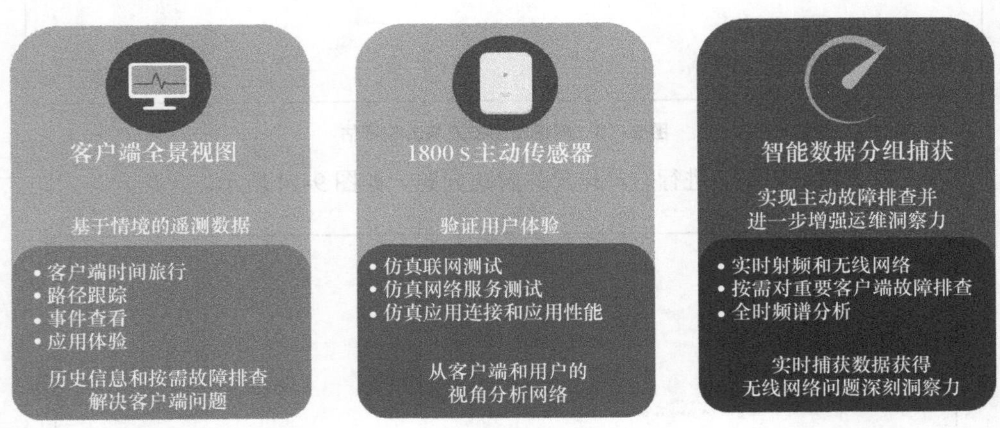

图 9–15　网络保障能力

1. 思科 1800 S 主动传感器

主动传感器可以模拟终端用户以帮助网络管理者监控网络服务水平协议（SLA），对无线网络、应用和网络服务进行故障排除。思科 1800 S 主动传感器支持以下测试（如图 9-16 所示）。

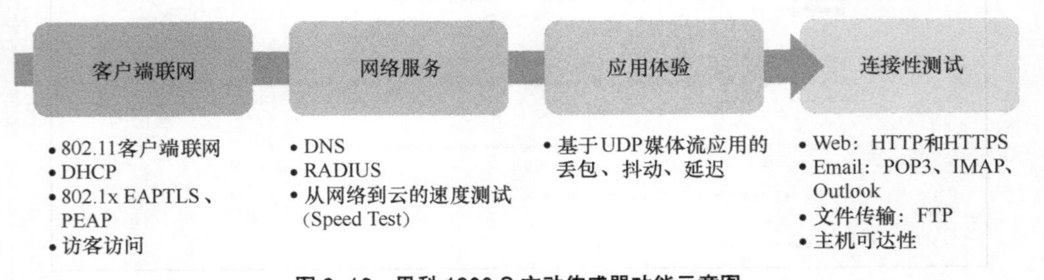

图 9–16　思科 1800 S 主动传感器功能示意图

2. 智能数据分组捕获

使用有针对性的无线电扫描和数据分组捕获技术（如图 9-17 所示），主动查找和解决客户端联网、射频干扰和性能低的无线问题，使网络管理者能够更快、更准确地进行故障排除并解决问题。

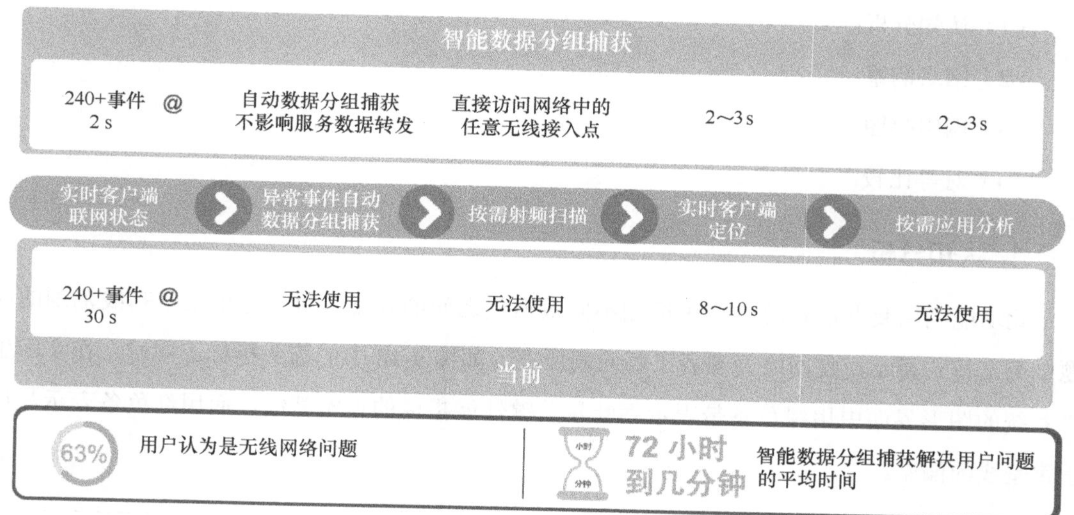

图 9-17　智能数据分组捕获功能示意图

3. 客户端全景视图

允许网络管理者从任何角度或情境查看设备或客户端连接。客户端全景视图包括拓扑、吞吐量和不同时间、不同应用的延迟信息。通过客户端全景视图提供的其他功能还包括以下两种。

（1）网络时间旅行：允许网络管理者“回到过去”查看网络产生问题的原因以及在过去时间段捕获的所有数据，且无须在实验室或客户生产网络中进行问题重现工作。

（2）路径跟踪：为网络管理者提供从客户端到所有设备和服务器的应用或服务路径的可视化视图，以及每个跃点的连接统计信息。

思科 DNA 网络保障中的视图和工具还在不断丰富，目的是为网络管理者和工程师提供对其网络、应用和用户性能及体验的更深入了解。思科 DNA 网络保障中提供的工具对于加快问题识别、查找根本原因和修复问题至关重要。

9.2.4 机器学习驱动的深刻洞察力

思科 DNA 网络保障利用大数据架构和机器学习算法，结合思科业界领先的网络知识库，实现了以下高级功能和用例：

（1）认知分析；

（2）网络洞察；

（3）网络热图；

（4）对等比较。

1. 认知分析

此功能利用复杂的计算模型来检测不同数据集之间的异常。对于超出正常基线范围的问题以突出模式显示，使网络管理者了解问题所在，如图 9-18 中的箭头指标。同时，在实际生产系统的图形界面中用绿色条带表示吞吐量关键性能指标的正常基线，而用红色条表示与该正常基线的偏差。

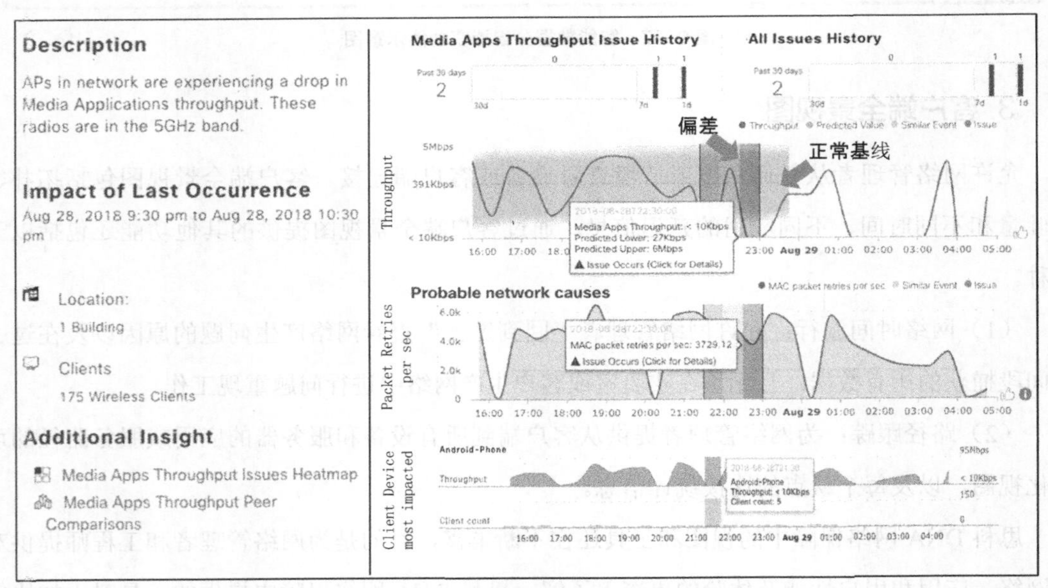

图 9-18　利用认知分析进行问题检测

2. 网络洞察

网络洞察是一个分析长期趋势的工具，可突出显示特定关键性能指标行为在每月时间窗口内的偏差。关键性能指标在每周窗口上聚合，如果一个或多个受监控的关键性能指标随时间发生显著偏差，则会触发网络洞察。网络洞察将突出显示特定关键性能指标如何随时间变化并将其与网络中存在的类似问题进行比较。

如图 9-19 所示，接收信号强度指示（RSSI）值在每周边界上进行比较，并且提供网络洞察工具记录与所述基线的偏差，以供网络管理者查看。

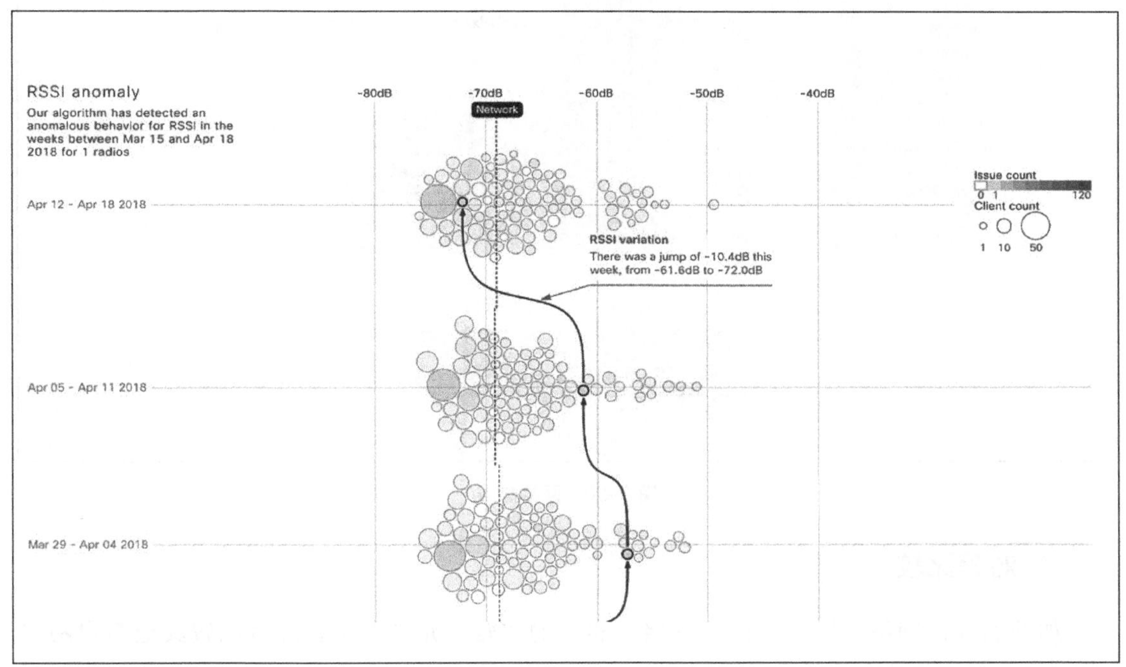

图 9–19　网络洞察——接收信号强度指示（RSSI）

3. 网络热图

网络热图是在网络中执行关键性能指标比较的工具。网络管理者为特定网络实体选择关键性能指标并将其与网络其他指标进行可视化比较。网络热图允许网络管理者在同一天和一段时间内比较差异，以便随时间推移发现网络的热点问题。图 9-20 所示为发现无线接入点的无线模块繁忙程度和变换信道的频率。

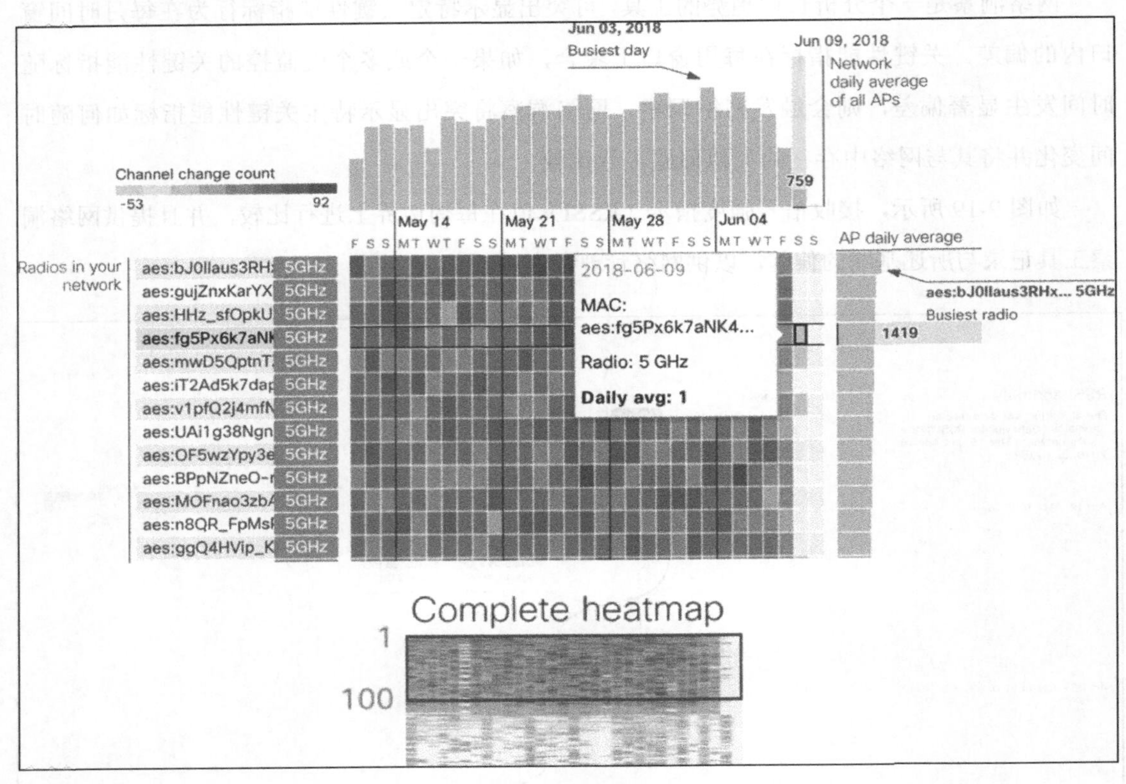

图 9-20 网络热图

4. 对等比较

如前所述，网络热图执行同一网络中实体的比较，允许网络管理者比较其他客户网络中的类似实体和关键性能指标，这样的对比可以帮助客户管理者了解他们自己网络的运行情况。

请注意，所有机器学习数据在离开内部部署的思科 DNA 中心设备之前都是匿名的（如图 9-21 所示）。对等比较功能是可选的，如果需要，则必须由网络管理者专门配置和启用。

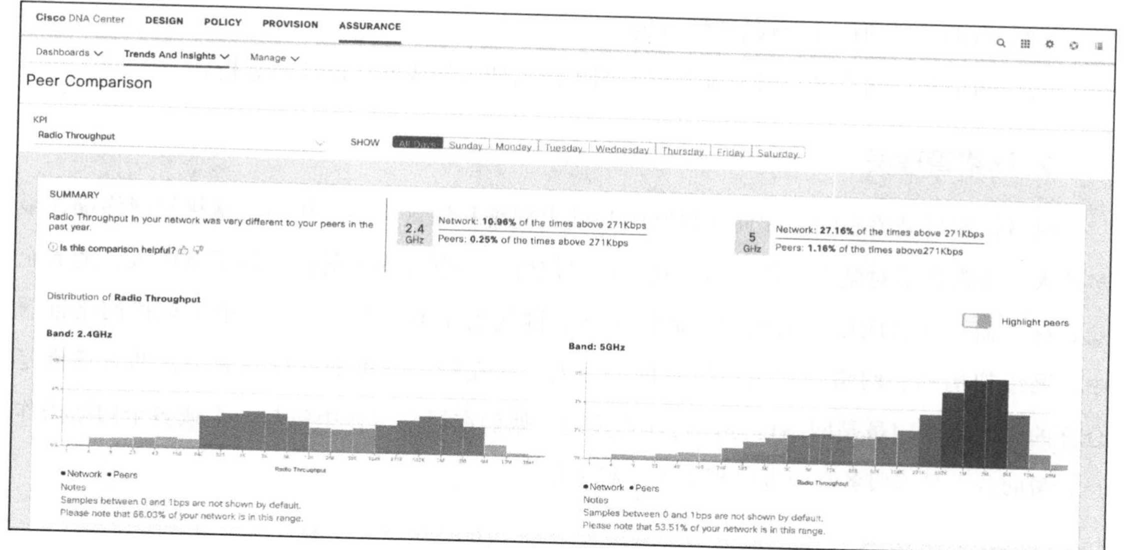

图 9–21　与匿名数据的对等比较

9.3　使用思科 DNA 网络保障的用户

9.3.1　角色和任务

网络团队中的几个关键角色将使用思科 DNA 网络保障来解决问题并提高业务的灵活性。让我们探索这些角色，以便更好地了解这些角色的相关任务以及它们之间是如何互动的。

1. 网络架构师

网络架构师的任务是决定如何最好地实施网络策略以满足企业的整体业务目标，这包括（但不限于）选择设备供应商、网络平台、总体技术方法和设计标准以实现业务目标。例如，网络架构师可以选择 MPLS VPN、软件定义访问和 / 或软件定义广域网进行网络设计以满足所要求的目标。

（1）网络集成的安全性和分段。

（2）有助于推动持续运营的网络冗余。

（3）有助于网络系统在目前部署的预期生命周期内集成网络监控和分析。

2. 网络管理员

网络管理员最关心的是如何在日常的基础上部署和运营网络。作为日常接触网络操作最多的人，通常也是对整个网络部署，包括网络属性、问题和面临的挑战最了解的人。随着企业目标、需求或新应用不断出现，他们面临的挑战也在不断地变化。在中小规模网络部署中，网络架构师和网络管理员可以是同一个人，而在较大规模的网络部署中，两者通常是分开的。网络管理员是网络可持续运行的关键，他们在日常工作中将与一个或多个网络操作员、帮助台人员或服务和问题管理人员一起工作。

3. 网络操作员

网络操作员通常在网络部署中“最接地气”，是负责解决帮助台人员处理不了而提交上来的问题的人，他们从帮助台人员处获得高级别问题，跟踪并解决这些问题。网络操作员通常处于最前线并且最熟悉网络设备状态，包括网络日常使用、详细操作和正常（或异常）操作。网络操作员与网络管理员和帮助台技术支持人员的对接对于网络的正常持续运行至关重要。

4. 帮助台人员

帮助台人员是网络中终端用户的“第一联系人”，处理故障单、提供问题的第一级分析以及推动需要更深入调查的问题的提交是他们的日常工作。负责任的、积极响应的帮助台人员可以在获得终端用户满意度和适当及时解决问题方面发挥巨大的作用。帮助台人员根据需要，将问题上报给网络操作员，如果出现严重、广泛或系统性问题，可能会向网络管理员提出更高的请求。

5. 服务管理员

服务管理员为其客户提供服务以改善业务体验。例如，网络访问服务的管理员负责新用户的联网，为他们提供对网络、IP 电话等服务的访问。服务管理员监控服务的运行健康状况并依赖运维团队确保任何相关的网络服务水平协议是满足要求的。事故和意外中断会对可用服务产生影响，因此，以接近实时的方式对网络服务进行监控对于服务管理至关重要。

6. 问题管理员

问题管理员是解决高级别问题团队的一部分，通常是解决这类问题的责任人。问题管理员的目标是记录问题、找到问题的根本原因并制订未来避免问题再现的计划。获得事件完整的全景视图并推动相关问题的根本原因分析有助于改进整体的问题管理过程。问题管理将反馈到网络实际操作中，在问题发生时帮助识别和解决问题。

7. 思科 DNA 网络保障价值主张

上述团队的每个成员都可以以非常具体的方式从思科 DNA 网络保障中受益。思科 DNA 网络保障的使用将显著加强网络运维中的各个环节，并且可以迅速成为上述所有角色日常工作中的关键因素。有关思科 DNA 网络保障如何协助这些角色的几个示例，请参阅以下各节中介绍的各种用例。

9.3.2 网络运维——日常的一天

网络管理员和网络操作员一天中的工作是什么样的？他们每天面临哪些挑战？随着时间的推移会发生哪些问题？而且最重要的是，思科 DNA 网络保障如何在他们的日常工作中帮助到他们？

由于不同的企业以多样的方式运行其网络，因此，这里使用的示例将以大型企业网络为例。在网络运营中心（NOC）内，网络操作员监控着为各种子网络模块提供服务的骨干网和核心网。网络由多个分布区域组成，每个区域都部署大量用于连接有线和无线设备的接入层交换机。在该示例中，网络包括大约 400 台交换机、2000 个无线接入点和 15 000 个用户，终端设备包括有线连接方式的个人计算机、无线连接方式的笔记本电脑、智能电话以及建筑物管理系统和销售终端机。

网络运营中心的工作人员负责维护网络、管理网络设备软件升级以及处理标准变更的管理任务。复杂的网络变更通常还涉及网络架构团队的人员，在这种情况下，网络运营中心仅负责监控网络并协助进行进一步的故障排除。

对于网络运维团队的具体要求，需要考虑以下几个重要的网络服务水平协议和关键性能指标。

（1）网络服务水平：核心设备要达到每月 99.99%（停机时间为 4 分钟 23 秒），接入层设备需要达到每月 99.7%（停机时间为 2 小时 11 分 29 秒）。

（2）网络运营中心处理二级技术支持请求，包括从帮助台（第一级）提交上来的事件。

（3）网络运营中心监控网络趋势并将此数据提供给网络架构团队，以便进行未来的网络容量规划。

（4）标准变更由网络运营中心负责，例如，对访问端口和 VLAN 的配置变更。

网络运营中心团队通常是一组员工，他们轮班工作以确保网络 24 小时持续运营。二级或三级网络管理人员负责处理提交上来的问题。考虑到上述情况，让我们先来看一下在没有思科 DNA 网络保障的情况下，网络运营中心团队的一天是如何度过的？

1. 从没有思科 DNA 网络保障的情境开始

星期一早上 6 时，网络运营中心人员换班，交接前一班次夜间活动的简报。一夜之间网络有两张未结的任务清单，属于优先级 3 事件，将由接替的网络运营中心人员在白天处理。日班任务清单上还列出了总共 10 项标准变更，所有变更都计划在特定的时间窗口内完成。这些都是遵循既定程序的标准变更。

上午 9 时，虽然网络监视软件看到设备的工作状态仍为绿色。但是当用户开始上班并连接到网络时，网络运营中心团队收到多个故障单，用户抱怨无法连接到网络。

使用网络管理软件工具查看，设备的工作状态仍为绿色，因此，从网络管理者的角度来看，所有这些设备都应该没有出现问题。但是，用户正在以越来越快的速度报告登录问题。网络运营中心团队开始调查，与此同时，其中一个先前计划的变更的时间窗口即将到达。根据网络运营中心的标准操作程序，故障事件处理优先于计划更改，因此，网络运营中心团队需要推迟变更以专注于解决用户的登录问题。他们检查报告事件位置的网络状态以定位问题，但没有识别出任何明显的网络异常。根据网络运营中心的故障处理流程，他们将未解决的故障单分配给处理活动目录问题的团队，因为该团队负责用户身份的验证和登录。但是，目前故障单只包含未检测到网络故障的信息，以及多个用户抱怨登录问题的信息。

大约 11 时，所述问题的事件从处理应用故障的团队返回给网络运营中心团队。这期间发生了什么呢？网络运营中心团队将该问题转发到维护活动目录的团队，该团队没有发现问题并将其转发给服务器维护团队，然后服务器维护团队将其转发到应用维护团队。应用维护团队找不到任何问题，并将问题转回给网络运营中心，报告中仍然没有指出问题的根本原因。到目前为止，两个小时已经过去了，IT 部门无法更进一步地确定问题的根本原因。此时，由于越来越多的用户无法登录到网络和执行日常的任务，问题影响范围越来越大，问题进一步升级。问题管理员介入，他将所有运维团队的人员集中在一起共同商讨解决方案……

在这种情况下，每个团队都满足其事件处理的网络服务水平协议，但没有人能解决该问题。可以肯定的是用户仍然不高兴，因为他们无法登录，无法有效地开展他们的工作。

2. 假设发生了相同的事件，但思科 DNA 网络保障已经就绪

回到星期一早上 9 时。一些用户呼叫帮助台并报告他们无法登录。由于用户实时数据在思科 DNA 网络保障中可用，因此，帮助台人员可以识别报障用户并访问其客户端全景视图以评估问题。帮助台人员可以看到无线用户没有通过 DHCP 接收 IP 地址，这表明客户端登录出现问题，更具体地说，是身份验证和 IP 地址获得过程出现了问题。

现在，思科 DNA 网络保障刚刚彰显其实力。DNA 中心将问题、受影响的位置和受影响的用户数量以易于理解和使用的视图显示出来。思科 DNA 网络保障指出用户遇到 RADIUS 故障导致的身份验证问题并显示所有受影响用户的列表，还提供了正确的补救措施来解决问题。在本案例中，活动目录服务器无法响应请求，此时，思科 DNA 网络保障提取和总结的事件的详细说明被转发到活动目录维护团队，以进行进一步的故障排除，同时表明网络的行为符合预期，造成故障的不是网络！

思科 DNA 网络保障可以关联所有必要的信息并帮助确定问题的根本原因，因此，网络管理者将拥有单一的事实来源。它还可以帮助网络管理者实时隔离事件，在上面案例中该过程仅需要几分钟，仍然允许网络运营中心按照原本的计划实现网络的变更任务。思科 DNA 网络保障通过提供解决问题所需的信息和必要措施，从而将网络管理者从大量烦琐重复的劳动中解放出来。

总而言之，通过使用思科 DNA 网络保障，意图网络已经扩展到网络分析和自动化。网络管理者重新获得了网络的主动权，而不是以被动的模式运维，这进一步坚定了相关方对网络的信心。网络管理者、各种网络决策者，当然还有最重要的相关方——网络的最终用户都可以极佳的体验使用网络而不会受到影响。

为了更深入地了解思科 DNA 网络保障，下一节将探讨一些涉及解决有线和无线网络基础设施关键问题的用例。

9.4 思科 DNA 网络保障关键用例

9.4.1 客户端使用体验

1. 客户端联网登录

案例：客户端超时造成无线客户端无法关联网络

上午 11 时 40 分，网络管理员 Larry 通过 ServiceNow 系统收到一张新的故障单，表明圣何塞站点有许多客户端不能连接无线网络 SSID。他查看思科 DNA 网络保障执行仪表板发现系统已经创建了一个关键性故障问题报告，报告指出“由于频繁的身份验证失败，客户端无法联网”。

理解 Larry 遵循的工作流程是解决这一问题的关键。思科 DNA 网络保障利用来自网络基础设施的流式遥测技术为客户端登录问题提供可视化分析。Larry 登录思科 DNA 网络保障并导航到客户端健康状态面板，使用系统显示出来的桑基图（Sankey），他能够理解许多客户端由于身份验证失败而无法连接圣何塞站点的网络。

如图 9-22 所示，桑基图对所有客户端的登录和连接的不同阶段进行了总结显示。图 9-22 中显示的元素都是交互式的，因此，当选择某个项目时，底部的客户端列表会相应刷新。单击列表中的某个客户端就可以轻松访问该客户端的全景视图。

Larry 随后选择客户端并进入客户端全景视图以了解其历史行为并找出问题发生的根本原因。他从时间旅行选项开始回溯到过去一段时间，确定客户端联网登录失败的时间和阶段。

客户端全景视图的顶部显示无线射频的详细信息，而底部显示客户端联网登录的事件。射频信号电平显示在连接选项卡中（如图 9-23 所示）。问题不是射频连接造成的，因为客户端联网的信号强度为 –56 dBm 且信噪比为 38 dBm，说明无线射频信号质量良好。在实际生产系统的图形界面中这两个关键性能指标都以绿色表示，表示没有问题。在“重大事件”部分则显示了联网登录事件的列表，在实际生产系统的图形界面中用红色显示了“广播重设密钥”信息（如图 9-23 中虚线框所示），这表明客户端在此处存在潜在问题。

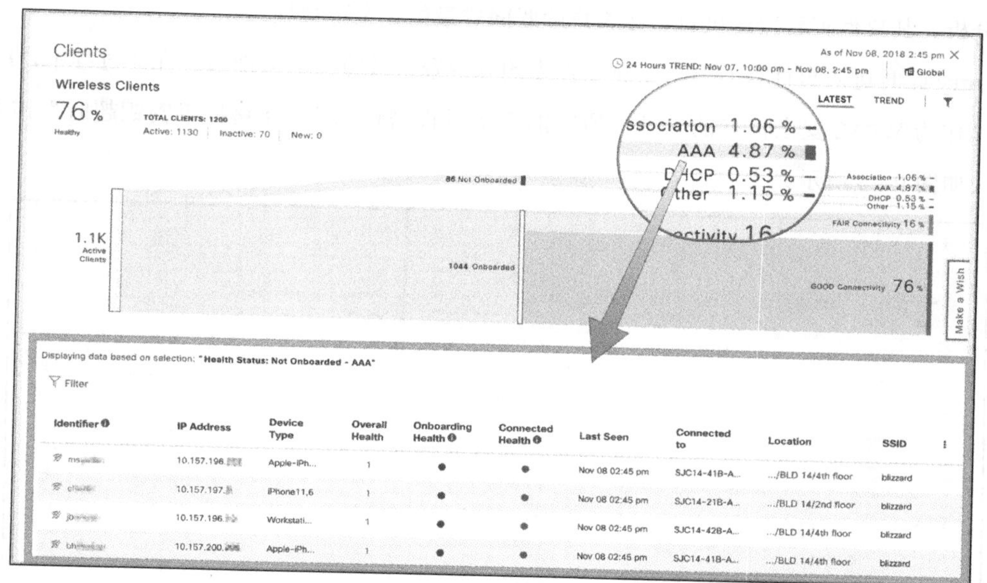

Identifier	IP Address	Device Type	Overall Health	Onboarding Health	Connected Health	Last Seen	Connected to	Location	SSID
ms...	10.157.196...	Apple-iPh...	1	●	●	Nov 08 02:45 pm	SJC14-41B-A...	.../BLD 14/4th floor	blizzard
...	10.157.197...	iPhone11,6	1	●	●	Nov 08 02:45 pm	SJC14-21B-A...	.../BLD 14/2nd floor	blizzard
j...	10.157.196...	Workstati...	1	●	●	Nov 08 02:45 pm	SJC14-42B-A...	.../BLD 14/4th floor	blizzard
bh...	10.157.200...	Apple-iPh...	1	●	●	Nov 08 02:45 pm	SJC14-41B-A...	.../BLD 14/4th floor	blizzard

图 9-22 客户健康状态仪表板与无线客户端桑基图

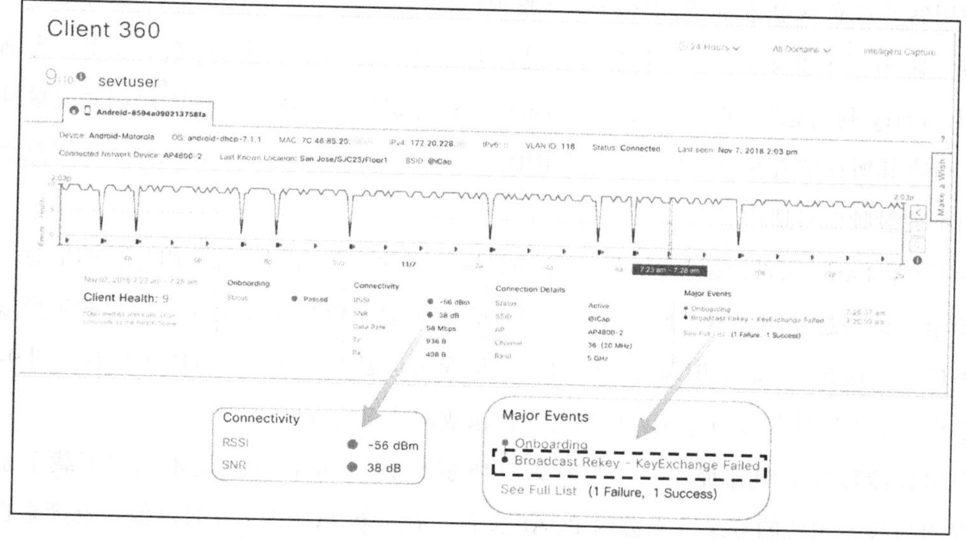

图 9-23 客户端全景视图显示其广播重设密钥失败

客户端联网时在设备驱动程序、认证请求、网络自身、网络服务级别（包括 RADIUS 和 DHCP 服务）等层面可能会发生各种问题。因此，对于无线连接故障的排除，客户端联网登录阶段是最关键的阶段之一。思科 DNA 网络保障可以为所有客户端提供逐步的、详细的联网登录分析。其事件查看器提供对无线客户端联网登录的完全可视性。

Larry 此时进入事件查看器，了解已报告的联网登录故障的更多细节。在此过程中，Larry 观察到作为 WPA2 安全标准的一部分所需的广播重设密钥由于“4 路握手密钥超时”错误而失败（如图 9-24 所示）。

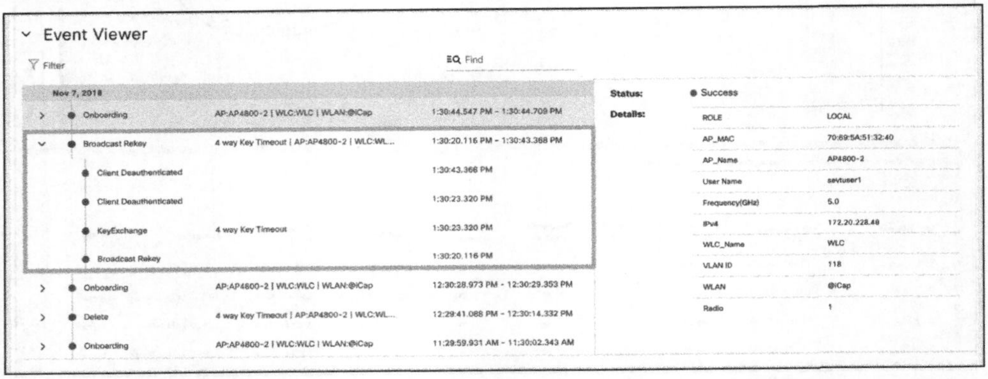

图 9-24　客户端联网登录失败事件——密钥交换过程中的广播重设密钥失败

使用客户端健康状态面板和客户端全景视图，Larry 能够快速识别是什么问题对哪些用户造成了影响、问题发生的频繁程度。但是，他更有兴趣了解问题为什么会发生。为确定根本原因，Larry 利用思科 DNA 网络保障的智能数据分组捕获功能抓取该客户端的流量进行分析，并审查其所在位置和射频信号覆盖范围的关系（如图 9-25 所示），再次确认联网登录故障是否由不良射频信号造成。

接下来，Larry 深入挖掘联网登录失败事件并查看来自于自动数据分组分析的信息。如图 9-26 所示，该信息显示了每个联网登录事件的详细信息，包括无线接入点和无线客户端之间的握手信息。这允许 Larry 识别每个联网登录步骤的延迟、超时和重新传输状态。图 9-26 中上下箭头表示无线接入点与无线客户端之间传输数据分组的方向。

利用智能数据分组捕捉功能（如图 9-27 所示），Larry 用他的笔记本电脑下载了系统自动抓取的与故障相关的登录数据分组 PCAP 文件。在分析 PCAP 文件时，他观察到来自无线接入点的重复密钥交换请求，这些请求是身份验证过程的一部分，如果多次尝试后无线客户端没有回复该请求，则无线接入点会对客户端进行解除认证操作。通过使用数据分组分析工具，Larry 能够得出最终结论，即该故障的发生是由于客户端设备的驱动程序问题导致的。

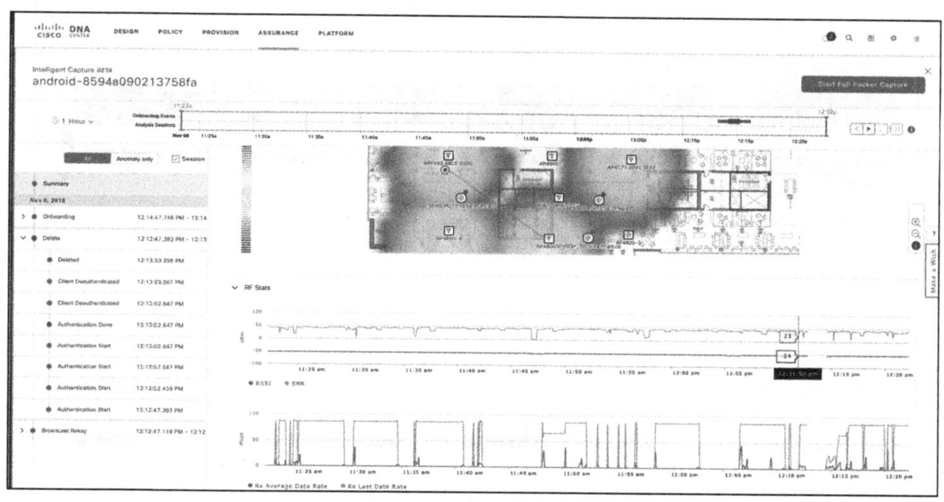

图 9-25　客户端联网登录与所在位置和射频环境的实时关联

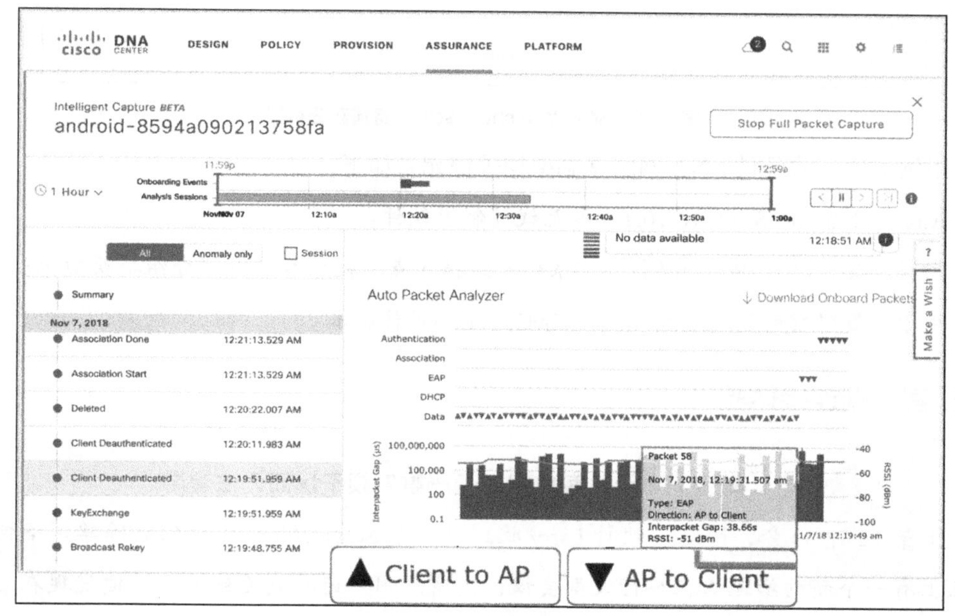

图 9-26　联网登录数据分组分析结果

网络管理员可以根据需要与其他分析人员共享 PCAP 文件，并可以使用其他数据分组分析工具进行离线分析。

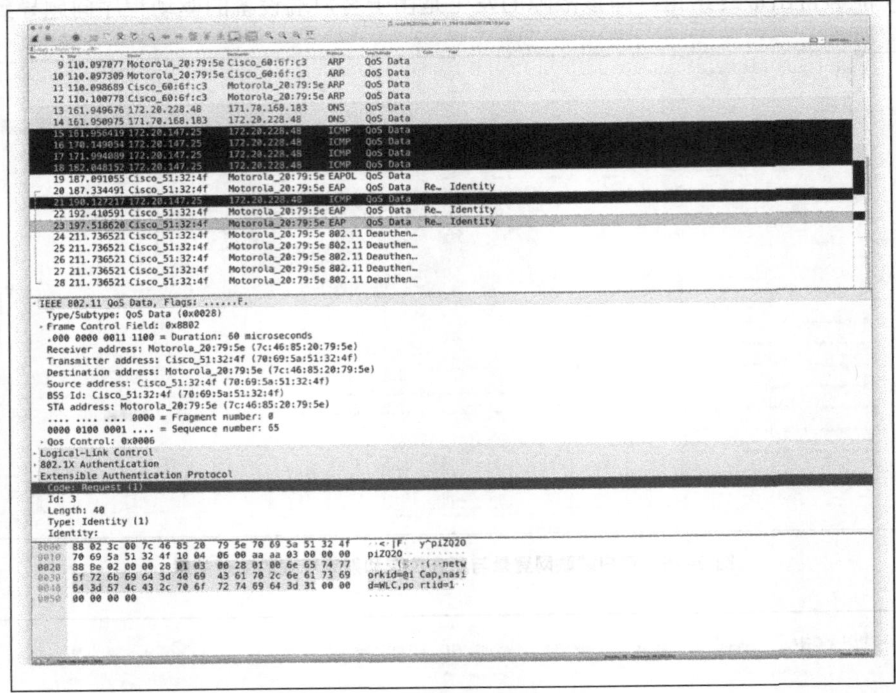

图 9-27 使用 Wireshark 数据分组捕获分析器

本用例中使用的思科 DNA 网络基础架构关键元素如下。

- AireOS 8.8或IOS XE 16.10.1版本无线控制器软件。
- 思科2800、思科3800和思科4800系列无线接入点，提供智能数据分组捕获功能；
- 用于位置跟踪的互联移动体验（CMX）10.5软件版本。

2. 客户端连接体验

案例 1：无线客户端由于严重射频干扰而无法漫游

下午 12 时 30 分，网络管理员 Larry 收到另一张 ServiceNow 发出的故障单。圣何塞站点上有一个新的场地正在举行大型会议，高密度用户连接到无线网络。他发现在思科 DNA 网络保障的执行仪表板上出现了一个全局性问题“客户端由于严重射频干扰而在漫游时无法关联”。

一旦客户端已经成功联网登录，可能影响其连接的重要因素包括射频信号覆盖、客户端密度、干扰和漫游。网络架构师旨在设计无线网络以确保其提供最佳的覆盖范围和用户接入密度，并为客户端提供一流的使用体验。在本案例中，这个特殊的场地在初始设计时并没有考虑到高密度无线接入场景，且周围还存在包括无线投影仪、无线打印机、安全摄像头和其他一些物联网设备的干扰源。

Larry 现在很难评估当前问题的影响并确定根本原因以确保终端用户可以获得正确的体验。他登录思科 DNA 中心，利用网络保障开始诊断问题。如图 9-28 所示，Larry 从客户端健康状态仪表板开始评估接收信号强度指示和信噪比数值，并查看客户端接入密度信息，发现信噪比数值较低且客户端计数较高，这表明存在大量干扰。图 9-28 中的连接信噪比子面板提供了连接体验不佳的特定客户端列表，低信噪比可能导致较差的无线体验，包括频繁漫游、断开连接、延迟和抖动。

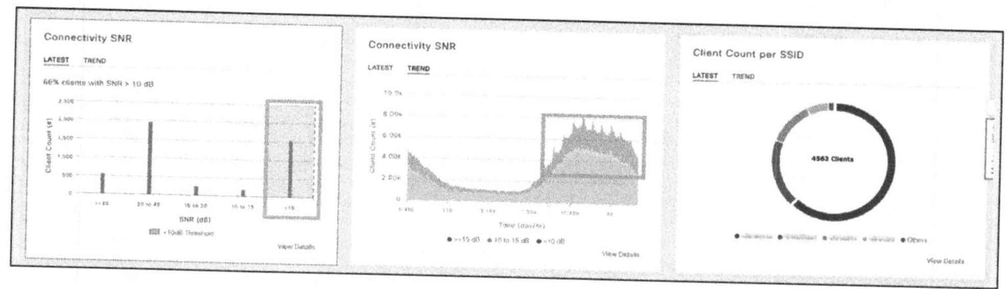

图 9–28　显示信噪比指标的连接性面板

Larry 现在进入客户端全景视图，并将验证干扰与网络时间旅行视图中显示的漫游故障联系起来。在客户端全景视图中的事件查看器（如图 9-29 所示）中，DNA 中心将不良信道条件显示为故障原因。

由于报告故障的客户端设备是一批苹果公司的 iOS 设备，Larry 利用客户端全景视图中的 iOS 分析功能来确定客户端漫游时解除关联的原因。iOS 设备为思科 DNA 网络保障提供的额外遥测数据（如图 9-30 所示）有无线接入点邻居列表、客户端视角的接收信号强度指示视图、包括版本和硬件信息的 iOS 设备详细信息，以及解除关联原因的详细信息。实现这一切不需要在 iOS 客户端设备上进行配置或安装任何代理。

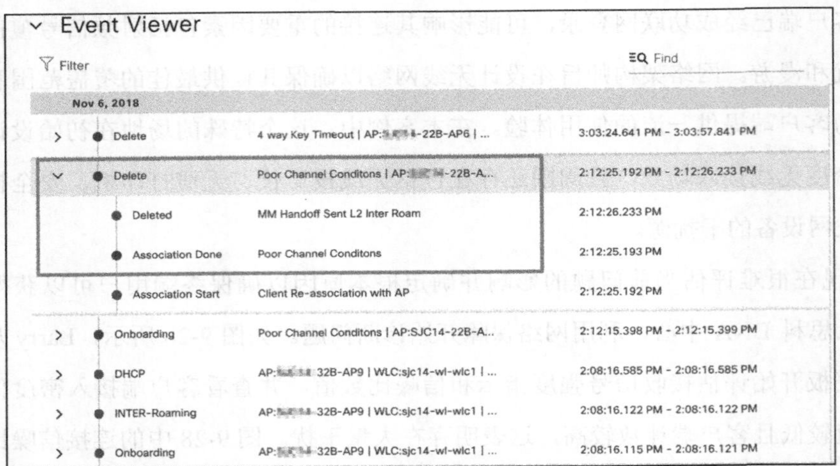

图 9-29　事件查看器显示不良的信道条件

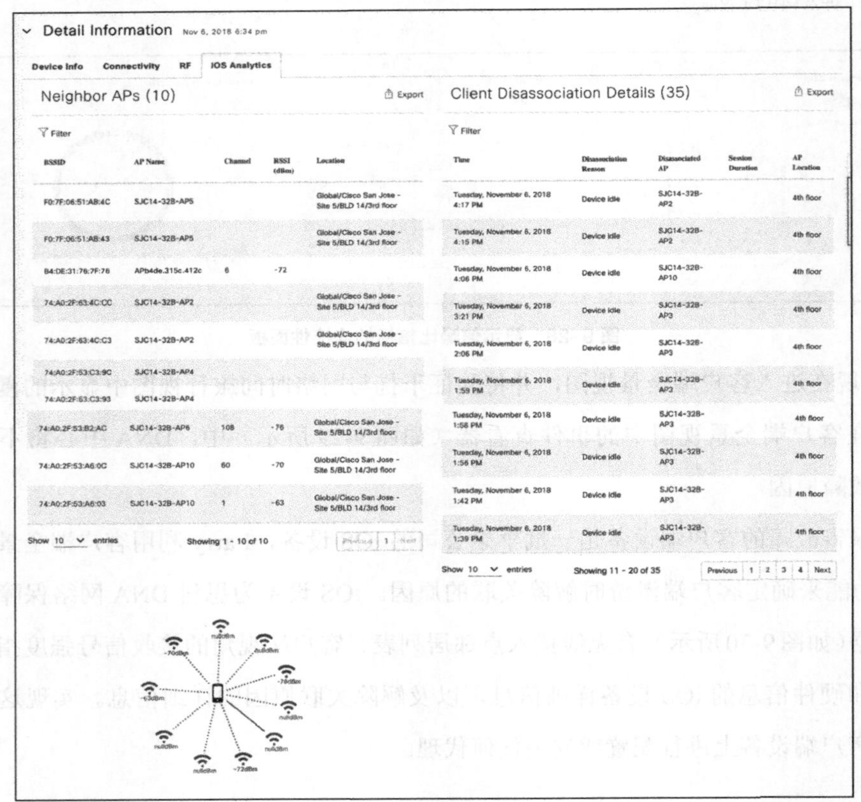

图 9-30　苹果公司 iOS 客户端遥测报告

经检查，提供给客户端的覆盖范围似乎是可以接受的，因此，Larry 通过客户端全景视图查看联网拓扑（如图 9-31 所示），这有助于识别与客户端关联的无线接入点，并显示端到端路径中每个网络元素的运行状况。

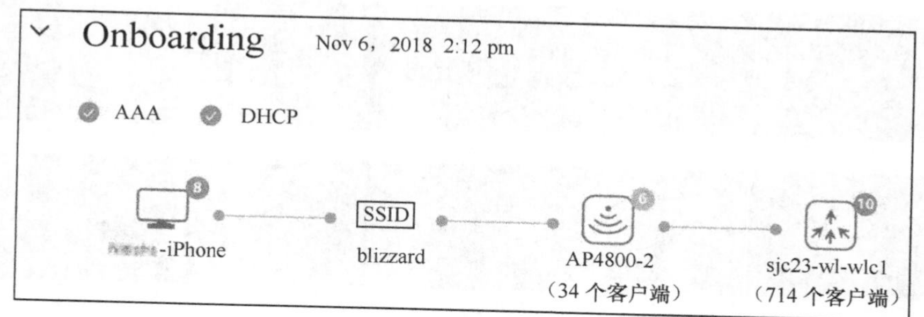

图 9-31　客户端联网拓扑

客户端健康状态评分为 8，但无线接入点健康状态评分为 6，并且有 34 个客户端与其关联。无线控制器的健康状态评分为 10，并且有 714 个客户端与之关联。无线接入点的健康状态评分降低也影响了其他 33 个客户端。DNA 中心为所有客户端类型（包括有线和无线）都提供了联网拓扑结构。

由于严重干扰导致无线客户端连接的无线接入点健康状况仅为 6 或“可接受”，因此，Larry 使用智能数据分组捕获中的智能频谱分析功能来分析无线频谱并查看任何潜在的干扰源。他的结论是由于高信道利用率，客户端连接性能较差。他还发现了一些其他的干扰，如图 9-32 所示。

智能频谱分析视图以瀑布视图的形式显示频谱状态，还显示基于占空比和发射功率电平的干扰源的中心频率和严重性指数。这些能力由 2800、3800 和 4800 系列无线接入点中的 CleanAir 技术提供支持，本地模式、Flex 模式和监控模式无线接入点均支持智能频谱分析视图。

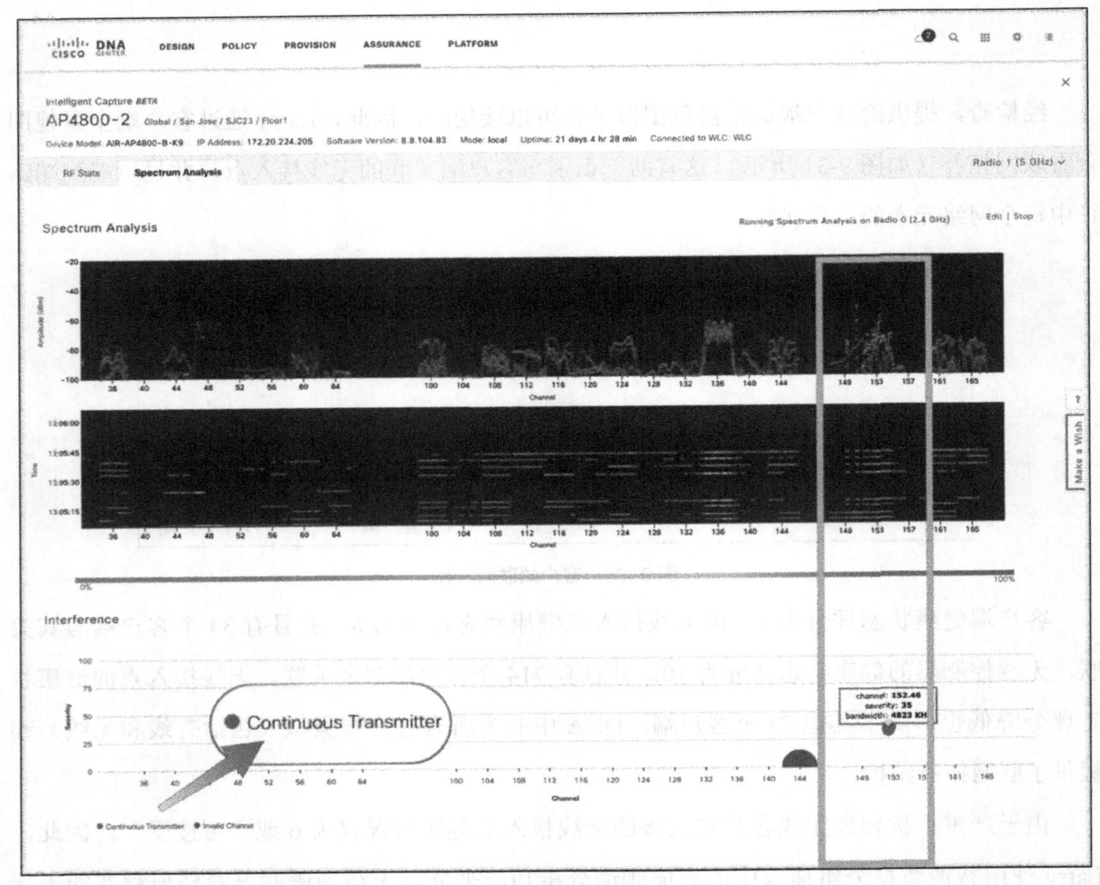

图 9-32 智能频谱分析视图

案例 2：有线网络用户由于访问控制列表阻碍而无法打印

下午 2 时，Larry 又收到了另一张故障单，这次的问题是无法用总部人员的桌面电脑调用分支机构的网络打印机进行打印。如图 9-33 所示，Larry 首先在思科 DNA 网络保障中搜索客户端用户名，在本例中为“User1”。通过与思科 ISE 集成，思科 DNA 网络保障自动将有线客户端用户名与设备 IP 地址、操作系统和版本的详细信息相关联。网络管理员选择客户端全景视图来进一步解决问题。

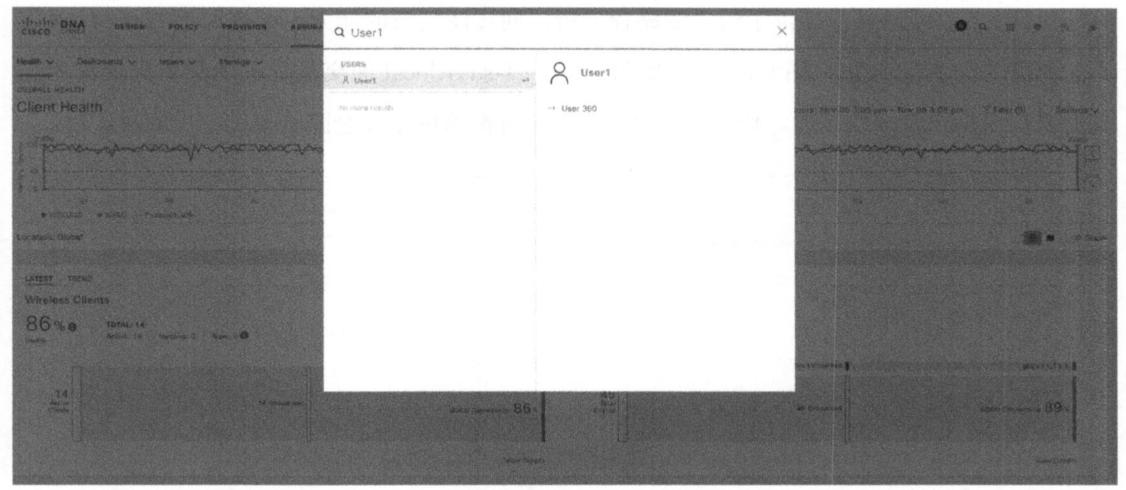

图 9–33　全局搜索

进入客户端全景视图后，通过查看客户端健康状况图表，Larry 全面了解了该客户端设备随时间的变化情况。将鼠标悬停在健康状况图表上，可以获得运行的详细信息，如联网登录和连接状态。有线客户端视图提供与无线客户端类似的工作流程和全景视图。

如图 9-34 所示，因为该桌面客户端的健康状态评分是 10 分，Larry 怀疑问题可能与网络有关。他运行路径跟踪来执行从桌面客户端到打印机的逐跳跟踪以隔离潜在的网络问题。路径跟踪通过逐跳可达性验证为访问过滤列表网络服务提供可视化。路径跟踪还可以显示接口的详细信息，包括端口号、VLAN ID 和每跳的 QoS 详细信息。

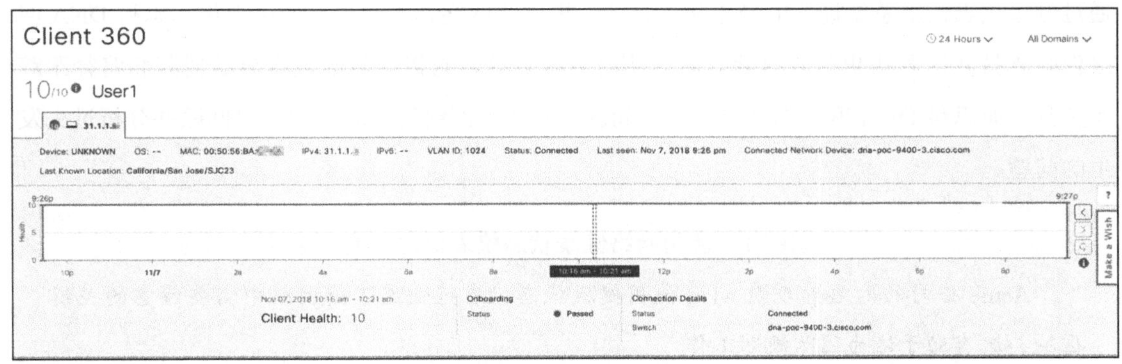

图 9–34　有线客户端全景视图

思科 DNA 网络保障提供了沿流量路径分析访问过滤列表的能力，这有助于 Larry 快速识别出路径中一台交换机（图 9-35 中名字为 p1.edge1-sda1.local 的交换机）上的访问过滤列表配置错误给用户造成的问题。他现在可以将故障单分配给网络安全团队来进一步解决。

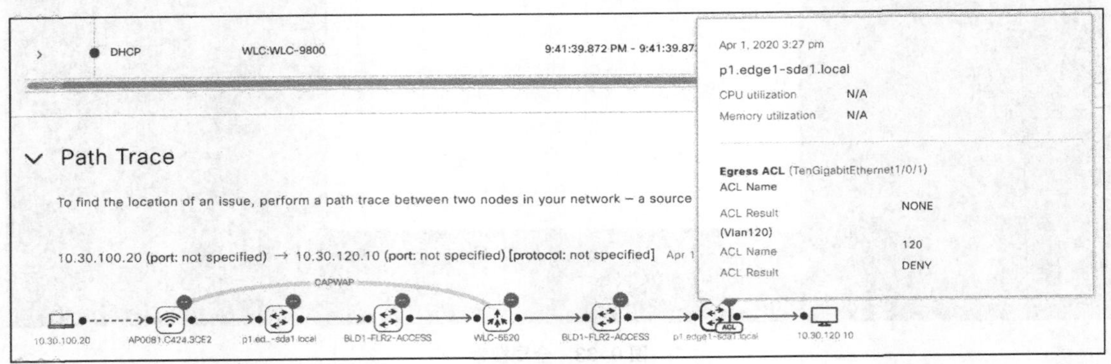

图 9-35　两个设备之间的路径跟踪

9.4.2 网络保障

1. 网络监控

网络的复杂性日益增加，客户端和应用之间可能存在众多的故障点。为了能够快速发现、排除故障并解决问题，了解问题所在的层次或域非常重要。

思科 DNA 网络保障通过持续监控和健康状态评分的概念，简化了主动监控网络的过程。通过健康仪表板上总结提炼的健康状态评分，提供跨网络、不同层次的可视化。思科 DNA 网络保障支持实时和历史故障排除。对于实时故障排除，它提供智能数据分组捕获和路径跟踪等工具，而思科 DNA 网络保障提供的时间旅行功能使网络管理者能够及时回顾并分析过去发生的问题。

案例 1：使用网络健康状态仪表板进行网络监控

Acme 公司的网络管理员 Matt 使用健康状态仪表板快速了解网络中需要注意的关键区域，这有助于他为团队规划工作。

使用网络健康状态仪表板（如图 9-36 所示），Matt 可以了解网络基础架构在不同域中的表现，健康状态评分较差的设备以及造成评分较差的原因，如果需要，可以进一步深入查看受影响设备的实际列表。此时 Matt 注意到一些分布层和接入层交换机的健康状况不佳，他要求团队中的网络管理员 Larry 检查一下。

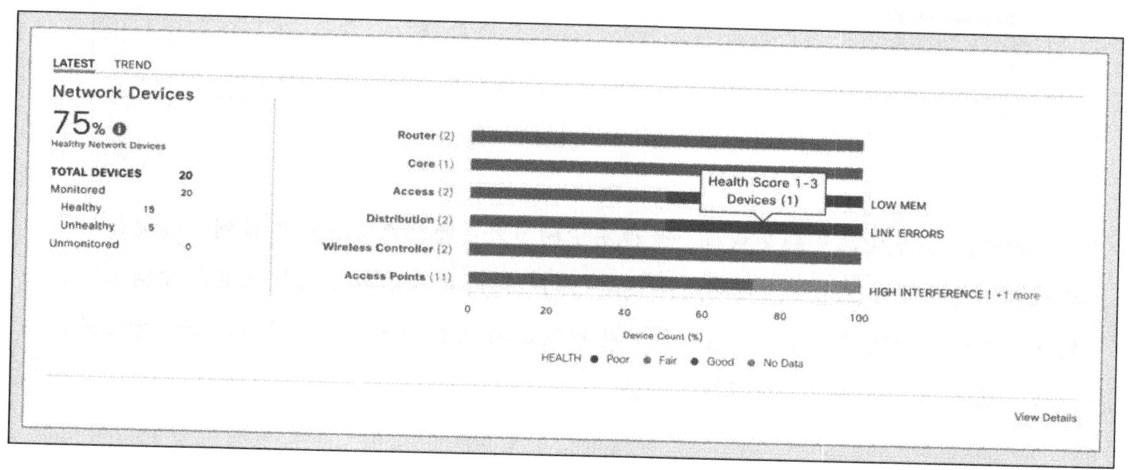

图 9–36　网络健康状态仪表板

当 Larry 收到这个请求时，他实际上已经在检查另一个交换机的问题了，在网络健康状态仪表板上，他注意到一些交换机出现 PoE 电源管理问题。让我们先来看看 Larry 如何处理这个故障，然后再来看看他如何解决 Matt 发现的问题。

案例 2：PoE 电源管理问题

对于网络管理者 Larry 来说，他解决的最常见问题之一是为交换机上的 PoE 端点管理供电。这不仅要求交换机维持端口的功率分配，还要根据实际需要调整 PoE 供电设备的功率预算。思科 DNA 网络保障通过网络遥测监控交换机上 PoE 电源控制器的运行情况。当 Larry 选择其中一个健康状况不佳的接入交换机并进入其全景视图时，他立即注意到了 PoE 电源控制器的错误（如图 9–37 所示）。

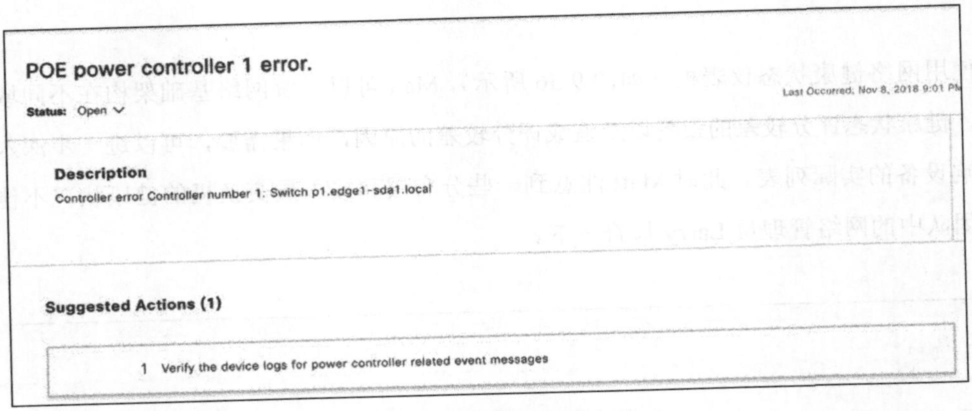

POE power controller 1 error.

Last Occurred: Nov 8, 2018 9:01 PM

Status: Open

Description

Controller error Controller number 1: Switch p1.edge1-sda1.local

Suggested Actions (1)

1 Verify the device logs for power controller related event messages

图 9–37　PoE 电源控制器问题

此外，Larry 还注意到交换机全景视图中的另外一个问题：一个连接到终端设备的交换机端口超出了分配的供电功率（如图 9–38 所示），这就解释了为什么电源控制器报告错误。在这种情况下，他继续检查相关终端设备的 PoE 功耗，然后对该问题进行记录，以便完成 Matt 分配给他的故障排除任务。

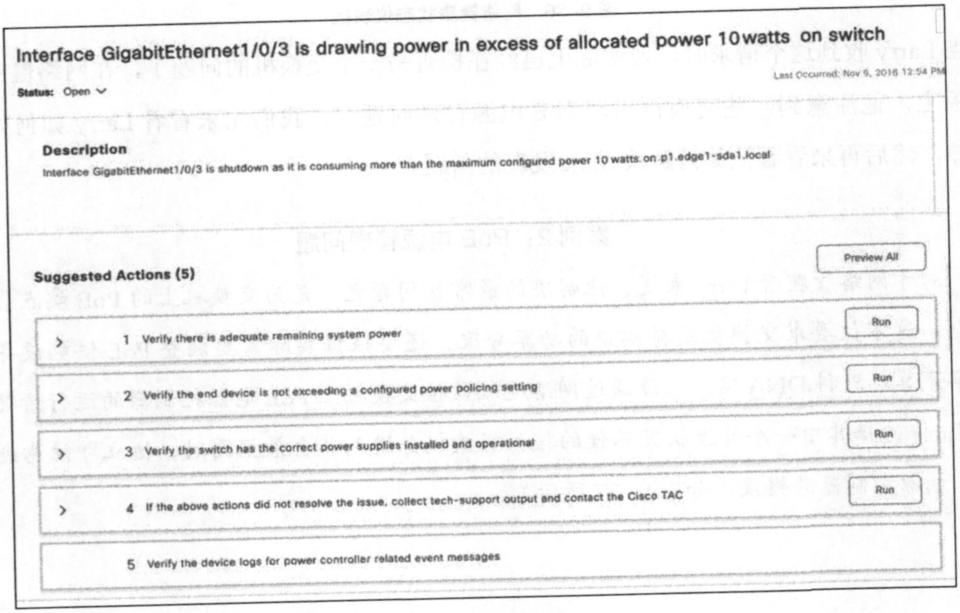

Interface GigabitEthernet1/0/3 is drawing power in excess of allocated power 10watts on switch

Last Occurred: Nov 9, 2018 12:54 PM

Status: Open

Description

Interface GigabitEthernet1/0/3 is shutdown as it is consuming more than the maximum configured power 10 watts on p1.edge1-sda1.local

Suggested Actions (5)　Preview All

1 Verify there is adequate remaining system power　Run

2 Verify the end device is not exceeding a configured power policing setting　Run

3 Verify the switch has the correct power supplies installed and operational　Run

4 If the above actions did not resolve the issue, collect tech-support output and contact the Cisco TAC　Run

5 Verify the device logs for power controller related event messages

图 9–38　PoE 透支问题

案例 3：用于容量规划的 TCAM 利用率监控

另一位网络操作员 Nancy 负责监控分布层交换机和核心交换机，以确保其当前的网络设计能够支持公司不断增长的员工人数带来的持续需求。Nancy 定期检查思科 DNA 网络保障以了解是否存在与网络容量相关的问题。她注意到系统已经发现相关的全局问题，网络中有一台交换机的 TCAM 利用率已达到 97%。

如图 9-39 所示，TCAM 的利用率突然急剧上升，其增长趋势和正常的逐渐增长的员工人数不符。在后续的问题排除过程中，Nancy 发现此问题与可扩展组访问控制列表（SGACL）相关，进而发现该站点的安全策略实施存在失误。因此，她向 Acme 的安全团队提交了一个故障单，以进一步解决问题。

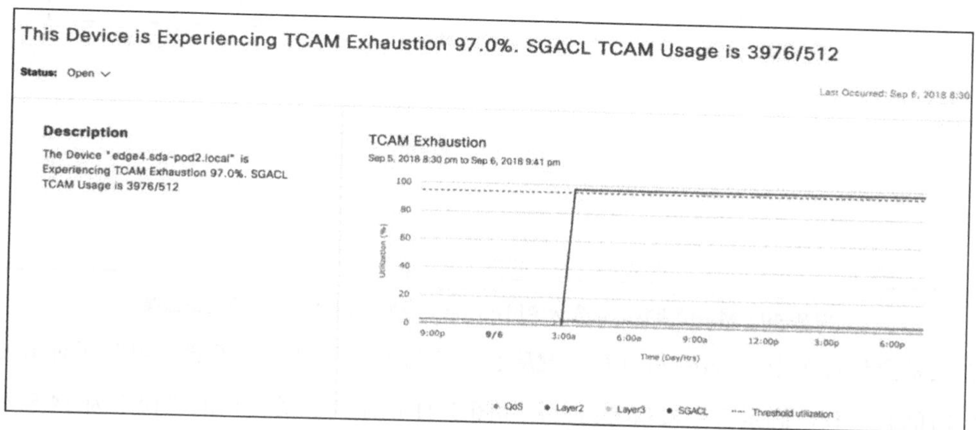

图 9-39 TCAM 利用率高的问题

2. 网络故障排除

案例 1：排除网络设备持久性接口错误故障

前面提到，Matt 通过查看网络健康状态仪表板，发现了问题并将任务分配给网络管理员 Larry，Larry 发现是严重的接口错误影响了健康状态。思科 DNA 网络保障监视网络设备的接口错误，这一指标作为数据平面关键性能指标构成了网络设备健康状态计算的一部分。当接口错误在一段时间内持续存在时，会触发思科 DNA 中心系统报告该问题。

在实际生产系统的图形界面中用红色来标识健康状态评分较差的交换机列表（如图 9-40 中虚线框所示）。将鼠标悬停在健康状态评分上会显示有关为特定设备监控的关键性能指标的更多详细信息。从这里开始，Larry 通过单击交换机名称进入设备全景视图，对该特定交换机进行故障排除。

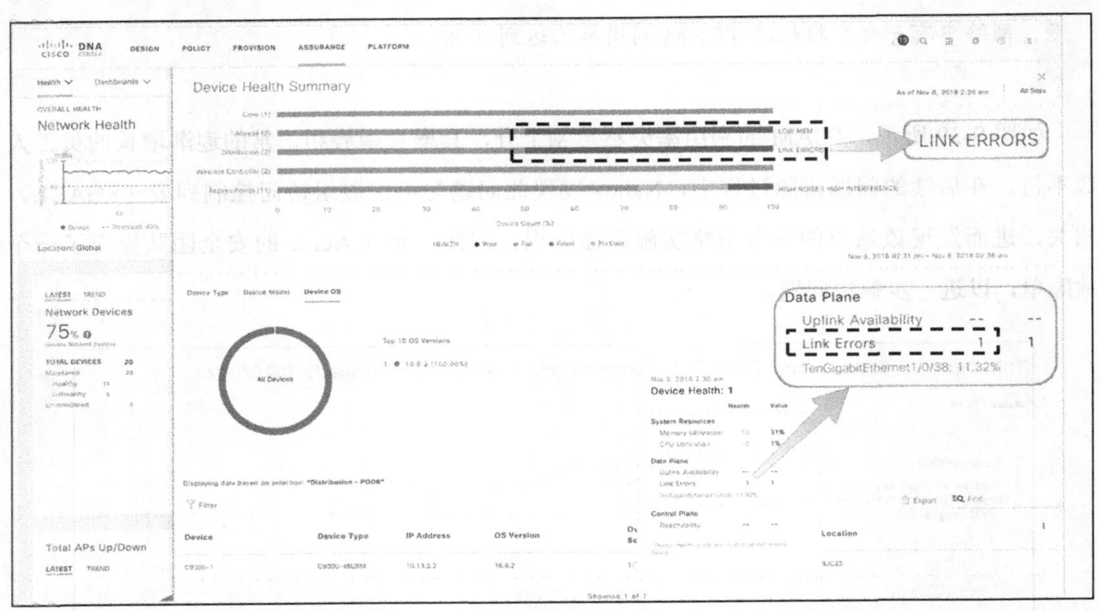

图 9-40　网络健康状态仪表板突出显示低健康状态评分设备上的链路错误

在设备全景视图中，Larry 通过查看健康状态趋势曲线可以快速了解问题在何时出现以及持续的时间有多长，确定哪个接口有错误，如图 9-41 所示，相关接口的错误率为 14.51%。

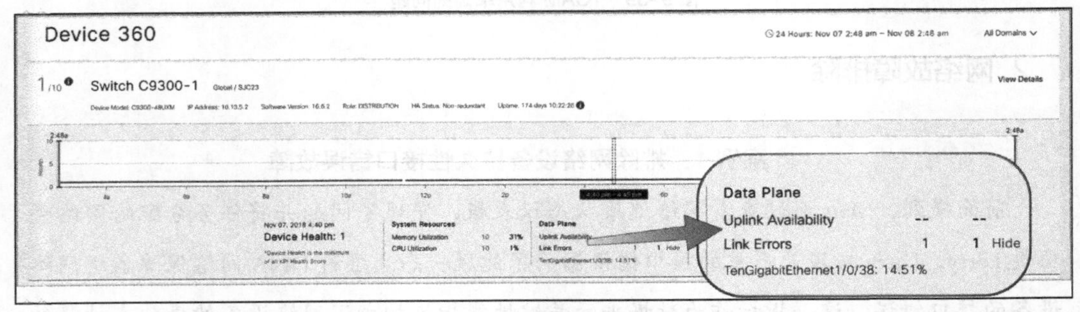

图 9-41　通过设备全景视图识别具有严重错误的接口

一旦知道了产生问题的接口，Larry 继续查看该接口错误的关键性能指标图（如图 9-42

所示）以便掌握错误的发展趋势。

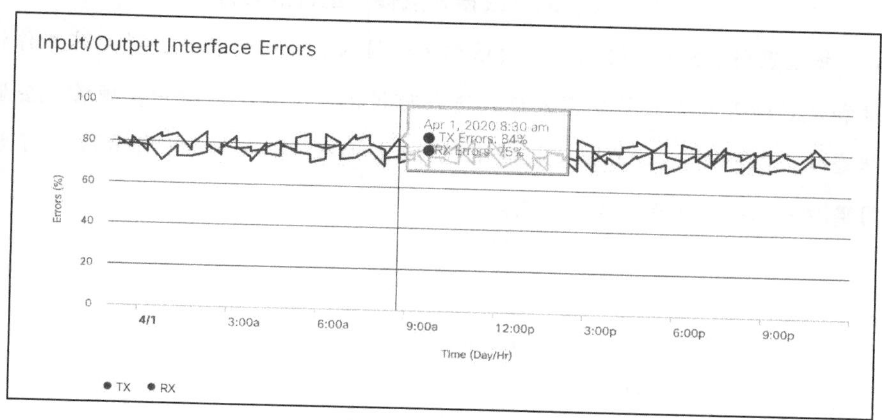

图 9–42　接口错误关键性能指标图

由于接口错误一致，思科 DNA 中心在该设备的全景视图中也体现了这个问题。Larry 利用思科 DNA 网络保障的集成命令运行功能来排查问题出现的根本原因。

如图 9-43 所示，通过检查输出结果，Larry 注意到较高的 CRC 错误计数，这很可能是由于光纤故障或布线问题引起的。因此，他派遣相关技术人员到现场更换设备组件。

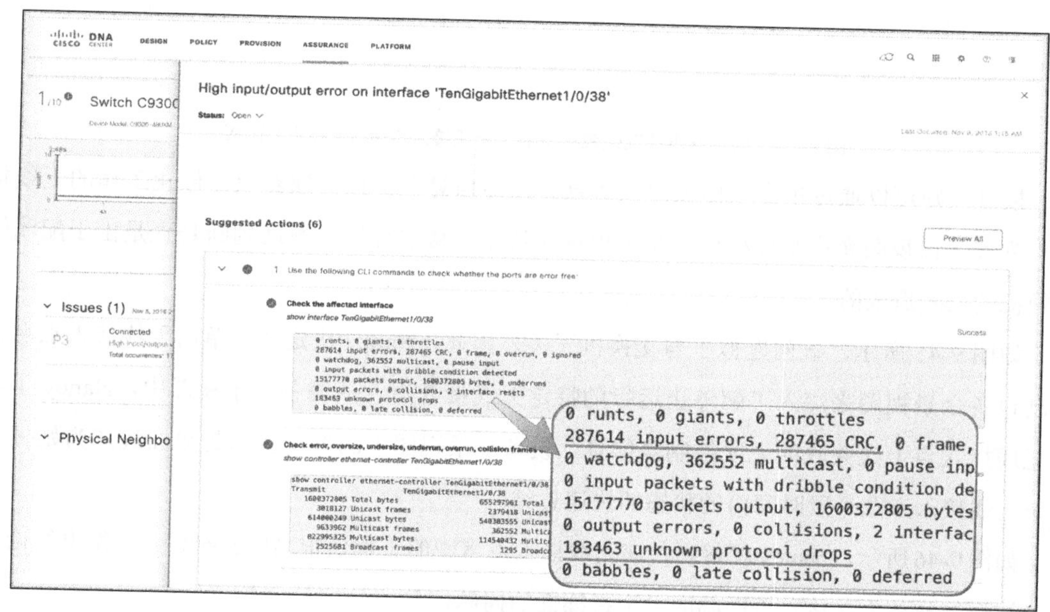

图 9–43　集成命令运行功能诊断检查链接错误问题

案例 2：对无线接入点停止运行故障排除

Nancy 知道思科 DNA 网络保障持续跟踪无线接入点的运行状态，并对其工作状态的稳定程度和是否断开与无线控制器的连接进行可视化。在日常运维中，她首先会监控网络健康状态仪表板中的“无线接入点运行 / 停止”面板（如图 9-44 所示），以了解任意给定时间里所有无线接入点的工作状态。

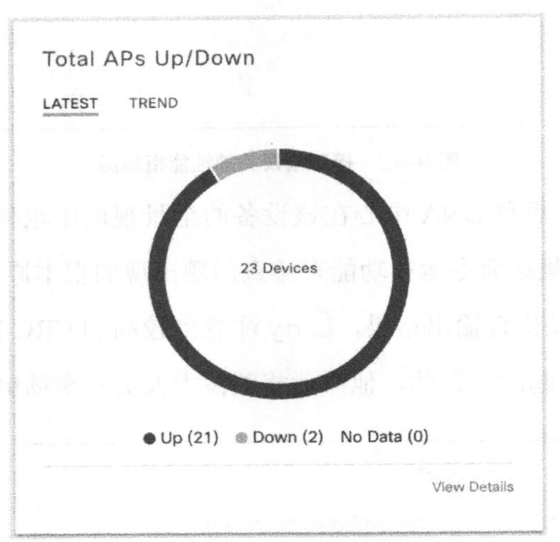

图 9-44　网络健康状况仪表板中的“无线接入点运行 / 停止”面板

接着，她可以通过单击小面板中的“查看详细信息”链接快速获取已停止工作的无线接入点列表。该视图允许她分析问题是否出现在特定的楼层位置，帮助判断是否是由于配线间交换机的故障造成的。

如图 9-45 所示，该问题似乎与交换机无关，因此，Nancy 决定通过单击无线接入点名称启动设备全景视图来深入了解停止运行的特定无线接入点。从设备全景视图中，Nancy 了解到无线接入点上次关联的无线控制器信息。设备全景视图中的健康状态趋势曲线还为她提供了该无线接入点在一段时间内的状态的快速总结。

如图 9-46 所示，Nancy 观察到，该无线接入点遭受的干扰值很高（为 66%），并得出结论，认为这可能是该无线接入点面临的一个持续性的问题。

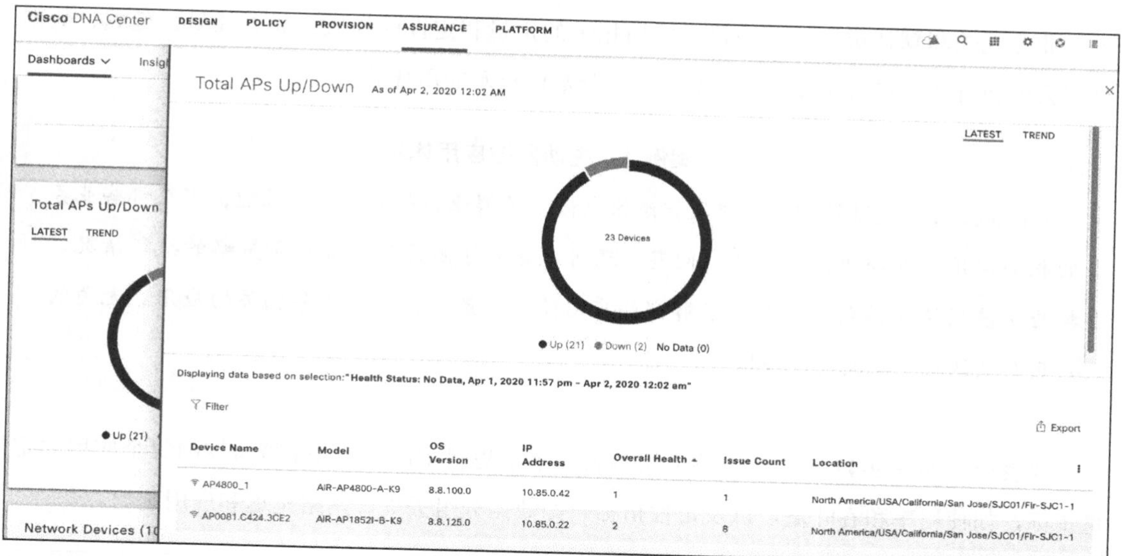

图 9–45　突出显示无线接入点停止工作的设备列表

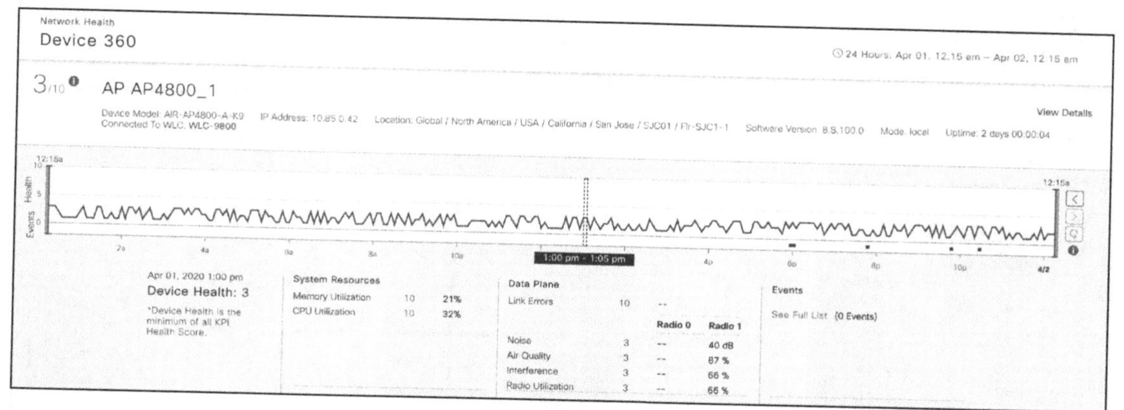

图 9–46　设备全景视图查看健康状态趋势：无线接入点遇到严重干扰

9.4.3　应用体验保障

一旦客户端成功连接到网络，他们主要关注的就是应用体验了，即访问所需的速度以及连接的可靠性。应用保障为网络管理者提供了一种快速判断应用问题是在网络端还是服务器端的方法。

思科 DNA 网络保障在基于 IOS XE 的路由器上使用 NBAR2 引擎，将应用分类为业务相关、业务无关和默认类别。监视每个应用相关的定量和定性的参数，如吞吐量、延迟、数据分组丢失和抖动，然后计算运行状况的复合分数以指示应用体验情况。

案例 1：主动监控应用体验

Nancy 可以通过监控应用健康状态仪表板来了解业务相关应用的性能，以及哪些业务的相关应用正在经历体验不佳的问题，还可以深入了解应用服务质量策略的执行情况。按应用使用情况排列可以深入了解哪些应用使用得最多，以及业务相关的应用、无关的应用与默认应用之间的混合情况。

仪表板（如图 9-47 所示）中的应用列表显示了思科 DNA 网络保障监控的每个应用的定量指标，如使用率和吞吐量，以及定性指标，如数据分组丢失、网络延迟和应用延迟。

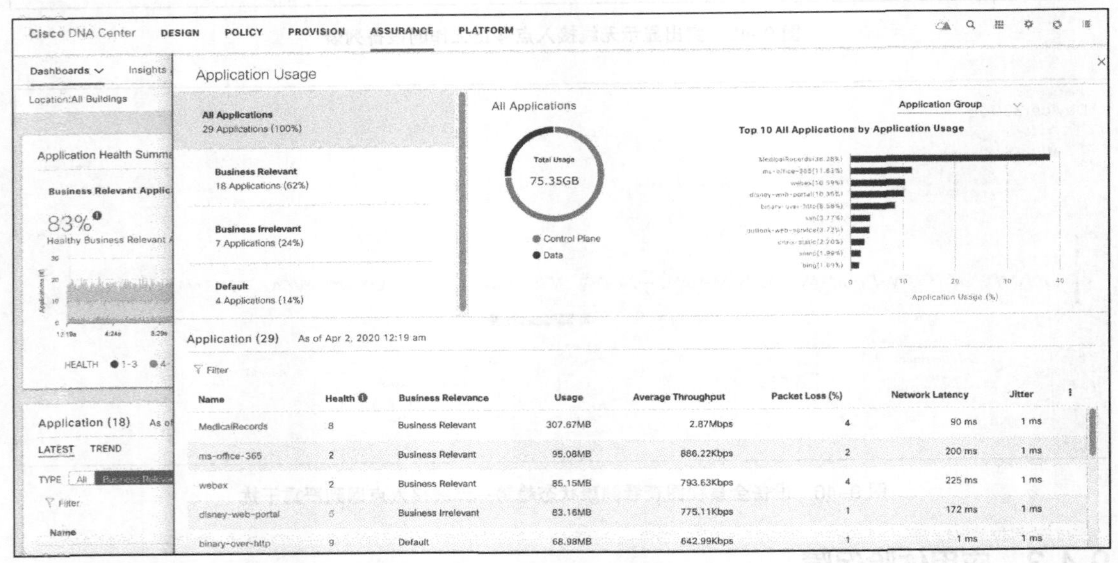

图 9-47　应用健康状况仪表板

Nancy 收集每个应用的定性指标，并深入到设备全景视图中，以便在排除故障时调用。

在设备全景视图中，Nancy 使用时间旅行图来总结每个应用在一段时间内的表现，如图 9-48 所示，对于了解跨站点的应用流信息，还可以使用应用体验总结列表。

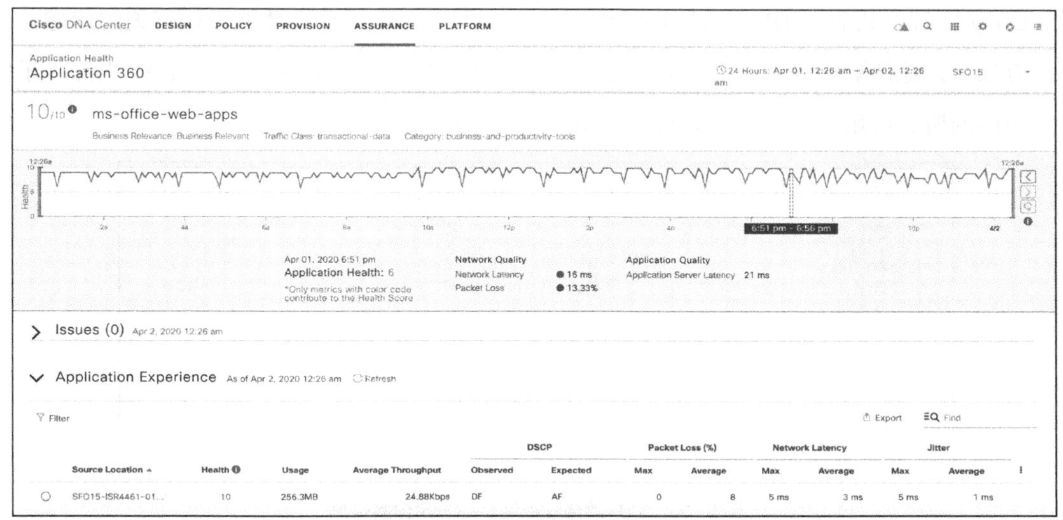

图 9–48　设备全景视图仪表板与时间旅行图

在这个案例中，Nancy 观察到该应用 13.33% 的分组丢失率，这可能会影响终端用户使用此应用的体验。因此，她主动提出了一个由她的团队调查的问题工单，在任何最终用户不得不打电话到帮助台抱怨问题之前，她就能够主动了解并开始尝试解决问题。

案例 2：对用户报告的糟糕应用体验进行故障排除

下午 3 时 30 分，网络管理员 Larry 被指派负责处理用户报告的有关无线电话应用企业版 Skype（S4B）通话质量差的问题。Larry 在思科 DNA 网络保障全局搜索中使用用户提供的 IP 地址搜索该用户（如图 9–49 所示），进一步使用客户端全景视图仪表板查看该用户的网络体验。

图 9–49　使用客户端 IP 地址进行全局搜索

Larry 检查确认思科 DNA 网络保障没有报告该用户与应用程序性能不佳有关的问题。由于没有报告，他随后检查客户端全景视图中的应用程序体验表（如图 9-50 所示），以深入了解用户访问的所有应用程序，并查看每个应用程序的定性度量标准。

Application Experience BETA As of Nov 8, 2018 1:12 pm Refresh

Business Relevant | Business Irrelevant | Default

Application (4)

Export

Filter

Find

Name	Health		Usage Bytes	Average Throughput	DSCP		Packet Loss (%)		Network Latency	
	Last 10 Minutes	Last 24 Hours			Marking	Preservation	Max	Average	Max	Average
ms-live-accounts	--	View	241.51 KB	659 bps	DF	No	0	0	10 ms	3 ms
bing	--	View	107.33 KB	366 bps	DF	No	0	0	4 ms	1 ms
skype	--	View	417.8 KB	134 bps	DF	No	0	0	17 ms	2 ms
amazon	--	View	836 B	6 bps	DF	No	--	--	--	--

图 9-50 客户端全景视图中的应用体验信息

Larry 注意到，用户确实使用过 S4B 应用程序，他决定详细研究该应用以分析其体验。对于诸如 S4B 之类的应用，思科 DNA 网络保障通过与 S4B 服务器的深度集成，可以提供对各个呼叫记录的可见性，以及每个呼叫的平均意见得分（MOS 值）。

Larry 观察到，一段时间内呼叫的 MOS 值在低评分和正常评分之间间歇性地交替出现。当 MOS 值读数很低时，他发现延迟和数据分组丢失率很高。如图 9-51 所示，当存在 28.3% 的分组丢失率和 178 ms 的抖动时，他可以看到 MOS 值为 2.12（满分为 5 分）。

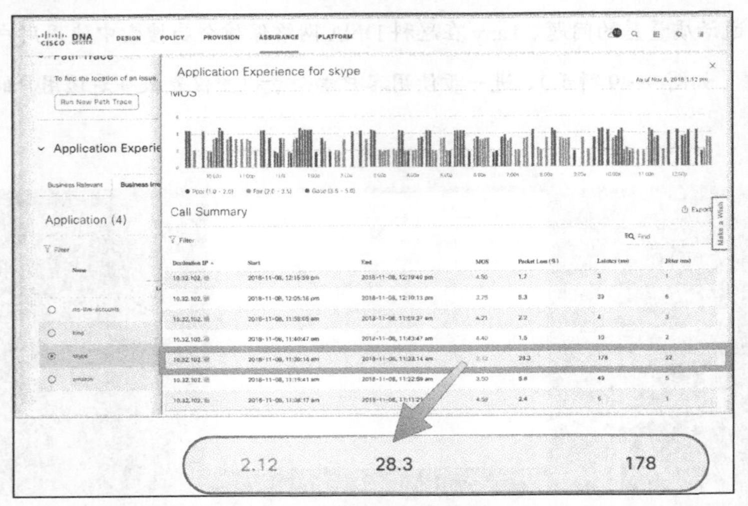

图 9-51 企业版 Skype 应用视图，带有详细的呼叫记录（CDR）、MOS 值和延迟信息

下午 4 时 40 分，他为该用户附上了 S4B 网络指标的屏幕截图，并将工单升级到 2 级提交给网络操作员 Nancy。在下一节中，我们将了解 Nancy 如何将智能数据分组捕获与思科 DNA 网络保障一起使用，来进一步解决此问题。

9.4.4　主动监控和故障排除

1. 通过智能数据分组捕获进行故障排除

案例：使用智能数据分组捕捉解决应用体验问题

Nancy 接手由 Larry 升级的工单并单击工单中的客户端全景视图链接，以便以情境方式启动问题客户端的故障排除视图

她迅速验证了 Larry 关于性能的发现，并了解到 S4B 语音呼叫的质量问题是由于高网络延迟和分组丢失造成的。她接着使用智能数据分组捕获功能检查无线客户端的特性，以便确定问题是与无线网络有关还是与网络基础设施的其余部分有关。

如图 9-52 所示，智能数据分组捕获帮助 Nancy 得出结论：问题出在无线侧（如分组丢失率高），因此，她转而专注于对用户所连接的无线接入点进行故障排除。

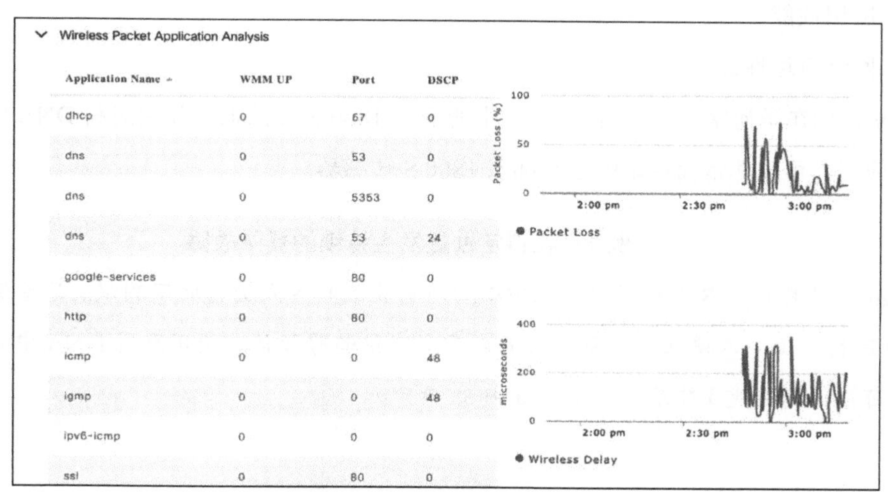
Wireless Packet Application Analysis

Application Name	WMM UP	Port	DSCP
dhcp	0	67	0
dns	0	53	0
dns	0	5353	0
dns	0	53	24
google-services	0	80	0
http	0	80	0
icmp	0	0	48
igmp	0	0	48
ipv6-icmp	0	0	0
ssl	0	80	0

图 9–52　使用智能数据分组捕获的无线应用体验分析

2. 基于传感器的网络服务水平监控

星期一下午 3 时，网络经理 Matt 接到 CIO 的电话，告知他公司将在某会议中心举办一个大范围的高层管理研讨会，参会者将在下周通过 WebEx 与来自世界各地的同事进行交流，董事会主席和首席执行官也将在主会场出席会议。CIO 要求 Matt 必须确保会场所有无线网络和应用服务都能提供 100% 的正常运行时间。显然这是一件意义重大的事，Matt 在和他的整个团队开会商讨时，网络操作员 Nancy 建议使用思科 1800 S 主动传感器来测试会议区域的网络环境。

为确保网络正常运行并遵守承诺的网络服务水平，1800 S 传感器可以模拟无线客户端的行为并定期对无线网络进行全面测试。1800 S 传感器是一种紧凑型设备，通过模拟客户端来测试无线网络覆盖、无线网络服务（如 DHCP、DNS 等）、客户端连线 / 登录和应用性能。这种主动式传感器非常适合用于验证关键任务环境中的客户端性能和网络可用性。

Matt 批准了 Nancy 的提议，网络团队制订了在圣何塞会场部署思科 1800 S 主动传感器的计划。Nancy 计划使用 1800 S 传感器测试以下服务，以验证无线网络服务质量：

（1）客户端联网登录；

（2）应用性能；

（3）网络可达性。

Nancy 计划在圣何塞会场部署 25 个以上的思科 1800 S 传感器。使用思科 DNA 中心上的即插即用应用，可以非常简单地配置和部署 1800 S 传感器。

案例 1：在特定位置发生持续的登录故障

Nancy 利用 1800 S 传感器对会议中心的所有无线接入点进行联网测试。这些测试每 30 分钟运行一次，以便在本周剩余时间内每天提供趋势评估。使用思科 DNA 中心传感器页面可以快速地建立登录测试（如图 9-53 所示）。

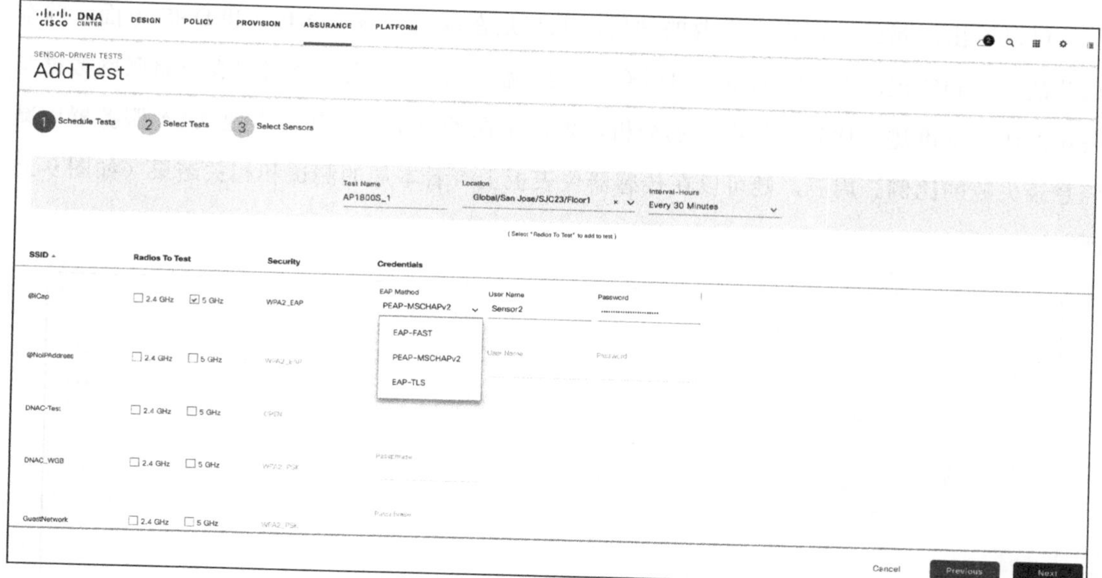

图 9–53　传感器驱动的测试定义页面

一旦测试执行，Nancy 就可以分析圣何塞站点的各个测试结果（如图 9-54 所示）。

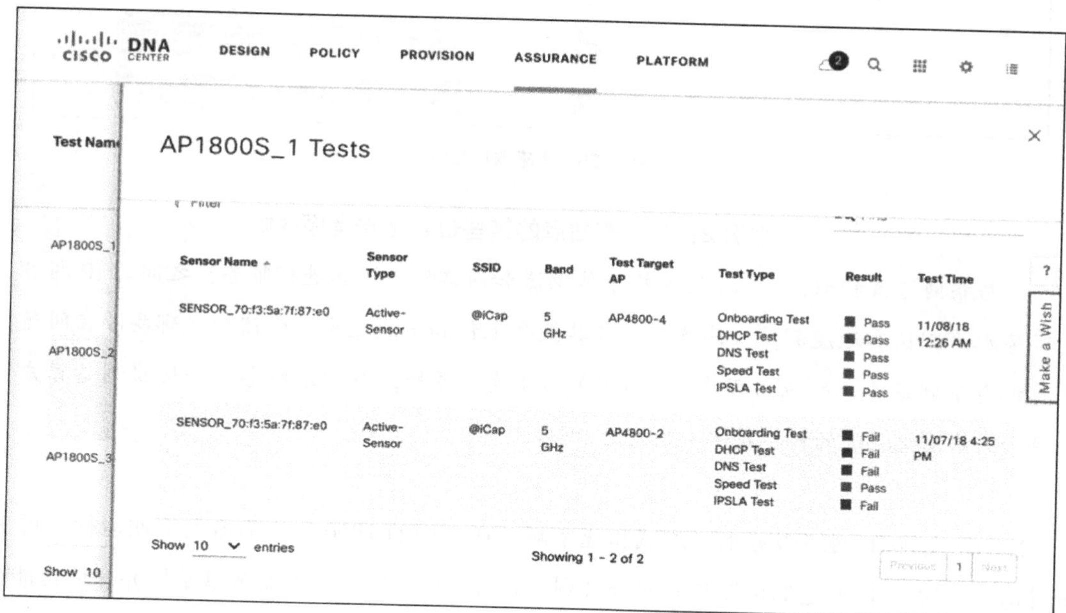

图 9–54　传感器测试结果

可以看出，测试存在许多失败的结果，尤其是在联网登录、DHCP 和 DNS 方面。除非这些故障得到纠正，否则它们将在研讨会当天出现。Nancy 使用传感器仪表板将联网数据与公司的历史基准进行比较。根据她的分析，她决定在圣何塞站点部署本地 AAA 服务器以减轻登录失败的比例。周五，她可以在传感器仪表板上查看本周的测试和相关结果（如图 9-55 所示）。

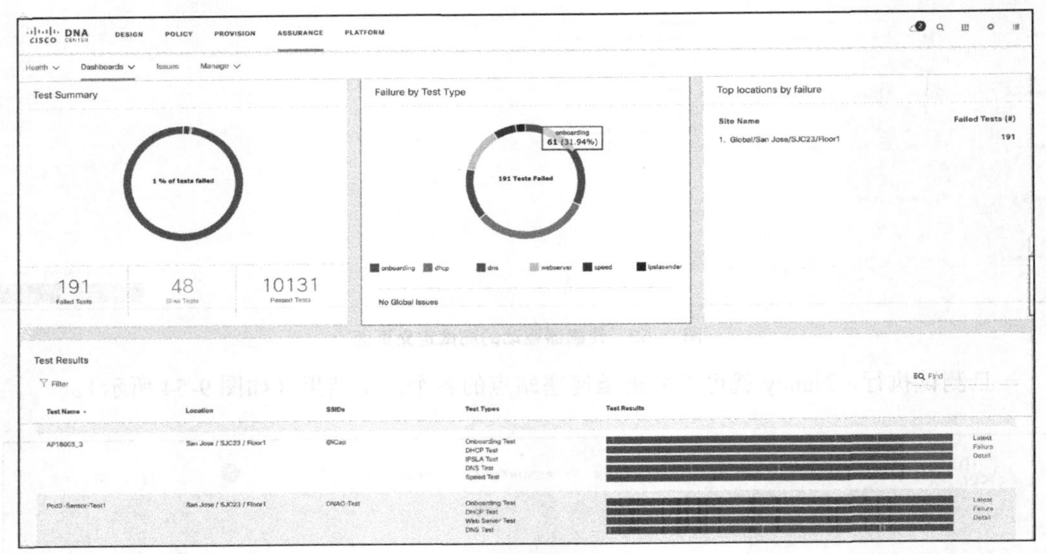

图 9-55　传感器仪表板

案例 2：圣何塞站点的某些位置报告音频故障

与联网登录相似，Nancy 还安排了传感器和网络诊断工具进行服务器之间的 IP 网络服务水平测试和速度测试。网络诊断工具报告上传和下载速率并尝试确定哪些潜在问题可能会限制基于云的应用程序（如 S4B）的速度。另外，IP 网络服务水平协议测量客户端和无线网络之间的模拟媒体流应用的性能。

Nancy 安排 IP 网络服务水平测试和速率测试在不同的 1800 S 传感器上定期运行（每 30 分钟运行一次），以便它们可以与联网登录测试并行运行。她可以查看测试结果并评估可能影响应用程序性能的任何问题。与联网登录测试的设置类似，她设置了 IP 网络服务水平协议和速率测试（如图 9-56 所示）。

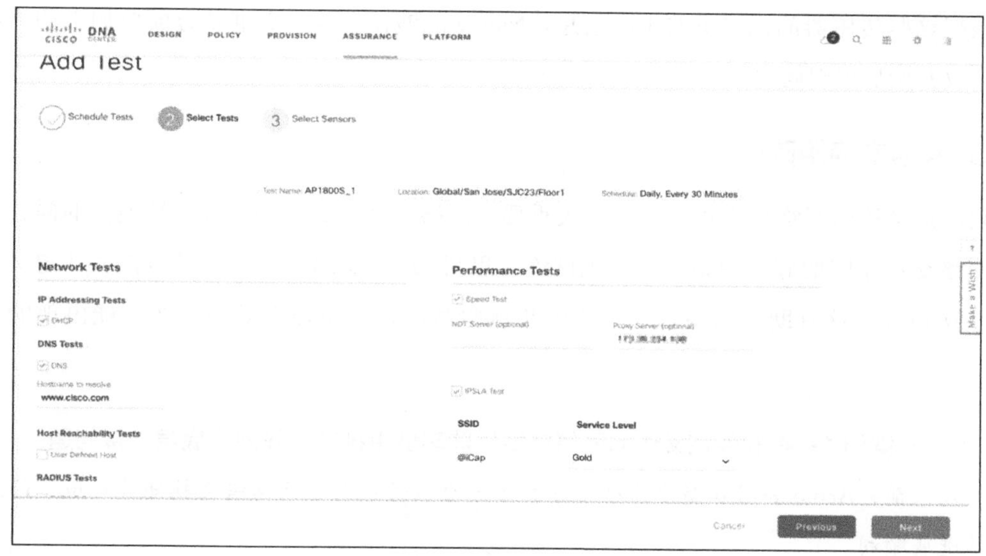

图 9-56 使用传感器的性能测试（IP 网络服务水平和速率）

速率测试提供云应用程序性能的洞察，IP 服务水平测试使用基于 UDP 的 IP 网络服务水平协议探针验证 VoWiFi 服务就绪的情况。

几个小时后，Nancy 使用传感器仪表板将圣何塞站点的应用程序性能网络服务水平与公司的历史基准进行比较。根据测试结果（如图 9-57 所示），她决定提升 Webex 应用的 QoS 级别并降低流经广域网的其他与业务无关流量的优先级。

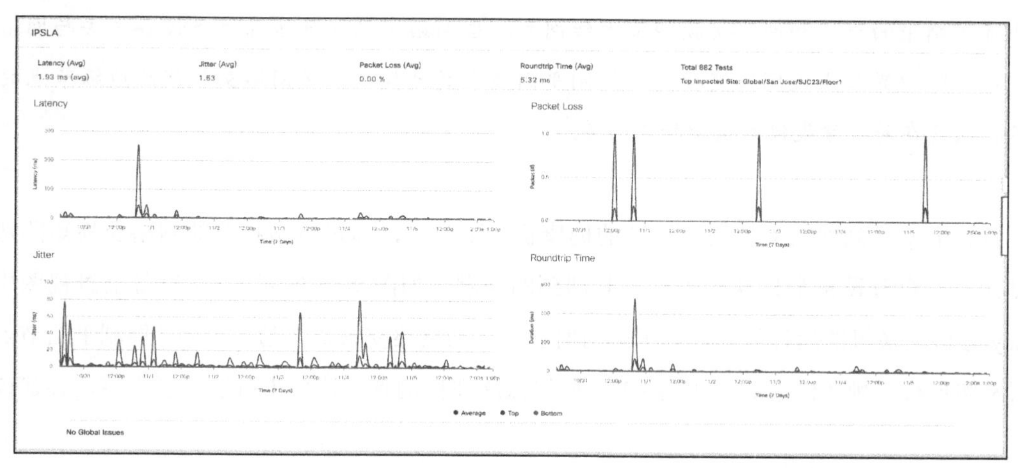

图 9-57 基于传感器的 IP 服务水平测试结果（延迟、抖动、数据分组丢失率和往返时间）

根据这些传感器测试提供的主动信息，Nancy 能够在会议站点准备方面更加主动，从而降低会议开始后出现问题的可能性。

3. 网络交换矩阵监测

软件定义访问网络交换矩阵监测至关重要，网络管理者必须知道提交给他们的问题是出现在网络交换矩阵的底层网络还是叠加网络。思科 DNA 网络保障可主动监控软件定义访问网络交换矩阵，这有助于网络管理者进一步排除故障，并快速有效地解决可能出现的各种问题。

案例 1：在软件定义访问网络交换矩阵环境中排除有线网络底层连接问题

几天前，Acme 公司在新办公楼中建立了一个软件定义访问网络交换矩阵环境，而且工作进展顺利。

网络操作员 Nancy 了解到在网络交换矩阵环境中，到网络交换矩阵边界节点和网络交换矩阵控制平面节点的连接性对于为连接到网络的客户端提供无缝体验非常重要。思科 DNA 网络保障主动监控网络交换矩阵边缘节点对网络交换矩阵边界和网络交换矩阵控制平面节点的可达性，并在连接受到影响时发出告警。

Nancy 通过监控网络健康仪表板查看网络交换矩阵视图。网络交换矩阵设备的健康状况根据其角色进行汇总——网络交换矩阵边缘节点、网络交换矩阵边界节点、网络交换矩阵控制平面节点和网络交换矩阵无线网元。当网络交换矩阵边缘节点设备失去与网络交换矩阵边界节点或网络交换矩阵控制平面节点的连接时，该网络交换矩阵边缘节点的运行状况在网络健康仪表板中标记为差。

当 Nancy 看到网络交换矩阵设备的健康状况不佳时，通过单击相关的网络交换矩阵边缘节点标签，查看设备全景视图来检查其遇到的问题（如图 9-58 所示）。在设备全景视图中，Nancy 分析交换机的运行状况，以了解何时丢失了与网络交换矩阵边界节点 / 控制平面节点的底层网络连接。她还注意到，思科 DNA 网络保障在检测到连接丢失时发出了告警，并建议使用一系列操作功能来帮助确定问题的根本原因。同样，她可以在任何用户报告问题之前主动执行此操作。

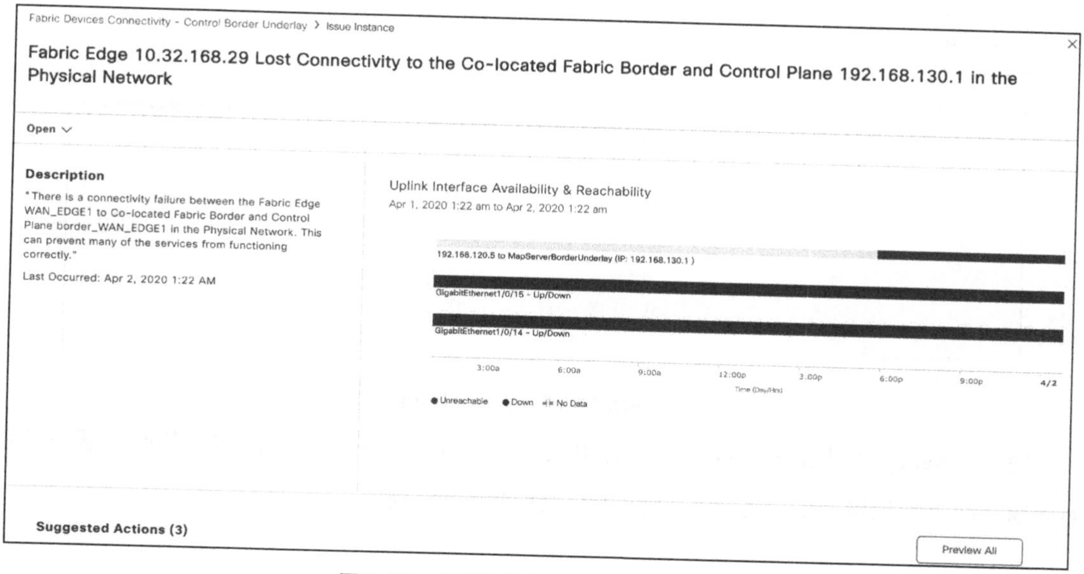

图 9-58　底层网络中的网络交换矩阵问题

案例 2：在软件定义访问网络交换矩阵环境中排除有线叠加网络的连接问题

在网络交换矩阵环境中，监控叠加网络的连接至关重要。所有网络服务必须能够访问网络交换矩阵中虚拟路由和转发实例中的客户端和终端设备。Acme 公司的数据中心包含所有这些共享网络资源，如 DHCP 和 DNS。Nancy 利用思科 DNA 网络保障主动监控来自网络交换矩阵边界节点的这些共享网络服务的可达性，并在连接受到影响时报告问题。

在设备全景视图中（如图 9-59 所示），她分析了交换机的运行状况的趋势以了解过去 24 小时内是否存在任何问题。最后，她注意到思科 DNA 网络保障在检测到连接丢失时提出了告警，并建议使用一系列操作功能来帮助确定问题的根本原因。

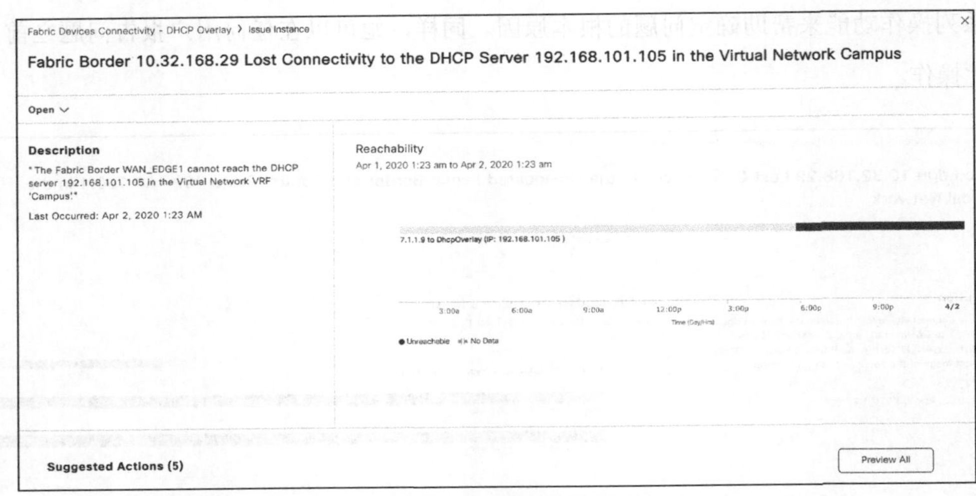

图 9-59 叠加网络中的网络交换矩阵问题

同样，Nancy 能够在任何终端用户打电话来提出问题之前执行此操作，从而在解决潜在的问题方面更加积极主动，并指导她的团队更快地解决问题。

9.5 遥测与网络保障

9.5.1 为什么需要遥测

遥测技术对思科 DNA 网络保障所提供的功能至关重要。能够从基础网络中收集适当、及时和彻底的遥测数据对于思科 DNA 网络保障提供的功能至关重要。遥测的来源不仅可以包括交换机、路由器、无线控制器和无线接入点，还可以从 AAA 和 DHCP 基础服务中获得额外的情境视图。

流式遥测可以提供更多格式的数据，从而实现更快的处理速度和更高效的数据操作和验证，并且速度和效率呈指数级增长。在考虑网络升级时，遥测功能非常重要，可以最大限度地提高思科 DNA 网络保障的可视性和洞察力。

9.5.2 遥测如何收集数据

传统上，遥测数据使用 SNMP、Syslog 等协议收集，甚至还要通过 CLI 命令。如果网络元素支持，思科 DNA 网络保障会使用这些协议来收集网络遥测数据，这种情况适用于较旧的设备或运行较低软件版本的设备。然而，在过去几年中，出现了令人兴奋的网络遥测的替代方案：流式遥测技术。

流式遥测基于标准化的、机器可读的 YANG 数据模型，使用包括 NETCONF 和 TCP 上的 RESTCONF 在内的高效协议进行传输，这使得以标准化方式实现机器对机器的通信变得更加简单，降低了对 CPU、内存和带宽的要求，以更可靠和对所涉及的网络设备更少影响的方式实现此目的。

流式遥测提供了两个从网络设备发布数据的选项：基于时间或基于事件（如图 9-60 所示）。每隔 30 s 导出数据到思科 DNA 中心就是一个基于时间的发布示例。条件变化时导出数据是基于事件的发布示例。例如，当链路利用率超过预先定义的值时，或者当配置更改时，将相关数据导出到思科 DNA 中心。

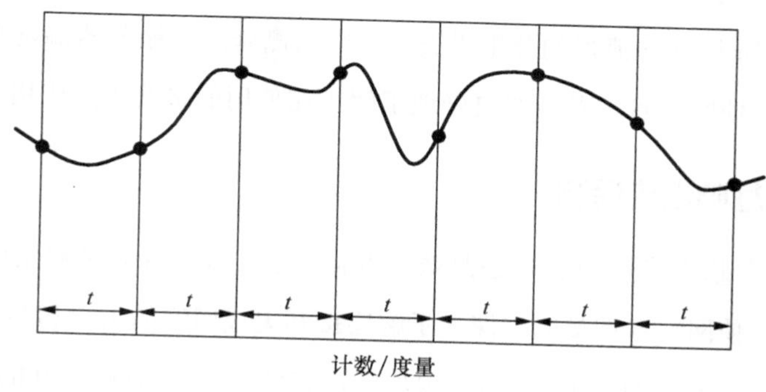

计数/度量

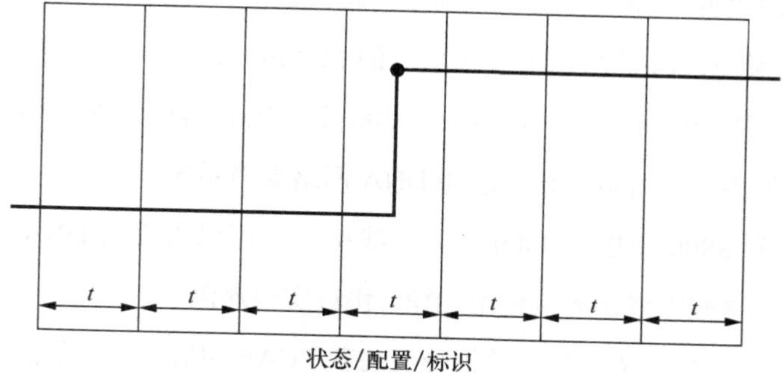

状态/配置/标识

图 9-60　基于时间和事件的发布

9.5.3 为思科 DNA 中心启用遥测功能

思科 DNA 中心启用遥测功能，为网络管理者提供了为每个设备系列自动启用遥测或使用遥测配置文件的机会，从而协助其对设备的遥测功能进行配置。

1. 有线网络基础设施遥测

Catalyst 9000 系列交换机支持可编程性和流式遥测，并通过上述特性导出丰富且一致的数据集。Catalyst 9000 平台上出色的 CPU、ASIC 和 TCAM 容量确保基于模型的流式遥测数据以实时的速率输出且对设备自身的影响最小。Catalyst 9000 系列交换机还支持利用 gRPC 协议进行流式遥测。

思科 DNA 网络保障还可以使用来自路由器的 NetFlow 信息。NetFlow 源自 NBAR2 引擎，最新版本的 NBAR2/NetFlow 不仅支持量化指标，还支持使用应用程序响应时间（ART）的定性指标。ART 包括基于 TCP 流量的分组丢失率、网络侧延迟和服务器端延迟信息，此数据与 NetFlow 一起导出，使网络管理者能够更好地了解正在使用的最终用户应用。

2. 无线网络基础设施遥测

无线控制器发布基于模型的流式遥测数据并向思科 DNA 网络保障系统提供情境化数据（如图 9-61 所示），使网络管理员能够深入了解连接到无线网络的用户和客户端设备。无线服务网络保障（WSA）是无线控制器上的一项功能，它使用符合 RFC7529 的 JWT（JSON Web Tokens）来保护遥测数据。JWT 为无线控制器到思科 DNA 网络保障系统的 HTTPS 数据传输提供了额外的安全保护。内置在无线接入点里的 Mobility Express 无线控制器也支持与传统无线控制器设备相同的 WSA 功能。Catalyst 9800 无线控制器通过 NETCONF 接口支持基于 YANG 模型的流式遥测，并将数据输入思科 DNA 网络保障系统。

思科 2800、思科 3800 和思科 4800 系列无线接入点可以为思科 DNA 网络保障系统直接提供流式遥测数据，这些无线接入点使用 gRPC 协议实现遥测。

（1）二进制数据类型传输，包括数据分组捕获 PCAP 和射频频谱信息。

（2）支持无线接入点集中式转发、分布式转发和采用网络交换矩阵部署模式。

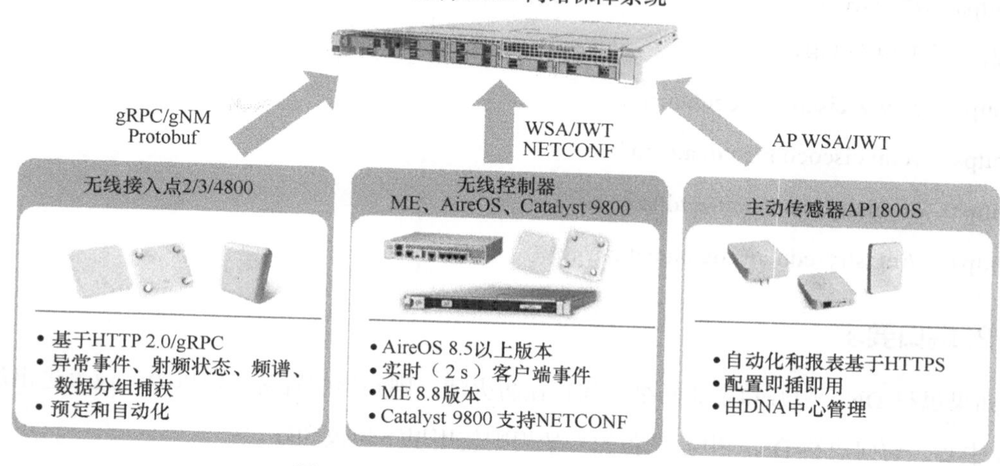

图 9–61　无线网络基础设施的流式遥测选项

强大的遥测功能是智能数据分组捕获等功能的基础，无线网络通过异常事件驱动的数据分组捕获和实时射频状态抓取实现更快和增强的问题检测。思科 4800 无线接入点进一步增强了这一功能，利用专用的第三个无线信道来捕获完整的空口数据分组，与此同时，还为其他两个无线信道和频段的客户端提供服务。

思科 1800 S 无线传感器同样也利用流式遥测技术将传感器测试结果直接发布到思科 DNA 网络保障系统中。

9.6　思科 DNA 网络保障最佳实践

本节将详细介绍部署思科 DNA 网络保障时的一些最佳实践、参考和指导。

9.6.1　先决条件

1. 云升级

思科 DNA 中心的软件升级从思科 DNA 中心用户界面启动。思科 DNA 中心需要访问多个 URL 才能访问更新服务器，因此，建议在任何保护思科 DNA 中心管理网络的安全设备上将“https：//*.ciscoconnectdna.com：443”列入白名单。如果 URL 过滤无法使用通配符，则可以添加以下单个 URL。

https：//www.ciscoconnectdna.com

https：//cdn.ciscoconnectdna.com

https：//registry.ciscoconnectdna.com

https：//registry-cdn.ciscoconnectdna.com

2. 端口要求

如果思科 DNA 中心和企业网络之间存在防火墙，则必须配置防火墙以允许流量进出思科 DNA 中心。访问思科 DNA 中心设备的入站规则使用以下协议和端口：

（1）HTTPS，TCP 端口 443，用于接收流式遥测和用户界面访问；

（2）NTP，UDP 端口 123，用于网络设备的时间同步；

（3）SCEP，UDP 端口 16026，用于简单证书注册的协议；

（4）SSH，TCP 端口 2222，用于访问思科 DNA 中心控制台。

允许思科 DNA 中心访问网络设备和资源的出站规则使用以下协议和端口：

（1）SSH，TCP 端口 22，用于访问网络设备；

（2）Telnet，TCP 端口 23，用于访问网络设备；

（3）DNS，UDP 端口 53，用于解析 DNS 名称；

（4）HTTP，TCP 端口 80（如果需要使用）；

（5）NTP，UDP 端口 123，用于上行时间同步；

（6）SNMP，UDP 端口 161，用于遥测；

（7）HTTPS，TCP 端口 443，用于云连接升级。

9.6.2 思科 DNA 中心部署位置

思科 DNA 中心物理装置必须安装在企业网络内的本地或远程数据中心，通常部署于现有服务（包括 DNS、DHCP、AD、ISE、AAA 以及 NTP 服务）所在的同一核心服务区域（如图 9-62 所示）。

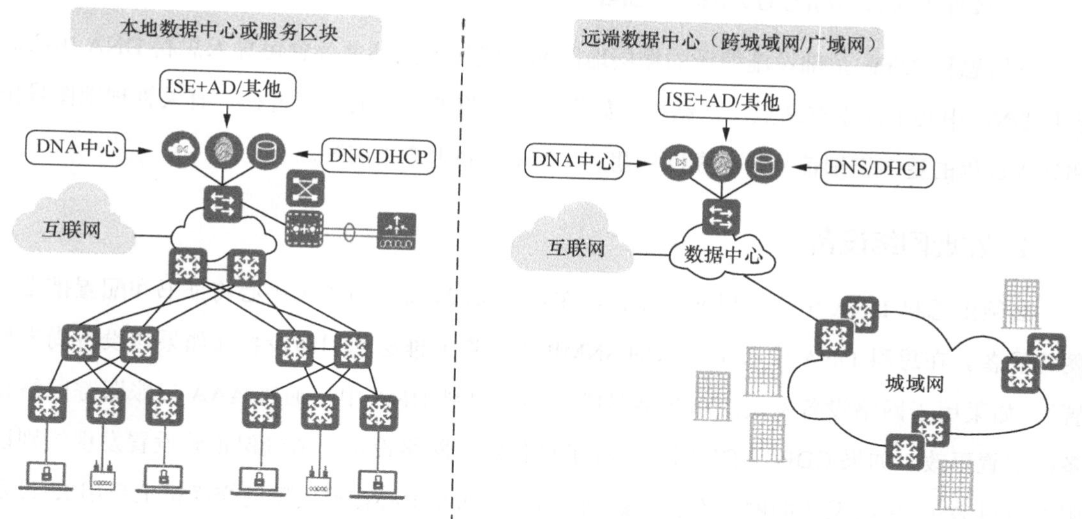

图 9–62　思科 DNA 中心部署位置

思科 DNA 中心物理装置采用一个机架单元的 UCS 机箱，预装了思科 DNA 中心软件。该设备包含两个物理 CPU、44 个 CPU 内核、2.2 GHz 主频、256 GB 内存和采用 RAID 配置的 12 TB SSD 硬盘以及冗余电源。

思科 DNA 中心物理装置具有多个以太网接口，用于连接各种网络。

（1）群集端口：用于在思科 DNA 中心群集中的主节点和附加节点之间进行通信（必须是 10 Gbit/s 端口）。

（2）企业端口：用于连接企业网络与被管理的网络设备通信。

（3）CIMC 端口：用于访问物理装置的带外管理界面。

（4）思科 DNA 中心图形化界面端口：用于提供对思科 DNA 中心图形化界面的访问。

（5）云端口： 用于连接到思科 DNA 中心云服务平台下载更新软件。

9.6.3 部署网络保障时的注意事项

思科 DNA 网络保障支持与现有网络混合部署和全新网络部署两种方式。规划两种部署类型时，需要注意以下事项。

1. 在站点创建期间导入楼层地图

使用思科 Prime 基础设施编译的楼层地图和无线接入点部署位置可导入思科 DNA 中心。思科 DNA 中心上的现有站点层次结构（如果存在）将被导入的数据替换。有关管理地图导出和导入过程的更多详细信息，请参阅《思科 DNA 中心用户指南》。

2. 发现网络设备

必须由思科 DNA 中心发现网络设备。在发现阶段，思科 DNA 中心将证书和配置推送到网络设备。在思科 DNA 中心上输入的 SNMP 凭据将被推送到网络设备（如果该设备尚未配置）。如果用于网络设备发现的用户名是唯一的，思科 DNA 中心通过 AAA 记账跟踪网络设备的配置更改。如果 CDP/LLDP 用于从种子设备发现网络设备，请确保正确设置发现级别以限制思科 DNA 中心发现的网络设备的数量。思科 DNA 中心在已发现的交换机上启用 IP 设备跟踪（IPDT）（可通过“设备”菜单中的“设备可控性”禁用）。

更多信息，请参阅《网络保障用户指南》和《思科 DNA 中心管理员指南》中的“设备可控制性”部分。

3. 将网络设备分配给站点、建筑和楼层

将无线控制器分配给站点，可启用 WSA 流式遥测。在遥测应用中创建遥测配置文件，并在将有线设备分配到站点之前将其分配给站点，以确保思科 DNA 中心自动在设备上启用遥测功能。有关详细信息，请参阅《思科 DNA 中心用户指南》中“配置遥测配置文件”一章。

4. 与思科 ISE 集成

如果仅在网络上启用思科 DNA 网络保障，则思科身份服务引擎（ISE）与思科 DNA 中心的集成是可选的。但是与思科 ISE 集成，思科 DNA 网络保障将会显示有线终端客户端的用户名。有关此集成的更多信息，请参阅《思科 DNA 中心用户指南》中的 ISE 集成章节。

5. SNMP 收集器

必须将其他关键性能指标添加到 SNMP 收集器以进行网络保障。有关详细的信息，请参

阅《思科 DNA 网络保障用户指南》的“监视和排除网络运行状况”一章。

6. 数据匿名化

如果公司策略要求隐藏最终用户身份，则可以选择启用思科 DNA 中心上的数据匿名化，然后确保从思科 DNA 网络保障仪表板隐藏有线和无线终端客户端的用户名。有关如何启用数据匿名化的更多信息，请参阅《思科 DNA 中心用户指南》的“收集器配置”部分。

第 10 章

总结与展望

10.1 总结

到目前为止，我们已经介绍了关于思科意图园区网络软件定义接入的方方面面，了解了当今网络部署所面临的众多挑战，软件定义访问如何帮助您克服这些挑战，以及如何协助企业实现数字化的未来。

软件定义访问的使用为企业网络带来了众多好处。

（1）更高的速度和灵活性：软件定义访问允许更快、更灵活且无缝地部署网络创新以支持不断变化和发展的业务需求，从而产生更多的创新成果。

（2）更高的效率和更深入的见解：软件定义访问帮助企业节省资金，以更快速和安全的方式部署网络，提高网络运营效率，并为用户如何利用网络提出了建议。

（3）降低风险：软件定义访问允许企业将集成安全性作为软件定义访问网络交换矩阵的固有属性，降低网络的受攻击面并提供精细的用户 / 设备 / 应用访问控制，允许企业快速构建安全和灵活的网络基础设施。

所有这一切都可以通过 DNA 中心启用软件定义访问网络交换矩阵中的关键元素实现：自动化、策略和网络保障。软件定义访问为企业网络部署提供了一种功能更强大、更灵活的方式，同时设计、部署和操作也更加简单。

在有线网络和无线网络基础设施中引入高效的流式遥测协议和智能数据分组捕获功能，用于实时的无线客户端故障的排除，具有传感器和网络保障的主动监控功能已经彻底改变了传统的网络管理方式。

思科 DNA 网络保障提供了基于意图的新网络功能，现代网络离不开这些功能。思科的 DNA 网络保障解决方案从头开始，开发完整的、全新的技术堆栈以满足客户需求，通过大数据关联、人工智能和机器学习算法主动识别问题和趋势，为用户体验问题提供指导性补救和修复，并在企业中扩展。

软件定义访问大大减少了管理和保护网络所需的时间，它还改善了最终用户的整体体验（如图 10-1 所示）。

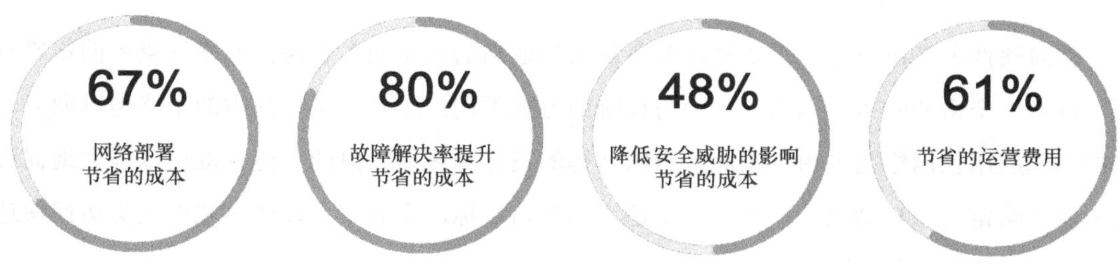

图 10–1　软件定义访问和网络保障用户获益

资料来源：大型企业客户的内部总体拥有成本分析（实际结果可能有所不同）

10.2　展望

现在已经了解了软件定义访问及其优点，网络管理员可以采取的下一步措施是什么呢？更重要的是，企业如何才能迈向软件定义的未来？

基于移动性、企业物联网和云的不断变化的趋势，软件定义访问为传统企业网络中遇到的常见挑战提供了多种价值主张并提供了灵活、安全的企业网络架构。 软件定义访问可以部署在现有网络和新的网络基础设施项目中。

1. 确定关键目标和用例

为了将现有网络迁移到软件定义访问架构，首先要确定网络环境的关键目标或用例，包括可能需要解决的和即将到来的需求。基于所述网络体系结构的主要目标和本书所涵盖的内容，可以自行设计软件定义访问提供的功能如何应用于企业的用例。

2. 评估基础设施准备情况

一旦定义了软件定义访问部署用例的目标，下一步就是确定将迁移到软件定义访问体系结构的网络基础架构部分，以实现项目目标，这包括根据用例需求规划部署思科 DNA 中心和身份服务引擎（ISE），还应考虑所需的网络基础设施的硬件和软件兼容性，以满足解决方案的部署需求。

3. 定义策略目标

转向软件定义访问通常需要根据业务需求与适当的利益相关者讨论网络环境中的策略目标。这是一个重要的考虑因素，因为与传统的方式不同，软件定义访问中的策略是以业务功能的方式应用在网络范围内，因此，组织结构的设计和终端映射的关键标准可以极大地促进未来的策略定义和自动化。一旦确定了适当的策略目标，企业就可以通过软件定义访问快速实现集中式策略的自动化。

我们建议企业从粗略的结构开始分组，如员工与合作伙伴，然后再进行更精细的分类，如财务员工与人力资源员工。这可以确保可扩展组的数量随着客户对软件定义访问策略模型的操作熟悉程度的加深而实现健康有序的增长。

4. 计划并执行迁移

一些客户在尝试将软件定义访问整合到他们的混合部署项目中时，可能会选择安装一个新的并行网络基础设施，该网络基础设施完全支持软件定义访问，同时保持原有网络的正常运行，也可以通过选择一个或多个特定网段作为初始迁移目标来执行分阶段迁移。建议客户从有限的部署区域和试用软件定义访问开始，逐步熟悉操作和技术，然后，随着时间的推移，不断扩展部署并增加用例。

由思科 DNA 中心支持和管理的数字网络基础设施硬件和软件可实现无与伦比的功能。随着网络承载越来越多的服务并对业务运营的角色变得更加重要，本书中讨论的功能有助于为您提供一流的网络运营手段，助力您在数字化转型中把握先机！

附录　词汇表

A

AAA 身份验证、授权和记账

ACE 访问控制项

ACI 以应用为中心的基础设施

ACL 访问控制列表

AD 微软活动目录

AI 人工智能

AMP 思科高级恶意软件防护

Anycast Gateway 任播网关

Anchor WLC 锚点无线控制器

AP 无线接入点

API 应用编程接口

APIC 应用程序策略基础结构控制器

ARP 地址解析协议

ART 应用程序响应时间

ASIC 专用集成电路

ASR 聚合服务路由器

Assurance 网络保障

Automation 网络自动化

AVC 应用程序可视化和控制

B

BI 商务智能

BFD 双向转发检测

BGP 边界网关协议

Border Node 网络交换矩阵边界节点

Broadcast 广播

C

CAPWAP 无线接入点控制和调配协议

CDB 思科数字化建筑

CDP 思科发现协议

CEF 思科快速转发

CEP 复杂事件处理

CIO 首席信息官

CLI 命令行界面

CMD 思科元数据

CMDB 配置管理数据库

CMX 移动连接体验

CP 控制平面

CPP 云策略平台

CPU 中央处理器

CRC 循环冗余校验

CSR 云服务路由器

CUWN 思科统一无线网络

D

Data Plane 数据转发平面

DC 数据中心

DDI DNS 和 DHCP 基础架构

Deep Learning 深度学习

DHCP 动态主机配置协议

DMVPN 动态多点虚拟专用网络

DNA 思科全数字化网络架构

DNAC/DNACenter DNA 中心

DNAC Appliance DNA 中心物理装置

DNS 域名系统

E

EAP 可扩展身份验证协议

EAP-TLS EAP 传输层安全性

ECMP 等价多路径路由协议

EID 终端标识

EIGRP 增强型内部网关路由协议

Edge Node 边缘节点

EPG 端点组

ERSPAN 封装的远程交换机端口分析器

ESB 企业服务总线

ETA 加密通信流量分析

Extended Node 扩展节点

F

Fabric 网络交换矩阵

Fabric AP 网络交换矩阵模式无线接入点

Fabric Domain 网络交换矩阵域

Fabric Site 网络交换矩阵站点

Fabric WLC 网络交换矩阵模式无线控制器

Fast Lane 快行线

FIB 转发信息库

Foreign WLC 外部无线控制器

G

Gateway 网关

GPO 组策略选项

gRPC 远程过程调用

GRE 通用路由封装

GUI 图形用户界面

H

HIPAA 健康保险可移植性与问责法案

HSRP 热备份路由协议

HTDB 主机跟踪数据库

HTTP 超文本传输协议

HTTPS 超文本传输安全协议

HVAC 加热、通风和空调

I

IBN 意图网络

IGMP 互联网组管理协议

IGP 内部网关协议

ISE 身份服务引擎

Intermediate Node 中间节点

IE 工业以太网

Internet 互联网

IOS 互联网操作系统

IoT 物联网

IP 互联网协议

IPAM IP 地址管理系统

IPDT IP 设备跟踪

IP SLA IP 服务级别协议

ISR 集成服务路由器

IS-IS 中间系统到中间系统

IT 信息技术

ITSM 信息技术服务管理系统

ITOA 信息技术运营分析

J

JSON JavaScript 对象表示法

JWT JSON 网络令牌

K

KPI 关键性能指标

L

LAN 局域网

LDAP 轻量级目录访问协议

LISP 位置 / 标识分离协议

LLDP 链路层发现协议

M

Machine learning 机器学习

MAB MAC 身份验证旁路

MAC 媒体访问控制

Mobility Express 内置于无线接入点的无线控制器

Metro 城域网

MFIB 多播转发信息库

MIB 管理信息库

mGRE 多点通用路由封装

MOS 平均意见得分

MPLS 多协议标签交换

MR 映射解析器

MS 映射服务器

MTU 最大传输单元

Multicast 多播

N

NAC 网络访问控制系统

NB 北向接口

NBAR 基于网络的应用识别

NDT 网络诊断工具

NETCONF 网络配置协议

NetFlow 网络流量分析

NFV 网络功能虚拟化

NMS 网络管理系统

NOC 网络运营中心

NSO 思科网络服务编排器

NTP 网络时间协议

O

OSPF 开放最短路径优先

OT 运营技术

OTV 叠加传输虚拟化

Overlay Network 叠加网络

P

PACL 端口访问控制列表

PCAP 数据分组捕获

PCI 支付卡行业

PEAP 保护的可扩展身份验证协议

PIM 协议无关多播

PIM-SMPIM 稀疏模式

PIM-DMPIM 密集模式

PIM-ASM PIM 任意源多播

PIM-SSM PIM 源特定多播

PnP 即插即用

PoE 以太网供电

POS 销售点

PSN 策略服务节点

PVLAN 私有虚拟局域网

pxGrid 思科平台交换架构

PXTR 代理隧道路由器

Q

QoS 服务质量

R

RADIUS 远程认证拨号用户服务

RAID 独立磁盘冗余阵列

RAM 随机存取存储器

REP 弹性以太网协议

RESTAPI 表述性状态转移应用编程接口

RESTCONF 表述性状态转移配置

RF 射频

RIP 路由信息协议

RLOC 路由位置标识

RRM 射频资源管理

RP 交会点

RSSI 接收信号强度指示

S

S4B 企业版 Skype

SCEP 简单证书注册协议

SDA 软件定义访问

SDN 软件定义网络

SDK 软件开发工具包

SD-WAN 软件定义广域网

SGACL 可扩展组访问控制列表

SGFW 可扩展组防火墙

SGT 可扩展组标签

SGACL 可扩展的组访问控制列表

SIEM 安全信息和事件管理器

SLA 服务水平协议

SNMP 简单网络管理协议

SNR 信噪比

SPAN 交换机端口分析器

SSD 固态硬盘

SSH 安全外壳

SSID 无线服务集标识符

STP 生成树协议

Subnet 子网

SWIM 软件映像管理

SXP 可扩展组标签交换协议

Syslog 系统日志

T

TCAM 三元内容可寻址存储器

TCP 传输控制协议

Telemetry 遥感遥测

TLV 类型长度值

Transit Network Area 中转过渡网络区域

U

UADP 统一接入数据平面

URL 统一资源定位器

UI 用户界面

Underlay Network 底层网络

Unicast 单播

UX 用户体验

V

VLAN 虚拟局域网

VN 虚拟网络

VNI 虚拟网络标识符

VPN 虚拟专用网

VRF 虚拟路由和转发

VRF-Lite 简化虚拟路由和转发

VRRP 虚拟路由器冗余协议

VTEP 虚拟可扩展局域网隧道终端

VTP 虚拟网络中继协议

VXLAN 虚拟可扩展局域网

W

WAN 广域网

WLAN 无线局域网

WLC 无线控制器

WPA2 Wi-Fi 保护访问 2

WQE 工作队列元素

WSA 思科 Web 安全装置

WSA 无线服务网络保障

X

XTR 隧道路由器

Y

YANG 下一代数据建模语言

Z

ZBFW 基于区域的防火墙